D1237994

Palladius Rutilius Taurus Aemilianus

Obra de Agricultura

traducida y comentada en 1385 por

Ferrer Sayol

edición de

Thomas M. Capuano

Madison, 1990

Dialect Series No. 10

ISBN 0-940639-45-9

A mi maestro,
Luis Jenaro-MacLennan

Indice

Introducción

Hasta la insigne *Obra de agricultura* de Gabriel Alonso de Herrera de 1513 no se conoce ningún tratado original sobre agricultura escrito en español. Aunque no faltan agrónomos peninsulares latinos y árabes como Columella, Ibn al-Awwam, Ibn Wafid y Ibn Bassal (los últimos dos de los cuales se tradujeron en el siglo XIII), la Edad Media española carece de libros originales en romance dedicados a las labores rústicas. La traducción de la *Opus agriculturae* de Palladius, escritor latino del siglo V, no ocuparía un lugar especial en esta historia de textos peninsulares sobre la agricultura, si no nos brindara una característica muy especial: la de ser una traducción *comentada*. En virtud de esto se determinó publicar en microficha, hace un par de años, la transcripción semi-paleográfica del único ms. que contiene el llamado *Libro de Paladio*.

No habría por qué volver a empeñarnos en la edición del *Libro de Paladio* del ms. 10.211 de la Biblioteca Nacional de Madrid, si nuestro propósito fuera tan sólo el de conocer el pensamiento del escritor latino Palladius Rutilius Taurus Aemilianus: ya se encuentra fijado el texto original del agrónomo latino con un rigor que inspira toda confianza. Al autor de esta edición, Robert H. Rodgers, le debemos el que haya salido a buen puerto la presente edición, ya que sin su trabajo previo, no hubiéramos encontrado ningún norte que nos guiara. El presente estudio, como dependiente del otro, no puede por consiguiente en ningún sentido reemplazar la labor de Rodgers, ni tal cosa pretende. Tampoco aspira establecerse como versión definitiva aragonesa de Palladius, ni mucho menos: todavía queda por hacer una versión moderna del original, y al acometérselo alguno, muy poco le aportará el texto que aquí se ofrece. ¿Cuál es entonces el atractivo de este texto? Aunque no cabe duda de que algunos investigadores de la transmisión textual de Palladius, o bien de las técnicas medievales de la traducción, aquí hallarán un tesoro para sus estudios, el *Libro de Paladio* no se da a la luz de la imprenta con el objetivo principal de satisfacer los intereses de ellos. Tampoco se dirige a los lexicólogos: a pesar de que nos parecen merecedoras de atención muchas curiosidades y anomalías léxicas del texto, la influencia ejercida sobre el léxico por el catalán es enorme, y crea un carácter híbrido de lenguaje, a menudo forzado y artificial, lo cual interesará sólo a algunos especialistas. En fin, aunque pueda interesar a estudiosos de las varias disciplinas ya mencionadas, el valor del *Libro de Paladio* no reside principalmente en éstas, y se ofrece aquí por otros motivos. Lo que nos impulsa a que se publique el *Libro de Paladio* no es el *Libro de*

Paladio en sí, sino todos los comentarios que el *Libro de Paladio* evoca de su traductor y comentador catalán, Ferrer Sayol.

La edición que se presenta a seguir intenta establecer el texto aragonés del *Libro de Paladio* tal como lo escribió Ferrer Sayol, el cual, según se cree, es el mismo traductor y comentador de otra versión catalana de la misma obra de Palladio. De las dos versiones se le concede a la aragonesa el mayor mérito por las mismas razones aducidas en mi "Introducción" de la ed. de 1987 (6), y esto a pesar de que creen algunos que la catalana se escribió primero (no se les niega esta posibilidad), y a pesar de que era el catalán la lengua nativa de Sayol. No hay duda de que la versión catalana, precisamente por estas razones también merece editarse; al fin y al cabo, representa un lenguaje castizo en un estado temprano de evolución y rico en términos técnicos. Frente a las dos versiones, sin embargo, y no obstante las lagunas suplidas por la versión catalana, aquí se opta por la aragonesa por ser mucho más completa y por reflejar mejor la personalidad y conocimiento de Sayol. Por consiguiente, la presente edición se ha basado en la edición semipaleográfica del ms. 10.211 de la Biblioteca Nacional de Madrid (Capuano 1987), al mismo tiempo que vuelve a acercarse libre y frecuentemente a la micropelícula del propio ms., facilitada por el Hispanic Seminary of Medieval Studies (HSMS) de Madison, Wisconsin.

Para mi "Introducción" a la edición semipaleográfica del ms. 10.211, todavía no había llegado a mis manos la versión catalana. Como Luis Tramoyeres era entonces el único investigador que había visto y comparado, al menos parcialmente, las dos versiones, todo lo que afirmó en su estudio "El tratado de agricultura de Paladio: una traducción catalana del siglo XIV" (*Revista de Archivos, Bibliotecas y Museos*, serie 3, 24 [1911]: 459-465) aun estaba por comprobarse. En ese estudio sostuvo que "la única versión castellana que conocemos está tomada directamente de la catalana" (459), "[l]as variantes que se observan en el texto castellano con relación al de Valencia, son debidas a los copiantes de los antiguos códices" (462) y "[n]o podemos precisar si la traducción de Santillana [el ms. 10.211] se hizo por el ejemplar Serrano Morales [la versión catalana] o por otro hoy desconocido, aunque sospechamos no lo fue por el primero" (462). Sin embargo, Tramoyeres sólo había cotejado los prólogos de las dos versiones, y dijo que dejaba "el estudio comparativo de ambos textos" a quien se propusiera realizar "un trabajo completo" (462). El "trabajo completo" no se pudo realizar para la edición de 1987, pero ya se sospechaba que las aseveraciones de Tramoyeres no eran del todo ciertas.

En primer lugar, a la luz de la "Introduction" de Mackenzie a su *Lexicon of the 14th-Century Aragonese Manuscripts of Juan Fernández de Heredia*, vemos que el llamar al texto "castellano" Luis Tramoyeres (como lo hicieron Mario Schiff 152, Dubler 1941: 140 y Capuano 1987: 4) tal vez constituye una imprecisión. En la diplomática publicada por Rubió y Lluch, Ferrer Sayol figura en la corte de Pedro III primero como protonotario de la reina Leonor (I: 171, 187, 194, 214) y luego como destinatario de una carta del infante Joan, primogénito del rey de Aragón (I: 254): son éstos los mismos personajes que tan a menudo se comunicaban con Heredia sobre las obras que formarían su colección. Dada esta coincidencia de lugar y fecha del *Paladio* con los demás mss. del corpus patrocinado por Juan Fernández de Heredia, no es de extrañar que el lenguaje del *Paladio* represente como aquéllos otra curiosa "linguistic heterogeneity" (Mackenzie XXV, Nitti XXV). Como se demostró para los textos de Heredia, en el *Paladio* también hay una confluencia de varios idiomas escritos (el de la fuente latina, el de la primera traducción y el de la segunda) con los idiolectos de los varios traductores, editores y copistas que colaboraron en la producción de los textos (Mackenzie XXVI). El lenguaje textual que resulta, aunque no refleja de manera consistente la realidad lingüística del dialecto aragonés del siglo XIV, debe en adelante llamarse aragonés: al fin y al cabo es éste el calificativo que sus proprios inventores le dieron (Mackenzie XXIV; véase también Rubió y Lluch I: XLII, 237, 238) y, a pesar de su carácter híbrido, con mucho menos acierto podemos seguir llamándolo, con Tramoyeres, castellano.

En cuanto a la segunda declaración de Tramoyeres, ya en la "Introducción" al *Libro de Paladio* (1987) habíamos llegado a la conclusión de que diferían las dos versiones en aspectos importantes, y que contra Tramoyeres, no pueden atribuirse tantas variaciones a "los copiantes de los antiguos códices." A través de un estudio comparativo entre (por un lado) el prólogo catalán publicado por él, junto con otro fragmento de la versión catalana publicado anteriormente, y (por otro lado) la versión del ms. 10.211, ya se sospechaba que por su claridad, exactitud y atención a detalles, pero principalmente por el material que era original en ella, la versión de la Biblioteca Nacional de Madrid merecía la atención que se le concedía en la edición semi-paleográfica (Capuano 6). Todo esto se declaró antes de leer la versión catalana.

Después de cotejar las dos versiones, afirmamos que sin lugar a dudas es inferior la catalana, aunque nos ha sido de gran utilidad para la empresa de fijar el texto de Sayol (los números romanos, por lo general, se copian con más fieldad en la versión catalana, confunde menos la *-t-* y la *-c-*, y tiene casi todas las rúbricas colocadas en sus debidos lugares). Para demostrar la inferioridad de la versión catalana (que se llamará también el "ms. valenciano"), se presenta a seguir una muestra de las omisiones más significativas de la catalana. Como la traducción es casi literal, es decir, como hay una casi perfecta correspondencia de palabra catalana por palabra aragonesa, las omisiones de palabras sueltas, de expresiones de extensión varia y de párrafos enteros saltan a la vista. Las más comunes son las omisiones de una o dos palabras, buena muestra de las cuales ocurre en 1.13.2. Mientras no falta en la aragonesa nada más que las palabras correspondientes a "ben," "y apres," y "trespol o," en la versión catalana faltan las palabras por "balsas & otras que se fazen," "non," "de cañyas," "& sobre las otras cosas," "semblante que se faze enlas partidas de Marruecos," "que es dicha tenla que es apta para aplanar o allanar o enblanqujr o alisar las paredes o los paujmjentos," y finalmente la frase "& aplanar & alisar." El material que falta en ambas versiones puede verse más claramente en la yuxtaposición de los dos textos, y se indica abajo con el símbolo "( )".

MS. 10.211, fol. 18r19-18v11.

E despues ha hombre cañyas
las quales se fazen enlos estañyos
o en balsas & otras que se fazen
enlos lugares do non ay
agua que son mucho
mejores. E picalas hombre
& las casca bien & faze
hombre a manera de estores
de cañyas, las quales deue hombre
( ) ligar sobre las
vigas & sobre las
perchas & sobre las otras cosas.
( ) Posa hombre sobre
aquellas argamasa o
mortero semblante que se faze
enlas partidas de Marruecos
mezclar con algamena
o tierra bermeja
portal ca la
enfortesçe. E despues
con aquella planeta de
fierro que es dicha tenla que es

MS. VAL., fol. 9r11-18.

y apres a hom canyes
ques fan en los estanys
o ( )
en llochs hon ( ) ha
aygua que son molt
millors y piquales hom
o cascales y fan
hom a manera de estores
( ), les quals deu hom
ben lligar sobre les
bigues y sobre les
perges ( ).
Y apres posa hom sobre
aquelles argamasa o
morter ( ).
( )
mesclat ab almanquena
o terra vermella
pertal com la
enforteix. Y apres
ab huna paleta de
ferro ( )

apta para aplanar o allanar o	( )
enblanqujr o alisar las paredes	( )
o los paujmjentos	( )
hombre deue ygualar	hom deu ygualar
el ( ) paujmjento	lo trespol o payment
E sobre todo aquesto	y vltra aço
hy deue hombre meter	hi deu ( ) posar
sobre todo mortero primo	sobre tot morter prim
fecho de calçina & ( )	fet de calç y de
arena. E deue lo hombre	arena y deu ho hom
bien apoljr & aplanar & alisar	ben polir ( )
conla planeta & tornase	ab la paleta y tornas
mucho blanco & bello el paujmjento.	lo payment blanch y bell.

Debe notarse que con ligerísimas excepciones hay una perfecta correspondencia de palabras entre las dos versiones, correspondencia la cual le llevó a Tramoyeres a afirmar que la aragonesa fue "tomada directamente de la catalana" (459). Tal parecer puede rechazarse sin más ahora en vista de lo mucho que le falta a la versión catalana con respecto a la aragonesa. Por supuesto, se podría disputar que la omisión en la catalana de las expresiones "en balsas & otras que se fazen," "de cañyas," "& sobre las otras cosas," "hombre," y "& aplanar & alisar" no reflejaran más que una economía de expresión, o la variación inevitable de pormenores, o las ligeras divergencias de énfasis, o en fin la necesidad natural en cualquier traducción de equiparar de varias maneras una lengua a la otra, adaptando el contenido semántico del lenguaje original al nuevo, y que estas omisiones no difirieran en mucho de las omisiones de la aragonesa "ben," "y apres" y "trespol o." Sin embargo, una detenida comparación de ambos textos mostraría que las omisiones de esta índole en la catalana son mucho más frecuentes que las omisiones de la aragonesa, y que no solamente pierde la catalana con cada omisión suya la precisión y exactitud de la aragonesa, sino también acaba empobreciéndose el texto catalán con incoherencias y obvias lagunas. Lo que es más, aunque no hubiera gran diferencia entre tales omisiones mínimas de ambas versiones, todavía quedarían las omisiones mayores. En el texto citado arriba, la comparación del mortero común con el que se hace en Marruecos y la descripción de la utilidad de la *tenla* constituyen información de sustancia cuya ausencia en la catalana nos aleja de la personalidad y obra de Sayol.

Sería un trabajo casi interminable el de indicar todas las omisiones de la catalana, pero una lista parcial de las más importantes omisiones (las que corresponden a material que ocupa una línea o más de la versión aragonesa) del primer "libro" (el que precede a "Enero") se ofrece a continuación; son omisiones que ocupan las líneas indicadas (o partes de ellas) de los siguientes folios del ms. 10.211: 10v1-5, 10-13; 11r13-15; 11v18-20; 15v7-9; 16r11-21; 17v2-3; 18v5-6; 21r6-9; 21v1-3, 24-26; 23r14-16; 25v2-4; 27v11-13; 31r5-7, 8-10, 19-20; 32r8-10; 36r4-6; 7-8, 12-15, 24; 40r23-40v4; 41r18-19; 42r4-6, 17-18, 21. Una enumeración semejante podría hacerse para los otros doce libros del texto también. Las omisiones aun mayores, las que corresponden a material contenido en por lo menos cinco líneas (o partes de ellas) del texto del ms. 10.211 también proliferan. En solamente los libros 2, 3, y 4 ("Enero," "Febrero," y "Març0") hay 22 omisiones de cinco líneas o más; son las siguientes: 46v20-24; 47r3-7; 56v3-8; 67r12-19; 81r9-14; 83r7-15; 84v5-9; 85r10-14; 86v3-7; 89r11-17; 92r19-23; 93r7-12; 95v19-23; 102r10-18; 104r1-5; 105r29-105v9; 106r22-106v1; 108v13-17; 110r9-17; 117r13-19; 124v1-10; 127r24-127v3. Otras omisiones importantes en la catalana son las correspondientes a la cantidad de leña que debe poder cortar en un día un hombre fuerte (138v12-22); todo el capítulo 7.8 "De fazer paujmjentos, tejas & rrajolas" (153v21-25); la discusión de la palabra *sedjm* y sus sinónimos (170r18-27); los tiempos en que se debe dejar entrar en las pasturas a los animales (171r25-171v6); todo el capítulo 10.9 "De sembrar luppins" (171v7-11); todos los capítulos 11.6 "De morgonar las vjñyas" (177r25-28) y 11.7 "De enxerir los arboles & las çepas" (177v1-2); la manera de podar el cerezo (182r14-20); todo el capítulo 11.18 "De arrope" (189r11-26); las dos intercalaciones interesantísimas de Sayol al capítulo 12.7 "De los arboles fructiferos," en una de las cuales no está de acuerdo el traductor con Palladius sobre la manera de plantar almendras y en la otra advierte contra la sembradura de semillas del año bisiesto "verdadera mente yo lo he prouado que non son fructifficantes assi como los otros tiempos" (194v9-17; 194v30-195r9); todo el párrafo 12.7.7 sobre el injerto de melocotones (196r19-28); otra intercalación interesante que recoge una etimología falsa isidoriana de *lareyx* (204r6-12); la madera de varios árboles (204r24-204v2); y la omisión más grande de todas, el capítulo 11.14 entero "De la manera de fazer & saluar el vjno," que corresponde a gran parte del folio 183v, los folios 184r-187v enteros y casi todo el 188r.

No se entienda que el ms. 10.211 no sea también deficiente en ciertos lugares, pues sí lo es, y por suerte son todos lagunas que el ms. val.

puede suplir; de ahí el gran valor de éste. A diferencia de la versión catalana, las omisiones de la aragonesa son muy infrecuentes y de menor extensión. No se indican aquí, pues vienen todas indicadas en el texto de la presente edición de acuerdo con las normas descritas abajo. Que baste señalar las omisiones más serias del ms. 10.211: todo el capítulo 1.16 "De escombrar los valles que solian fazer para el agua dela pluuja," todo el capítulo 1.26 "De las tortolas," casi todo el párrafo 1.30.4, la última oración de 1.33.2, una oración de 6.9 sobre quesos, y todas las rúbricas (aunque las rúbricas sí se encuentran en las tablas que preceden a cada libro de 10.211). Es de notar que casi todas estas faltas (menos la ausencia de rúbricas) ocurren dentro del primer libro. Hay omisiones menores en 1.6.14, 1.15, 1.18, 1.24.2, 1.34, 1.35.1, 1.35.14,, 1.35.7, 2.13.4, 2.14.3, 2.15.8, 2.19 (donde hay dos), 3.9.8, 3.18.4, 3.25.17, 3.25.33, 4.9.4, 4.9.12, 4.10.15, 4.10.24, 4.10.27, 4.13.4, 5.7.4, 7.7.2, 7.7.8, 9.11.2, 11.20.2, 12.7.10, 12.20, y 12.22.4, pero no parecen en ningún caso representar una pérdida de más de un renglón de texto. En otras palabras, ¡la versión aragonesa tiene tantas omisiones en total como tiene la versión catalana en sólo el primer libro!

Como ambos textos son copias de mss. más antiguos, no sorprende el que haya errores en ambos. Ya se habrá notado en la yuxtaposición arriba de los dos trozos cómo yerra la versión catalana por faltar la palabra "non" (el texto latino trae "postea palustrem cannam uel hanc crassiorem, quae in usu est, contusam facta . . . "; 1.13.2) y cómo yerra la aragonesa por traer "mezclar" en vez del participio "mezclado." Esta última mala lectura tal vez se deba a que la *-t* de "mezclat" de alguna fuente catalana se leyó por descuido como *-r*; sería esto un ejemplo de toda una serie de errores que parece acusar una dependencia del ms. 10.211 de una versión catalana. Otros errores representativos de esta dependencia son los siguientes (¡fíjese que en algunos casos parece que se le olvidó al amanuense del aragonés que leía un texto no aragonés!):

El escriba del ms. aragonés dio:	**porque vio en un ms. catalán:**	**y pensó que fuera:**
rriscosa (19r)	viscosa (9r)	rriscosa.
fechos (19v)	sechs (9v)	fechos.
pens (20r)	pous (10r)	[no lo comprendió].
derecha (20v)	fret (10r)	dret.
frio (21r)	fet (10v)	fret.
proueher (21r)	prouehit (10v)	prouehir.
ha vistas (50r)	a-juste (26r)	a vistas.

Aunque no se señalarán los errores de la catalana (y son muchísimos), todos los de la aragonesa sí se indicarán en el texto de acuerdo con las normas dadas más abajo.

Ya se habrá dejado claro que, si el 10.211 se derivó de una versión catalana, no pudo haber sido el ms. val., por ser éste tan incompleto en comparación con el ms. aragonés. Todo indica que la versión catalana fue copiada con mucha prisa de otra catalana anterior, y que además de cometer errores por escribir rápidamente, resolvió el copista, con criterios bastante arbitrarios, eliminar pasajes que le parecían superfluos. A base de lo aducido en el párrafo anterior, no sería muy arriesgado sugerir que la versión catalana perdida fuera semejante al ms. 10.211, excepto que no tuviera las lagunas del aragonés en 1.16, 1.26, 1.30.4, 1.33.2, y 6.9. Mucho menos puede decirse acerca de la procedencia del ms. 10.211, y el cotejo de los dos no contribuye nada a la resolución del problema, planteado en la "Introducción" de la edición de 1987, de cuál versión se escribió primero. La preponderancia de catalanismos en 10.211 puede explicarse no sólo por ser éste copia de una versión catalana, sino también por ser la versión aragonesa escrita por un catalán; los catalanismos se atribuirían en este último caso a la interferencia de la lengua nativa del traductor. Y no se olvide que, aunque hubiera ya escrito una versión catalana, a Sayol, al dedicarse a verter su obra en aragonés, nada le impediría que ampliara su traducción con nuevos comentarios. Esto, o la posibilidad de que la versión aragonesa de Sayol sufriera ligeras añadiduras por otro copista/comentador anónimo, podría explicar en parte el material contenido exclusivamente en 10.211 (véase también nota 97).

Ya se ha aludido al valor de los comentarios de Ferrer Sayol en su traducción de Palladius. Lo que aquellos nos pueden revelar de la agricultura y la vida campestre de Cataluña del siglo XIV, confío que será de gran valor a historiadores de la época. A lo largo de su traducción, que no deja de ser casi completa en sí, intercala Sayol sus comentarios, observaciones y críticas no sólo de lo que afirma Palladius, sino también de materias afines de relevancia para su región. La lista que se da a continuación apunta todos los tópicos sobre los cuales comenta Sayol, y les servirá como auxilio a los investigadores de la agricultura catalana medieval, al mismo tiempo que revela la enorme variedad de los intereses de Sayol.

Indice de temas tratados por Ferrer Sayol (para nombres de plantas, véase también el glosario).

Indice de nombres propios mencionados por Sayol (No se incluyen los nombres propios que se hallan en la obra de Palladius).

Indice de palabras desconocidas a Ferrer Sayol (por declaración explícita de él)

symphoniata: 11.12.8.
titeagro: 5.7.5.
toratamer: 4.10.29.
trifolium: 3.24.9.
tuberas: 10.14.
turapisa: 11.14.9.
virmula: 12.18.
ypomelides: 13.4.

Normas de la presente edición

Como la edición semipaleográfica del ms. ya está al alcance de los filólogos, lo que se quiere con la presente edición es un texto que reproduzca lo que quiso Sayol en su versión aragonesa, sin la intervención de copistas posteriores, con aquella puntuación suya arcaica y confusa. Para interesar a un mayor número de estudiosos, se ha deseado un texto de fácil lectura, pero que conserve el lenguaje del original. Por eso se ha tomado toda libertad con la puntuación y con el empleo de letras mayúsculas y minúsculas, creyendo que el sentido del texto de Sayol se hace así más accesible al lector moderno, pero cuidando de no alterar ningún aspecto de la morfología ni de la sintaxis manifestadas en el ms.

Como ya viene señalado, sólo se conoce un texto más de la traducción de Ferrer Sayol, y es la versión catalana, propiedad hoy del Ayuntamiento de Valencia, que lleva el número 6437 del "Fons Serrano Morales." Con la ayuda generosa de Carmen Gómez-Senent Martínez de la Biblioteca Serrano Morales de Valencia he podido valerme de una micropelícula de este texto. El cotejo de las dos versiones ha posibilitado una aproximación al original perdido de Sayol que no permitiría ninguno de los dos textos de por sí. De particular interés a este respecto son las secciones del ms. catalán que suplen las lagunas del aragonés. Todas estas secciones, como son bastante largas, se incluyen entre corchetes y en negrita y, por supuesto, en catalán. Además de estas secciones extensas, el ms. valenciano proporciona en muchos lugares lecturas que mejoran considerablemente el texto aragonés. Las enmiendas que se realizan a base de estas lecturas de la versión catalana también vienen indicadas en el texto en negrita, pero en traducción mía que ojalá se acerque a la versión aragonesa original. A este propósito debe notarse que, puesto que el ms. 10.211 carece de rúbricas, se ha aprovechado de las del catalán para postular las que debió de tener la versión aragonesa: estas todas también vienen en negrita. En una palabra, *todo texto que se encuentra en negrita deriva de la versión catalana* (la negrita se usa esporádicamente también para títulos de libros mencionados por Sayol y para una frase en latín, 1v-2r, en estos casos sin corchetes). En el aparato crítico se hace un intento de justificar todas estas enmiendas, con una comparación de ambos textos. Completamente aparte de las enmiendas efectuadas a base de esta comparación, he hecho varias correcciones que vienen indicadas en el texto entre corchetes, pero en letra normal. También he hecho numerosas correcciones, insignificantes para nuestros propósitos, que no se indican en la presente edición; en caso de interesarse debe el curioso consultar la ed. semipaleográfica de 1987 que se viene citando y así se pondrán de manifiesto todas las enmiendas no indicadas. Para facilitar tal consulta se han conservado en el texto las indicaciones de folios, las cuales pueden cotejarse con las de la edición anterior. También insertados a lo largo de la edición están los números de los libros, capítulos y párrafos usados por R. H. Rodgers en su edición del texto latino, lo cual facilitará la compaginación de la traducción de Sayol con el latín de Palladius. Finalmente, el lector encontrará también, a veces a largos trechos, la letra bastardilla sin corchetes. Ésta se usa para texto que no pertenece a la tradición textual de Palladius: son las intervenciones de Ferrer Sayol, hechas a cada paso para comentar el texto latino, para aclarar lugares oscuros, para confesar su ignorancia de determinados términos o de ciertas prácticas agrícolas, o para compartir los resultados de su experiencia y de sus propias observaciones como agrónomo.

Aparato crítico

Primero se indica el lugar en el texto (libro, capítulo, párrafo) donde se encuentra la enmienda en negrita. En los casos en que hay más de una enmienda en el mismo párrafo van indicadas en el orden en que aparecen. En seguida se da la lectura que motivó la enmienda, la del ms. catalán, con el folio en que se encuentra en el ms. valenciano, y al final la lectura del ms. aragonés. Por ejemplo, en el lugar 1.0 del texto se encuentra en negrita la enmienda "olio." La palabra que ofrece el ms. catalán en este lugar es "oli" y se halla en el fol. 2v del ms. valenciano. La lectura equívoca del ms. aragonés es "vjno." El símbolo "0" indica que falta por completo el texto en el lugar correspondiente del ms. aragonés. Debe recordarse que para muchas enmiendas se tuvo que consultar la versión latina también. En 1.29.2, por ejemplo, el ms. aragonés da "XX" mientras el catalán da "XV" y como éste concuerda con el latín se supone que Sayol acertó el número, a pesar del aragonés. Todas las rúbricas se han colocado en los lugares indicados por las rúbricas de la versión catalana (ya que la aragonesa carece de rúbricas) y ellas se han creado a base de la tabla de rúbricas que aparece antes de cada libro en el ms. aragonés; no se indican abajo.

1.0: oli (2v), vjno.
1.2: de (3v), do.
1.4: ne (3v), e. / metalls (3v), maneras. / e los lleus (4r); 0.
1.5: Hom deu (4r); Como deues.
1.5.2: menys (4v); mas.
1.6.2: ço es (5r); 0.
1.6.5: ram (5v); rrazimo.
1.6.14: oliues (6v); olivueras. / e lo camp sech no vol tants fems (7r); 0.
1.6.15: pedres (7r); poderes.
1.8.2: ferma (7v); enfferma.
1.9.2: y daltres fusts (7v); 0.
1.11: teules (8v); tablas.
1.13: les cambres (9r); 0.
1.13.2: mesclat (9r); mezclar.
1.14: viscosa (9r); rriscosa.

1.15: començara a sequar es mester q<ue> de aquella mateixa pols (9v); 0.
1.17: sechs (9v); fechos.
1.17.3: pous (10r); pens.
1.18: fret (10r); derecha. / molt pus baix q<ue> lo cub y les botes deuen esser assegudes (10r); 0.
1.19: fet (10v); frio. / prouehit (10v); proueher.
1.24.2: ni desempare<n> llur colomer (11v); 0.
1.27: polsosa (12v); poderosa.
1.27.2: hom nols ho arranca (12v); 0.
1.28.5: refredades (13v); rrefregadas.
1.28.6: tanquat (13v); 0.
1.29.2: xv (14r); xx.
1.29.4: muig (14r); mija.
1.34.2: pou ni (15v); 0.
1.34.8: ço es aquella q<ue> deu sembrar en autumpne en manera q<ue> senta del temps y dela calor del estiu (16r); segunt la rregion en que sera.
1.35: li apart desots hun basto y stant tota dreta (16v); 0.
1.35.2: hon los (16v); dos. / sucha [sic] (16v); suzia.
1.35.7: en manera q<ue> p<er> deu dies stiga axi cubert al sol o ala serena, (17r-v); 0.
1.35.10: pjns (17v); espjno / dita (17v); 0.
1.35.13: cols (18r); vergas / Prasotoridas (18r); Para sotoridas / que fan mal (18r); 0 / prasotorides (18r); pastorides.
1.35.14: que es huna bestia molt verinosa (18v); 0. / vedell mari (18v); vn vell marj / del camp (18v); 0.
1.36.2: mundats (19r); mudados.
1.37.2: ylex, sinus (19r); 0.
1.37.5: ne (19v); 0.
1.39: delitosa y (20v); 0. / claror; calentura o calor.
1.40.3 com a pagelindes (21r); como apagelides.
2.7: fondo (23v); 0.
2.9: lo forment (23v); fuerte mente.
2.9.2: enspesial lo (24r); enel.
2.10: millor (24r); 0.
2.10.3: o cauaran (24v); 0 / o ab aradres (24v); 0.
2.10.4: nj de falguera (24v); 0.
2.13.4: enlos camps o llochs quis fan arbres y vergues primes y mesquines (25r); 0 / qui [sic] (25r); 0.
2.14.2: ajuste (26r); ha vistas.

2.14.3: y no es tendre (26r); 0 / vici (26r); via / si es sembrada ab diuerses sements (26r); 0 / troncho (26r); troz.
2.15.8: y cascun dia menegen les ab hun basto entre los fems (27v); 0 / deu hauer (27v); por.
2.15.15: costado (28v); çerca. / vers tremuntana y laltra part (28v); 0.
2.15.17: de (28v); 0.
2.15.19: ab mel (29r); 0.
2.18: y prembras be ab les mans los grans dela murta (29v); 0 / de saffra y hun escrupol (29v); 0.
2.19: y en maior quantitat (29v); 0.
2.20: o de aram (29v); 0.
2.21: couar (29v); poner.
2.23: xxviiij (30r); xix.
3.0: comunament (30v); continuadamente / altes (30v); otras / fer (30v); fuertes / peres (31r); parras.
3.4: citercula (31v); atercula.
3.9.4: aminnes (32v); amjhimes / vents ne pluges (33r); 0.
3.9.5: toria (33r); coria / de la sarment (33r); 0.
3.9.8: poden esser molt aiudats p<er> la mare ço es per lo çep (33v); 0.
3.9.9: entren (34r); en tierra / destrers (34r); descres.
3.9.10: çinch (34r); vj.
3.10.3: acostara<n> (34v); acortaran.
3.10.4: olm (34v); oliuo.
3.12.4: corcat (35v); cortado.
3.12.6: torias (36r); corias / ca sepas (36r); E como sepas.
3.15.2: y lo nouell (37r); 0.
3.16.2: afliccio (37r); afficçion.
3.17.4: forcats (38r); forçados.
3.17.7: çera (38v); tierra.
3.17.8: son (38v); vn.
3.18.4: arborçer o; 0 / betica (39v); betita / mes grosses deu hom conseruar pera menjar y les oliues (39v); 0.
3.21: sembrar (40v); secar.
3.24.11: segadiz (42r); segado.
3.24.12: tresplantar (42v); plantar.
3.25.6: ço es que han alguns grimions (44r); 0.
3.25.11: vinagre (45r); agua.
3.25.12: castimonial (45r); casçimonjal.
3.25.13: arenosa o (45v); 0.
3.25.14: ala rahel (45v); 0.

3.25.16: de bou (45v); 0.
3.25.17: en arny, en aranyoner, en prunera, en seruera, en preseguer (45v); 0.
3.25.25: teules (46v); [espacio en blanco].
3.25.26: Altres los hi posen tots entregues (46v); 0 / entre mill y altres (46v); 0.
3.25.28: dits (47r); dias.
3.25.33: çerueres (47v); yeruas. / pots sembrar, y (47v); 0 / poras empeltar los amenles (47v); 0 / si lo lloch es temprat, mas si es frit ala exida del mes de febrer (47v); 0
3.26.5: huna (48r); 0.
3.28: estrenyeras (48r); apartar.
3.29: vinaça (48v); vinagre.
3.29.3: o altre artifisi (48v); 0.
3.33: o ab altres (49v); con dos / molla (49v); blanca.
4.0: enfermas (50r); en formas / bleda (50r); vlda / taperes (50r) oraperes.
4.4: primerenchs (51r); pequeñyos.
4.8: y ales mijançeres iiij mesures (52r); 0 / en algun vexell (52r); 0.
4.9: conrrear (52r); criar.
4.9.4: p<er> tal que hagen temor dela claror o calor del sol (52v); 0.
4.9.7: palm (52v); pie / iij (52v); dos.
4.9.8: y tremola axi con si hagues por (53r); 0.
4.9.10: ab la ma (53r); 0.
4.9.12: en lo primer any, (^p<er> tal) mas enlos altres anys (53r); 0.
4.9.14: o en hun bulbo (53v); 0 / o del bulbo (53v); 0 \ pols de teules (53v); tierra opols o poluo de ladrillos.
4.10.6: iiij o vj gems (55r); medio nudo / y crexera<n> marauellosament (55r); 0.
4.10.12: baix (56r); jnsanos.
4.10.15: ho y encara si cremes les rames deles carabaçes (56v); 0.
4.10.21: y no li cauran (57r); 0.
4.10.24: y a manera q<ue> cascuna branqua semble planta (57v); 0.
4.10.27: collir lo fruyt y en los llochs calents deus (58r); 0.
4.10.28: hauer (58r); 0.
4.10.34: sechs (58v); 0.
4.10.35: en cabassos (59r); persenales / arnes (59r); arenas.
fol. 122r: sithia (60v); Seçilia.
fol. 122v: hil mata (60v); 0.
4.13.2: [en manera que] escassament [se puguen partir] (61r); 0.
4.13.3: flor de bruel o (61r); 0.

4.13.4: y que hagen gran cors y gran ventre (61r); 0 / Les pastures que (61r); Los pastores de.
4.13.8: y les dents dauant (61v); 0.
4.16: viij (50r); viiij°.
5.0: medica (63r); modica.
5.1: medica (63v); modica / en Regne de Valensia (63v); 0.
5.2: bort (63v); verde.
5.4: calents y en los (64r); 0.
5.4.5 enlo mateix arbre o (64v); 0.
5.5: Lo vi (64v); 0.
5.7.4: alguns son quin fan (65r); 0.
5.7.6: citriago (65r); titeagro.
6.0: pampols (66r); papols.
6.6: comunament (67r); continuadamente.
6.9: procurar (67v); prouar / Altres y meten de aquella parada ques (^fa) troba enlo ventrell dels polls masclos y sequenla y fan poluora y meten la en la llet y tantost es congelada (68r); 0.
7.2.3: altes (70r); otras.
7.7.2: ab la mel. Empero es neçessari que si dins hauia algunes bresques (71v); 0.
7.7.8: quey veges entrar y exir multitud de abelles (72v); 0.
7.7.9: quels (72v); quelos.
7.13: xxij (69r); xx.
8.1: sisca (74r); testa.
8.2.2: o (74r); 0.
8.4: xv (74v); çinco.
8.6.2: la vista (75r); 0.
8.8.2: xxx (75v); xl.
9.0: manar (76r); menar.
9.8: fonts (77r); fondo / color (77r); calor.
9.9: menas (77v); maneras.
9.11.2: llauos sin pots fer menaras la p<er> les faldes dela muntanya (78r); 0 / sortidor (78r); sorcidor.
9.11.3: fenelles (78r); fojas.
9.14: xiij (75v); xij / viiij (75v); viij° / vj (75v); v° / vj (75v); v° / viiij (75v); viij° / xiij (75v); xij / xxiij (75v); xxii.
10.1.3: ab la ma (79v); 0.
10.6: que son legums (80r); 0.
10.18: pampols (81v); polzims.
10.19: xiiij (78v); xiij.
11.12.7: temps (84v); 0.

11.12.8: dens caballjno (85r); deo, caballjno.
11.19: que vol dire arrop o vi de panses (85v); 0.
11.20.2: lo sistern del vi es pes de ij lliures; 0.
11.23: vj (81v); viij° / viij (81v); xj / xj (81v); xv / xv (81v); vj.
12.0: de ço (86r); 0.
12.7.5: o de salzer (88r); 0.
12.7.10: fer molts pins axi: tu hauras lo camp que volras (88v); 0.
12.7.12: la (88v); llamala.
12.7.18: y apres (89v); 0.
12.7.23: serueres (90r); çiruelos.
12.13.5: femta (91r); forma.
12.18: junça (92r); junca.
12.20: hun drap de lli y penguen ho ab hun fil dins (92v); 0.
12.22.4: y en couens y faras ne sostre ço es hun sostre de oliues y altre de fulles de llorer (93r); 0.
13.2: murta, oli de mata o de lentiscle ço es cascant (94r); mostaza [todo lo demás falta].
13.4: ypomelides (94r); ypolimedes.

Supresiones. Las siguientes supresiones de texto en el ms. aragonés se efectuaron para restaurar el sentido de la obra de Sayol y del original latino. En su mayoría son palabras y frases que se repitieron por descuido del copista; aquello que se repite puede fácilmente encontrarse en el texto. Donde se pudo averiguar que la versión catalana tampoco traía el trozo en cuestión (lo cual apoya el juicio tomado de suprimir) se lo indica abajo con el símbolo "0"; en los otros casos se da la lectura correspondiente de la catalana. Por ejemplo, en línea 7 de fol. 155v del ms. aragonés aparece la palabra "non," que se suprimió en la presente edición. El lugar correspondiente en el ms. catalán trae "ne."

16v16 si qujer enlos paujmjentos; 0.
28v12 & tiernas; 0.
31r24-25 segunt la rregion en que sera; 0.
42r8 plantados; 0.
45v7 antes; 0.
94v22 sy; 0.
151v20 agras; ab grans crits.
155v7 non; ne.
174r5 E seco; 0.
188v5 non; ne.
209v11 non; 0.

Prólogo de Palladi Rutuli Emiliani
De agricultura

Palladi Ruculi Emilianj[1] *fue noble hombre dela çibdat de Rroma. E por la grant afecçion que el hauja ala cosa publica, non tan solamente dela çibdat de Rroma, mas encara a todas las partidas del mundo, la qual cosa publica non es durable njn se puede sustener menos de labradores & personas que labren & conrreen la tierra, menos de jndustria delos quales los hombres non podrian auer conujnjente vida para ellos mesmos njn para los anjmales los quales le son nesçesarios, ya sea que se lea que enlos primeros tiempos los hombres biujan de los fructos delos arboles, en tiempo es a saber antes del diluujo quando los hombres non eran tantos en numero como son agora; por la qual rrazon Palladio ouo consideraçion que non tan solamente los fructos delos arboles, antes avn los espleytos dela tierra eran* **[fol. 1v]** *nesçessarios para alimentar non sola mente los hombres & mas avn los anjmales aellos nesçesarios, asi como son diuersas aues, bestias cauallares, asinjnas, mulares, perros & gatos & otros, que ya sea que cada vno en su natura pudiese veujr en los boscages, estando & rremanjendo saluages, empero non aprouecharien mucho alos hombres quelos han nesçesarios asu prouecho & deleyte; por laqual rrazon & avn por tal como muchos nobles & exçelentes hombres & de grant estamjento, como son papas, enperadores, rreyes, condes, e otros grandes hombres asi clerigos como legos, e otros de menor estamjento, asi por su deleyte como prouecho se delectauan en ennoblesçer el mundo, e algunos dellos hedificauan palaçios, castillos, casas, ffortalezas, çibdades & lugares, otros plantauan vjñas, arboles fructifferos, criauan boscages & prados que sirujan asus nesçesidades & plazeres, e encara ala cosa publica querientes segujr la manera que touo Salamon, el qual fazia su poder de ennoblesçer el mundo, ço es la tierra, la qual Dios espeçial mente auja asignada & dada alos fijos delos hombres. E paresçe que tal doctrina oujese querido dar el profeta su padre Daujt enel CIII psalmo del salterio enel qual escriujo vn verso, el qual comjença* **hoc mare magnum [fol. 2r] et spaçiosum manjbus salicet contractandum,** *quasi que qujere dezir que aquesta grant mar & ancha que es la tierra deue ser tractada & en noblesçida por las manos delos hombres hedificando & plantando & expleytando aquella. E* *por todas aquestas rrazones Palladio partio personal mente de la çibdat de Rroma. E çerco grant partida de Greçia, do fueron antiguamente los grandes filosofos, e grant partida de Ytalia. E quiso leer muchos & diuersos libros que algunos filosofos aujan escriptos & dexados en memoria enel fecho de agricultura o labraçion. E por ojo quiso prouar & ver la manera & practica quelos labradores & los foraños tenjen en hedificar sus casas o tierras, o en plantar sus vjñas & sus arboles, e como los enpeltauan o enxirian, e los tiempos en que sembrauan & cogian & conseruauan cada simjente, e los nombres de cada vna, e como criauan sus bestiares gruesos & menudos & la natura dellos. E por sy qujso esperimentar & prouar muchas cosas las quales auja leydas, vistas & oydas. E apres por caridat que auja en Dios, e por grant amor que auja ala cosa publica, copilo & ordeno el presente libro* [**fol. 2v**] *en latin fuerte corto & breue & entricado & mucho sotil, no contrastant que enel prohemio o prefaçio de su libro oujese protestado & dicho quela arte dela agricultura deue ser tractada por hombres groseros & labradores, alos quales non deue el hombre fablar subtil mente, asi como sy eran hombres de sçiençia. E es çierto que el* **Libro de Palladio** *por la grant suptilidat & breuedat & vocablos que non son en vso entre nos otros en Cataluñya njn avn en España, era & es mucho aborrido & rrepudiado & menospresçiado por tal que nonlo podian entender, ya sea que algunos se sean fechos arromançadores, los quales non han aujdo cura de arromançar muchos vocablos los quales non son conosçidos njn vsados en nuestro lenguaje, mas han los puestos sinplement segunt quelos han fallados escriptos enel latin, en tanto que si poco son entendidos enel latin, asy tan poco son entendidos enel rromançe, e avn en muchas partidas del rromançe non han expresado njn dicho el entendimjento de Palladio; antes han puesto el contrario en grant derogaçion & prejuyzio de Palladio, el qual sola mente por copilar atal libro meresçe auer grant gloria. Porque yo Ferrer* [**fol. 3r**] *Sayol, çibdadano de Barçelona, que fuy prothonotario dela muy alta señora doñya Leonor rreyna de Aragon de buena memoria, la qual fue muger del muy alto señor rrey don Pedro, rrey de Aragon agora rregnant, e fija del rrey don Pedro, rrey de Çiçilia, veyendo los grandes desfallesçimjentos los quales eran en los libros arromançados del Palladio, e veyendo avn que este libro es muy hutil & prouechoso a todos los hombres asy de grant estamjento como baxo que qujeran entender en agricultura o lauor, ala qual natural mente son jnclinados en su vejez, en espeçial los hombres que son estados en su juuentut de grant & noble coraçon e han trabajado & entendido en fecho de armas & otros notables fechos a vtilidat dela cosa publica, segunt que rrecuenta Tullio en vn su libro jntitulado* **De vegez**[2] *enel qual rrecuenta* *grandes perrogatiuas & grandes plazeres & delectaçiones & prouechos en la agricultura o lauor, que es conrrear la tierra. La qual segunt que el dize & asy es verdat, que non sabe tornar asu labrador aquello quele encomjenda menos de vsura; quasy que diga quela simjente que ay siembra le rrestituye en mayor & en mucho mayor numero que nonla siembra, e muchas otras maraujllas las quales serian largas de escriujr. E mas rresçita* [**fol. 3v**] *en aquel mesmo libro muchos sabios & antigos hombres & philosofos de grant estamjento que en su vegez labrauan & fazian labrar & conrrear sus tierras. E el mesmo faze testimonio, diziendo que cosa enel mundo non es mas delectable al hombre viejo de grant estamjento que fazer conrrear las tierras & obrar obras de aquellas. Empero entiende lo dezir que se qujere secrestar & apartar o alexar en su vegedat de los aferes mundanales & pensar & contemplar quela gracia diujnal faze engendrar la tierra sola mente a serujçio del hombre. Ca Dios todo poderoso non ha menester de los espleytos dela tierra sy non el hombre solament. E rremjrando & contemplando aquestas cosas, rrendiendo gracias a Dios todo poderoso, la vegada ha puyado & subido el primer grado o escalon de contemplaçion en Dios. E despues podra sobir mas ligeramente el segundo escalon de contemplar con Ihesu Xpisto, Dios & hombre, fecho nuestro hermano tomando natura humana. Despues podra contemplar el çaguero & terçero escalon, el qual es contemplar enel gozo que auran en parayso los amjgos de Dios, los quales auran trabajado por su serujçio & dela cosa publica del mundo, del qual el es cabeça & mayor prinçipe.* [**fol. 4r**] *E yo por todas aquestas cosas he querido nueua mente arromançar & declarar tanto quanto la mj groseria & jnsufiçiençia ha bastado el dicho* **Libro de Palladio,** *tornando aquel nueuamente de latin en rromançe. E suplico a todos los leedores de aqueste libro que non me noten de presumpçion ca a buen entendimjento & a prouecho dela cosa publica lo he fecho. E sy por auentura yo non he bien jnterpetrados algunos vocablos de simjentes & de arboles o de otras cosas, aquesto ha seydo porque non los he fallados expuestos njn declarados en algunos libros, asy de gramatica como de medeçina, ya sea que diligente mente enello aya trabajado. E dexolo a correcçion de mayor & mejor jnterpetrador que yo, quele plega suplir & corregir & emendar los desfallesçimjentos que y son por culpa mja, portal que en los traslados, si alguno fara fazer, non se sigua error. E aquesto por caridat de Dios & por dilecçion dela cosa publica.*

FFue acabado de rromançar enel mes de jullio, año a natiuitate dominj M° CCC^{mo} LXXXV°. E fue començado en nouiembre del añyo M° CCC^{mo} LXXX.

Primer libro de Palladio

[1.0] Aquj comjençan las rrubricas del primer libro de Palladio.

[**fol. 4v**] Primera mente delos ordenamjentos dela labraçion. E del labrador.
Delas IIII° cosas enlas quales esta la labraçion.
Del esprouamjento del ayre.
Del esprouamjento del agua.
Dela qualidat dela tierra.
Dela proujdençia delas cosas que son nesçesarias ala lauor.
Dela elecçion & situamjento del campo.
Del ediffiçio delas casas.
Delos estatges & habitaçiones del jnujerno & del estiuo & delos paujmjentos de calçina & de arena.
De las paredes; en qual manera deuen estar & ser cubiertas.
De la lumbre que entra enla casa, & de la alteza delas finjestras.
Delas camaras & delos cañyços.
De enblanqujr la obra delas paredes.
De la manera como se deuen cobrjr las casas.
De escombrar los valles que solian fazer para el agua dela pluuja.
Delas çisternas & algibes & çaffaregos para agua fria.
Dela bodega do hombre tiene el vjno.
De el granero do hombre tiene el grano.
Del xarahiz, o lagar do se faze el olio.
De los establos delos cauallos & delos bueyes.
Dela cort del bestiar menudo.
Delos lugares delas aues do deuen habitar, e sser criadas.
Del palomar.
Del lugar delas tortolas do deuen ser criadas.
De galljnas.
De pagos.
De faysanes.
De Ansares.
Delas balsas para tener aguas para menester delos ganados & delas aues & para rremojar ljnos & cañyamos.
Del pajar de paja o de feno o de leñya.

[**1.1**] Delos ordenamjentos dela labraçion & del labrador.

La primera parte de saujeza es que hombre deua conssiderar la persona ala qual hombre ha a mandar obra alguna o enseñyar aquella. Car aquel que qujere jnformar o enseñyar hombre labrador [**fol. 6r**] non deue rresemblar en su fablar al maestro en artes o en rrectorica quj solamente han cura de ordenar sus palabras con bellos vocablos. Aquesto acostumbran de fazer algunos hombres non mucho sabios que fablan con los labradores & personas grosseras ornada mente & sotil por tal que su palabra non pueda seyer entendida njn por los grosseros njn por los entendidos & subtiles. Mas nos abreujamos el prologo & nuestras palabras por tal que non semejemos a aquellos que rreprehenden.

[**1.1.2**] Pues nos deuemos dezir conel adiutorio de Dios de toda labraçion o agricultura. E de pasturas & hedeffiçios de fuera villa segunt que auemos experiençia de los maestros & de las jnuençiones o manera de ordenar los hediffiçios & de todas otras cosas pertenjçientes al labrador, assi por rrazon de su plazer como por rrazon de su prouecho, segunt los tiempos conujnjentes. Empero yo entiendo obseruar atal orden que de cada vna cosa fablare en cada vn mes como se deue plantar o ffer cada cosa en aquel mes.

[**1.2**] Delas IIII° cosas enlas quales esta la labraçion.

Primerament **de** bien escoger & bien labrar los campos, la rrazon esta en quatro cosas, es a saber ayre, agua, tierra, jndustria [**fol. 6v**] de hombre; aquesto es, en sabieza de aquestas. Las III son naturales; conujene a saber, el ayre, el agua & la tierra. La jndustria es de voluntat & de poder naturalment. Deues guardar primerament que en los lugares do querras labrar sea el ayre puro & subtil & el agua aya buena sabor & sea ligera, si qujere que el agua nazca enel lugar mesmo, sisqujere quel hombre lay faga venjr, o que sea ajuntada de la pluuja; & la tierra sea fertil & habundant & en buen lugar sitiada.

[1.3] Del esprouamjento del ayre.

Los lugares que no son puestos en los valles fondos, mas que estan en montañas o en alto, manjfiestan la puridad del ayre. Conujene a saber, que si los cuerpos delos habitadores han buena color & han sinçeridat e firmeza de cabeça & buenos ojos & que oyan bien & la boz clara, aquestas cosas son prueua del buen ayre. E lo contrario muestra que el lugar es malsano & nozible.

[1.4] Del esprouamjento del agua.

La bondat & sanjdat del agua se conosçe primera ment que non sea tomada de alguna balsa o de laguna, **nj** que nazca de algunt lugar **[fol. 7r]** en que aya metales, *assi como oro, plata, estaño, & plomo, alcohol, argent bjuo o semblantes* **metales**. Mas que aya clara color. E que non aya algunt biçio en si en sabor njn en olor. E que non sey fagan ljmos. E que sia natural ment fria enel estio, & caljente & tibia enel jnujerno. Car alas vezes como la natura del agua es al hombre amagada, acostumbra fazer amagado dapno. Por aquesto deuen ser consideradas todas aquestas cosas dichas. E en espeçial conosçe hombre la bondat del agua en la sanjdat de aquellos quela acostumbran de beuer. **[1.4.2]** E primera ment si aquellos quela beuen han la gola & el cuello biensanos & puros & la su cabeça & los pechos **& los labjos** & los pulmones. Ca muchas vegadas acaesçe que por el corrompimjento que se cria o comjença en las partidas soberanas dela cabeça desçiende alas partidas baxas del estomago, delos pulmones & en las otras partidas baxas. E la vegada que si algunos delos beuedores del agua non auran alguna delas dichas pasiones enel estomago njn en los rreñyons njn en la vexiga njn en otras partidas, estonçes puede ser judgada aquella agua por sana & el ayre por sano. E non te cale aver sospecha.

[1.5] Dela qualidat dela tierra.

[fol. 7v] Hombre deue considerar la fertilidat dela buena tierra en tal manera. Es a saber, quelos terrones non sean blancos njn sea desnuda; conujene a saber, menos de yeruas. E quela madre donde se leuantara el terron non sea puro sablon menos de mezclamjento de tierra, njn arzilla sola njn arena aspera njn arzilla magra. Njn sea pedregosa, njn aya poluo arenoso quasi como color de oro, njn sea salada njn peçinosa njn amarga. Njn las piedras sean melosas njn foradadas. Njn sea flaca, njn sea situada la tierra en lugar mucho obscuro. Njn sea mucho fuerte la tierra. Mas deues guardar que el terron sea podrido o quasi negro. E que sea bastante a cobrir se de yeruas. E que vn cueuano de tierra sea bastant a complir el lugar donde sera sallida,[4] o que sea de color mezclada. E si sera espesa & tenjente la vegada sea mezclada con tierra gruesa. [**1.5.2**] Empero deue hombre considerar quelos arboles que se fazen en aquella tierra non sean asperos. Njn llenos de nudos. Njn sarnosos. Njn tuertos. Njn sean menguados de succo o sustançia natural. E para sembrar ay trigo, deues considerar que ay sean estas señyals que signjffican habundançia de fructos: primera ment que enla tierra [**fol. 8r**] se fagan finojos & juncos & cañas bordas & grame & trebol gruesso que non sea magro & çarças & rromegueras grandes & çiruelos saluages.

Empero non deue hombre fazer grant fuerça enla color dela tierra, si non enla grosseza que sea gruessa & dulçe. [**1.5.3**] E podras saber la su grasseza si tomas dela tierra & la metes en agua dulçe & la meneas entre las manos. Ssi se pega como la ayuntas ella es gruessa. En otra manera la puedes cognosçer si la tierra es grassa & dulçe: faras vna foya enla tierra. E despues tornaras aquella tierra dentro en la foya. E si sobra de la tierra, que non quepa enla foya, la vegada la tierra es gruessa. E sy non sobra dela tierra, antes fallesçe della, la tierra es magra. E sy viene egualmente que non sobre njn falga, es la tierra medio buena. Si la tierra es dulçe, cognosçerlo as assi: toma de la tierra del campo, de aquella partida que sera semblant que valga **menos**, vn terron. E rremojalo con agua dulçe dentro de vn vaso de tierra. E la vegada si la sabor es dulçe o non, tastando de aquella agua en la qual sera vañyado el terron lo veras.[5]

[**1.5.4**] La tierra que es buena para vjñya ha aquestos señyals: que sea espesa vn poco de color & de cuerpo. [**fol. 8v**] E que sea de buen cauar & menear. E quelos arboles que se y fazen sean derechos planos & lisos. E si ay ay sarmjentos o çepas saluajes que hombre llama lambruscas que llieuen muchos fructos & ciruelos saluages & çarças & que non sean tuertos njn magros njn delgados njn sotiles njn exorcas.

[1.5.5] De la elecçion & situamjento del campo.

El Campo & tierra que querras conrrear & labrar deue ser sitiado por tal manera que non sea alomado enel medio njn mucho llano, por tal que non se faga estañyo de aguas de pluuja njn de otras. Jtem que non sea mucho pendiente, por tal quela tierra non vaya toda vegada entayuso. Jtem que non sea en derrocadizo. Conujene a saber, que por las aguas non se fagan arroyos njn barrancos. Njn sea fundado o situado en algunt valle baxo. Njn este alto mucho, por tal que non sienta mas delas tempestades njn dela feruor del sol, mas que sea medianeramente situado. Conujene a saber, que non sea mucho llano o mucho acostado. E seria bien conujnjente que en medio del campo o tierra oujese algun poco de monte. E que el agua dela pluuja corriese a cada vno delos costados del campo. O si sera situado en algun valle, que alo menos y pudiesen [**fol. 9r**] bien entrar el ayre & el sol, & delant del dicho campo oviese alguna montañya quele deffendiese delos malos ayres & vientos que en aquella rregion han acostumbrado de nozer a los fructos. O que sea bien alto & aspero el lugar do sera situado.

[**1.5.6**] Empero muchos son los linages delas tierras. La vna es gruessa, la otra magra & la otra espessa & tenjent a manera de arzilla. E la otra es ligera & la otra seca. La otra es humjda. E de cada vna de aquestas qualidades ay que han aquestos viçios. Empero por rrazon de diuersas simjentes que hombre y acostumbra de variar; conujene a saber, vn añyo vna simjente, otro añyo otra simjent, es mejor cosa que hombre escoja campo o tierra que sea grassa & non mucho ffuerte, mas de buen labrar. E que non rrequjera grant trabajo njn grant espensa, & que rrienda abundante mente los fructos. Despues de aqueste campo, si nonlo puede hombre fallar, deues escoger campo o tierra que sea espesa, fuerte & tenjente. Que ya sea que se labre con affan & espensa, non res menos da abundant mente los fructos. Aquella tierra o campo es mucho mala & maluada la qual es seca & espesa. Conujene a ssaber, fuerte & tenjente todo en semble. E que sea magra & ffria. Aqueste atal campo o tierra deue hombre esqujuar assi como a cosa pestilençial.

[1.6] Dela proujdençia delas cosas que son nesçesarias ala lauor.

[**fol. 9v**] Las cosas que son naturales para el situament del campo por las cosas que te he dichas las puedes bien considerar. Mas avn has nesçesaria la parte que queda. Conujene a saber, dela jndustria & saujeza, las sentençias & diffinjçiones. Delas quales tu deues con toda cura & diligençia obseruar en tus afferes que sean de labrar.

E primerament que en todo aquello que se fara enel campo o tierra que ay sea presente el señor.

La color dela tierra non deue ser mucho conssiderada. Njn hy deue hombre fazer grant fuerça. Ca hombre non es çierto de la bondat suya.

[**1.6.2**] Los arboles que y plantaras & la simjente que ay sembraras sea ya por ty prouadas que sean buenas & escogidas, ela vegada los y podras plantar & sembrar. Non deues sembrar todo el tu campo de simjente nueua, **aquesto es,** alguna que tu non conozcas o tu nonla ayas ya prouado. Todas las simjentes desçienden & salen de buen linage que sean sembradas mas en los lugares humjdos que non en lugares secos. [6] Porque en aquesto ha menester jndustria & proujdençia del labrador.

E por tal quelos labradores non çesen de labrar & fazer las otras cosas pertenesçientes ala lauor, es espediente que delas villas & çibdades sean procurados & aujdos en tiempo de nesçesidad maestros ferreros, fusteros & otros que auran nesçessarios.

[**fol. 10r**] Las vjñas deuen ser plantadas enlos lugares frios faza el medio dia. Enlos lugares calientes las deue hombre plantar faza la tremuntana; enlos lugares temprados faza el sol saliente.

[**1.6.3**] De labrar njn de plantar non se puede dar çierta rregla njn forma, tantas son las diuersidades delas tierras. Mas la costumbre delas gentes que son en aquella tierra, proujnçia o rregion, segunt que y auran prouado & acostumbrado, daran de aquesto çierta rregla & forma.

Nenguna planta o simjente que sea florida non se deue tocar njn trasplantar.

Non puede hombre escoger o triar las simjentes que hombre deue sembrar si primera ment nonlas ha hombre prouadas.

El trabajo dela lauor & labrança rrequjere hombres jouenes. Mas la ordinaçion & jndustria dela lauor rrequjere hombres antigua mente acostumbrados en aquesta arte.

[**1.6.4**] Podar sarmjentos & vjñas: antes que hombre las pode deuen ser consideradas tres cosas. La primera que es esperança que hombre aya fructo. La segunda que quede & finque conuenjent poder en la çepa. La terçera quela çepa sea conseruada & rrenouada & mantenjda con toda su auantaja. Si podas los sarmjentos temprano auras enel añyo que viene muchos sarmjentos. Silos podas tarde auras mucho [**fol. 10v**] fructo. Assi como es conujnjente cosa & prouable que los hombres se mudan de mal lugar en bueno, asi es de los arboles, que mucho & mejor aprouechan aquellos que son trasportados & mudados de mala tierra en buena.

Despues de buenas vendjmjas & habundantes deues podar los sarmjentos o las çepas bien curto & estrecha ment. Conujene a saber, que nonles dexes grant poder. Despues empero de pocas vendimjas deues podar mas largo, queles dexes mayor poder.

Quando querras enxerjr o podar o tajar arboles o sarmjentos, deues lo fazer con ferramjentas que sean bien fuertes & azeradas & mucho bien cortantes.

Todo quanto querras enxerir & obrar asi en çepa como en otro arbol fazlo antes que florezcan & antes que echen brotes njn yemas.

Con açada deue ser emendado & cauado todo aquello que el aradro aura dexado que non sera pasado.

Non deue hombre tirar los panpanos delas vjñas enlos lugares calientes & secos & avn temprados. Antes mas las deue hombre cobrir. E enlos lugares en los quales el leuante o otro viento ha acostumbrado de quemar o escaldar o nozer alos sarmjentos, la vegada [**fol. 11r**] deuen aquellos cobrir con paja o con semblantes cosas quelos defiendan del viento.

[**1.6.5**] Si enel medio dela oliuera nasçia algunt **rramo** o verdugo que sea viejo & verde & non fara algunt fructo, hombre lo deue cortar asi como enemjgo de todo el arbol.

Ffuerte deue el hombre esqujuar esterelidat e exorqueza de arbol asi como a pestilençia. Car ygual mente dapniffican.

Ala vjña que es plantada de nueuo noy deue hombre res sembrar, exçeptado coles. Ca segunt que dizen los griegos se pueden plantar enel terçer añyo.

Segunt las declaraçiones de los griegos, todas las legumes se deuen sembrar en tierra seca, exçeptado ffauas que qujeren tierra humjda.

[**1.6.6**] Aquel que loga o establesçe campo asu vezino; aquesto es, que aya otro campo menos de medio conel su campo, el mesmo se procura su daño & baraja.

Todo aquello que es plantado o sembrado dentro del campo peresçe tant tost si las orillas o extremjdades del campo non son bien labradas & alimpiadas.

Todo trigo que sera sembrado en tierra agualosa, despues de tres cogidas; conujene a saber, que si por tres añyos hi sera sembrado, tornara jn siliginem; conujene a saber, seguel o çenteno al quart añyo.

Tres cosas son que nuezen & fazen dapno al campo & grant dapnage egualmente. Conujene a saber, esterelidat o exorqueza de tierra; conujene a saber, que non [**fol. 11v**] sea fructifficante, & enfermedat que se mete en las plantas o simjentes del campo & mal vezino.

[**1.6.7**] Aquel que planta vjñya o arboles en tierra exorca & esteril pierde sus trabajos & sus expensas.

E enlos campos & tierras planas se faze mas vjno. Mas en las montañyas & en los boscages se faze mejor vjno. Enla vjña que esta de cara ala tremuntana se faze mas vendimja & mas vjno. Enla vjñya que esta de cara al medio dia se faze mas mejor vjno, por que esta en arbitrio de cada añyo si qujere mas vjno o mejor vjno.

En tiempo de nesçesidat non deuen ser guardadas njn obseruadas fiestas njn ferias. *Entiende se de coger fructos, de enxerir o de podar & de semblantes.*

Ya se sea que hombre deua sembrar en campos temprados; conujene a saber, que non sean mucho en aguados njn mucho secos, empero çierto es quelas simjentes se conseruan mejor en la tierra, aquesto es, seyendo sembradas, que non fazen en los graneros. *Que qujere dezir que mas vale sembrar & en comendar la simjente ala tierra que non faze conseruar el grano o la simjente en los graneros.*

Tierra exorqua egualmente es contraria a deleyte & a prouecho [**1.6.8**] a aquel que obra campo, del qual faze grant çens & es sosmeso a graue acreedor menos de toda esperança de absoluçion.[7]

Aquel qui no labra egualmente el campo, ço es que dexa algunos lugares que non sean bien labrados, aquel tal [**fol. 12r**] faze grant perjuyzio alos fructos & diffama la bondat & vbertat del campo.

Mas fertil & abundante es poca tierra bien labrada & bien pensada que non es mucha tierra mal pensada.

[**1.6.9**] Los sarmjentos negros, *conujene a saber, las lambruscas,* deue hombre esqujuar que nonlas deue hombre plantar saluo en las rregiones en las quales se acostumbra de fazer agraz & verjus & vinagre.

Largo sarmjento non es prouechoso nin faze fructo.

Non deues cortar con fierro el sarmjento verde njn tierno. Como querras cortar & podar el sarmjento guardate que el tajo non sea en la partida do se deua meter la yema o el brot, por tal que el agua que salira del sarmjento non destruya la yema o el borro.

El podador deue parar mjentes al poder dela çepa que si non ha grant poder nonle deue criar mogrones njn muchas rrastras por tal que sean mas firmes. E que non enmagrezca mas adelante segunt quelos griegos dizen.[8]

Enla tierra fondal & pregona se fazen grandes olitueras. Empero fazen menos fructo & mas aguoso & mas tardano & mas morcoso & fargaloso. Enel olio los vientos suaues & medianos; conujene a saber, que non soplen o bufen poderosamente njn con orror o grant fuerça, ayudan mucho alas olitueras.

[**1.6.10**] Las çepas o sarmjentos delas vjñas que hombre labra con bestias deuen ser asi criadas en su hedat que enlos lugares magros & asperos non ayan de alto sobre la tierra mas de quatro [**fol. 12v**] pies, & enlos lugares fertiles & fondos mas avant de siete pies.

No conujene dar rregla njn doctrina de sembrar aquel campo o huerto que es situado en lugar do el ayre es puro o temprado e que se pueda rregar de agua de fuente o de rrio, ca el mesmo demuestra que le es nesçesario.

La hora deue hombre atar los sarmjentos tiernos como los rrazimos son ya en agraz & non han mjedo que el hombre los qujebre. [**1.6.11**] No deue hombre atar los sarmjentos continuamente en vn lugar por tal que aquel lugar non aflaquezca *& el vjno se ende affolle* por la continuydat del ligar.

La vjña deue ser cauada de mjentra quela borra dela çepa o del sarmjento es çerrado; conujene a saber, antes que non comjençe a echar yema. Ca en otra manera non ayas esperança de auer vendimja sy es cauada como ella comjença a echar, por rrazon dela tierra o del açadon que muchas vegadas las exorda.

Si quieres sembrar forment caua la tierra fonda dos pies. Si qujeres plantar arboles sea cauada fonda quatro pies.

El sarmjento o vjñya nueua toma soberano cresçimjento si muchas vezes es labrada. E por el contrario muere o peresçe subitamente sino es labrada & bien construyda.

[**1.6.12**] Guardate que non te enpaches de labrar muchas tierras. Conujene a saber, que non qujeras emparar grant lauor mas adelante que tu facultat o tu poder [**fol. 13r**] no basta, por tal que con vergueñya & con jnffamja non ayas de desamparar & dexar aquello que con superbia & presumpçion auras començado.

E non qujeras sembrar alguna simjent vieja que aya mas de vn año, portal que si era vieja o corcada non sallira.

El trigo que se faze enlas montañyas es mas fuerte, empero non es tanto fructuoso. *Aquesto es que non da tanto vna medida como otra que sea sembrado enel llano.*

En luna cresçiente se deue sembrar toda simjente de la qual hombre deue fazer grano o symjente. E que sea el tiempo temprado. Conujene a saber, que non sea mucho frio njn mucho mas caliente que non deua. Ca la calor faze sallir la simjent. E la frialdat rreprime & rrestreñye & la faze dormjr deyuso dela tierra.

[**1.6.13**] E sy por auentura tu querras labrar alguna pieça de tierra la qual sea plena de boscatge o de arboles que non fazen fructo, tu deues escoger aquella partida que sera mas grassa & mas fructifficante segunt que auras conosçençia conlas rreglas desuso dichas. E la otra partida de aquella tierra dexaras ser boscatge que nonla qujeras labrar. Ca por la su magreza ay perderias todo tu trabajo. E los lugares que conosçeras que seran exorchs & esteriles dexaras que sean boscatges o espesuras. Ca natural mente lo demandan & se alegran quando el hombre las quema. E qujeren se quemar de çinco en çinco añyos & por tal que tal tierra torne habundante & fertil. E aquesto deues conosçer en los primeros çinco añyos.

[**1.6.14**] Los griegos han de costumbre que quando plantan oliuera, o toman estacas para plantar o enxerir, o fazen coger las **oliuas**, quela fazen tajar o [**fol. 13v**] plantar o coger alos njños & infantes virgines. *E en muchas otras tierras se guardan que non dexan subir njnguna muger njn avn hombre que de vn dia pasado aya vsado con muger carnalment por coger oliuas njn fazer otros actos sobre el arbol dela oliuera.* E aquesto por tal ca es muy casto arbol. E dizen muchos delos griegos & otros que es cabesça & obispo delos otros arboles.

No conujene nombrar los nombres delos trigos. Si no que hombre escoja delos mejores que se fazen enla rregion & de otros lugares si ay de mejores que non aquellos dela rregion.

Los malos o beças sean segados o cogidos como seran verdes para a comer alas bestias. E como seran cogidos faz cauar o labrar el campo, que tanto le vale como silo estercolauas. E sy dexas secar las rrayzes, todo el suco dela tierra tiran.

El campo agualoso; conujene a saber, que se rriega, qujere mucho estiercol **& el campo seco non qujere tanto estiercol.**

[**1.6.15**] Como querras plantar vjñyas en lugares llanos çerca de maritima, o en lugares secos o en lugares temprados, tu y deues començar temprano. E en los lugares frios que son en medio de dos tierras o en lugares de montañya o en lugares humjdos o en lugares aguosos, deue hombre començar mas tarde a plantar las vjñas. E non solamente se deue aquesto entender de los meses & de los dias. Mas avn se deue entender delas horas del dia. *Quasi que qujera dezir que si se acaesçe que en tiempo tarda hombre a plantar vjñya en lugar caliente o temprado o çerca de maritima, que hombre y deue* [**fol. 14r**] *trabajar en las primeras horas del dia; & en los frios, en las çagueras horas del dia qualse qujera lauor: conujene a saber, cauar, labrar, sembrar, podar o plantar, o otro qual se qujere acto.*

No es dicho mucho toste si se faze quinze dias antes del tiempo. Nin puede ser dicho mucho tarde dentro de quinze dias despues del tiempo ordenado.

Todos los trigos se fazen mejores en campo llano & ancho que non aya algund enbargo de arboles njn de montañyas njn de grandes **piedras**. E que el sol y fiera continuadamente. [**1.6.16**] La tierra arzillosa & fuerte & bien tenjente & humjda cria buen trigo. E la tierra ligera & seca cria buena çeuada. E silo siembras en tierra humjda & fuerte & que y aya lodo, supita mente morra. El ordio o çeuada tresmesor; conujene a saber, que en espaçio de tres meses es sembrado & cogido, se deue sembrar enla primauera; conujene a saber, quando la calentura comjença, conque y aya alguna humjdad, mayor mente enlas rregiones que son frias. En otra manera non salira njn aprouechara. Enpero en los lugares calientes sy el ordio transmesor sera sembrado en optuño mejor dara su fructo.

Si se acaesçiere que nesçesaria mente deuas sembrar o plantar en tierra salada, conujene que hombre la siembre o la plante despues del optuñyo; conujene a saber, en tiempo de jnujerno, por tal ca las pluujas enel jnujerno la lauan de la saladura. Avn que y plantes [**fol. 14v**] arboles o vjñya, mas conujene que y sea mezclada tierra medianera que non sea salada, por tal que mejor se fagan.

[**1.6.17**][9] Las piedras que estan sobre la cara dela tierra en jnujerno dan grant frialdat. E enel estiuo dan grant calentura. E por aquesto fazen grant dañyo alos arboles & alas simjentes que y son sembradas.

E quando el hombre caua los arboles deue hombre tener tal manera quela tierra soberana parezca que . . . [10]

[1.8] Del ediffiçio delas casas.

. . . el hombre la quiera hedificar. Ca sy la posesion sera poca & de poca valor noy deue hombre fazer grant hedifiçio njn sumptuoso. Empero mucho esta en el querer del señor dela posesion. Mas rrazonable mente el hedifiçio non deue ser tant grande que sy alguna cosa se derrocaua por aguas o por viento o por fuego o por otra manera que alo menos de los fructos dela posesion dentro de vn añyo non se pudiese rreparar o dentro de dos añyos. [**1.8.2.**] E deue ser fecho el hediffiçio enel mas alto lugar dela posesion que sea mas seco menos de humor por esqujuar el daño delos fundamjentos. Et por tal que aya mayor vista & sea mas alegre. Los fundamentos deue asi hombre ordenar que sean medio pie mas anchos que non el cuerpo dela paret que se avra de hediffìcar. E sy por auentura en la dicha posesion o tierra avra alguna rroca o peñya bjua o de piedra tosca & blanda, la vegada es ligera cosa de fazer los fundamentos en tal manera que en la rroca, [**fol. 15r**] peñya o piedra tosca sea cauado con pico de martillo fondo vn pie o dos de anchura segunt que querras fazer la paret. Enpero sy la tierra sera arzillosa & mucho **firme** deues fazer quelos fundamentos ayan de ffondura deyuso dela tierra la qujnta o la sexta parte quelas paredes dela casa auran de alto. E sy por auentura la tierra sera sableza o arenosa; conujene a saber, que non sera assi ffuerte como la arzillosa, deues meter los fundamentos tanto fondos fasta tanto que falles arzilla firme menos de piedras. Conujene a saber que non aya arzilla mezclada con piedras. E sy por auentura non fallaras arzilla o otra firme suelta, la vegada basta quelos fundamentos entren de yuso de tierra la quarta parte dela altura dela casa & non res menos. Deuedes fazer vuestro poder quela casa o tierra sea ornada & ennoblesçida de vergeles & de prados & de muchos buenos frutales. [**1.8.3**] E avn deuedes guardar quela fruente enla entrada dela casa a tanto como terna la fruente que guarde enta medio dia, por tal que en tiempo de jnujerno aya enla mañyana el sol. E en tiempo de estiuo sea deffendida en la tarde de la calor del sol. E en tal manera en jnujerno sentira el sol, e enel estiuo non sentira la calor estiual que es del estiuo.

[1.9] Delos estatges & habitaçiones del jnujerno & del estiuo & delos paujmentos de calçina & de arena.

La habitaçion o casa deue ser fecha en tal manera que ay aya casas o camaras que sean buenas para habitar en jnujerno, & otras para habitar en tiempo de estiuo. E las casas o camaras para habitar en jnujerno [**fol. 15v**] deuen ser en tal partida que todo el cuerpo del sol y fiera en todo el dia. [**1.9.2**] E el suelo delas camaras deue ser todo llano & egual, que y non aya cosa que faga al hombre estropeçar & caher. Jtem que el suelo sea firme & bien enbigado que non tremole quando hombre andara de suso. E mas deues guardar quelas vigas non sean entre mezcladas; conujene a saber, de diuersas fustes, assi como de rrobre & de nispoler **& de otras fustes**. *Empero otros dizen que es el primer arbol del qual comjo Adam. E es arbol que dizen que faze glans. Otros dizen que es çeruera o nespulera.*[11] Ca sepas que el rrobre es de tal natura que quando es en obra & comjença secar el faze quebraças & fendeduras & se tuerçe. [**1.9.3**] E la fuste del njspoler njn se fiende njn se tuerçe. Empero mas dura el rrobre que el nispoler. E sy se acaesçe quela viga del nispoler o çeruera fallezca, la vegada deue ser sacada & aserrada la viga del rrobre que sea fecho tablas & que sean puestas al traues & que sean bien clauadas con clauos de fierro. Tablas de olçina o de farg duran largo tiempo, si antes quelas pongas de suso del paujmjento o del mortero derramaras sobre las tablas paja o falguera. E en manera que el paujmjento o mortero non se acoste alas tablas. [**1.9.4**] El paujmjento o trespol se faze maraujllosa mente de piedras picadas menudo a vna parte & dos partes de calçina. E como aura VI dedos de espeso o de grosso la vegada faze egualar & estender con rregla que non aya mas en vn lugar que en otro. E sy quieres fazer casas para jnujerno, & por ventura [**fol. 16r**] la rregion es fria, deues fazer tal paujmjento que aquellos que en jnujerno yran descalçados non sientan frio alos pies. E fazer lo has asi que desuso del dicho paujmjento fecho de piedras picadas & de tiestos o de ladrillos o tejas faras meter carbones mezclados con çenjza & con arena & con calçina & agua todo mezclado desuso delos tiestos & piedras picadas de groseria de dos o de tres dedos & faras lo bien picar &

egualar. E tornara el paujmjento de color negra. E sy y lança el hombre agua o vjno o otra licor, supitamente se enbeue enel paujmjento. [**1.9.5**] Empero sy las casas seran para habitar ay en tiempo de estiuo deues fazer por manera que guarden cara del sol salient & cara tremuntana. E quel paujmjento sea semblant del primero, conujene a saber de tejas picadas o de rrajolas picadas & de calçina & de marbre & de piedras quadradas o de piedras rredondas. Assi enpero quel paujmjento quede ygual aplanadas todas las orillas o los lugares vazios del paujmjento. E sy las dichas cosas fallesçen que nonlas podras auer, picaras del marbre & çerner lo has con çedaço o arena çernjda & mezclada con calçina a manera de mortero primo & aplanaras lo trespol o el paujmjento.

[1.10] De conoçer arena o calçina

Mas deue saber aquel que qujere hedifficar casa qual cal o qual arena son meiores. De la arena [**fol. 16v**] cauadiça son tres espeçies. Conujene a saber, negra & bermeja & blanca. Empero la bermeja es la mejor & mucho mejor, & despues la blanca, & despues la negra. Aquella arena que cruxe quando el hombre la aprieta entre las manos es mucho prouechosa a toda obra. E avn mas aquella arena que hombre mete sobre vn lençuelo o sobre vn trapo de lana blanco. E despues hombre la sacude, & non dexa alguna manzilla o suziedat, aquella tal es mucho buena arena. [**1.10.2**] E sy por ventura non fallaras arena cauadiça, la vegada conujene que ayas de la arena delos rrios, o de la arena dela rribera dela mar. Empero la arena dela rribera dela mar tarda mucho en enxugar. E por tal nonla deue hombre meter njn vsar continuada mente en obras, mas sola mente a vegadas, por tal quela obra fresca como sera mucho cargada non perezca. E en espeçial corrompe los terrados delas camaras, & por la su saladura los faze disoluer. E deuedes saber que el arena cauadiça si qujer enlas cubiertas delas camaras, sy qujer en los paujmjentos & enlas paredes, es mas mejor quela otra, por tal ca mas tost es desecada & es mucho mejor sy tant tost como es cauada es mezclada conla calçina o conla arzilla. E aquesto por tal ca si mucho esta al sol o al viento o al frio & ala pluuja pierde su virtut & su fuerça. La arena del rrio es asaz conujnjent alas cubiertas delas camaras mas que non otra arena. [**1.10.3; 17r**] Empero sy conujene nesçesaria ment de vsar dela arena dela mar sera cosa prouechosa fuerte sy antes que hombre la mezcle conla calcina njn conlas otras cosas, hombre mete la arena en vna balsa de agua dulçe, por tal que sea bien lauada & pierda la saladura. La calçina se deue fazer de piedra blanca bien dura & bjua, assi como es piedra calar, o codoles de rrio, o ala çagueria, si no es de tales piedras, se puede fazer de piedra marmol. Aquella piedra que se faze delas mas duras piedras es mas prouechosa & conujnjente a todas las obras delas paredes. Aquella calçina que se faze de piedras brescadas que son llenas de forados & aquella que se faze de piedra blanda es mas conujnjente alas cubiertas delas casas; aquesto es, alos terrados o paujmjentos. A dos partes de arena se deue mezclar vna part de calçina. Empero si conla arena del rrio mezclaras la terçera parte de buena arzilla, faze & rrinde la obra mucho maraujllosa.

[1.11] De las paredes; en qual manera deuen estar & ser cubiertas.

Si qujeres obrar paredes de tierra o tapias conujene que sean bien cubiertas por dubda de pluuja. En otra manera non se podrian conseruar. E puedes las conseruar en tal manera que en la soberana parte dela paret tu meteras buen mortero con calçina & arena. [**fol. 17v**] E sobre aquel meteras **tejas** o ladrillos que salgan mas adelante dela paret. E sobre aquellas meteras mortero en groso de vn pie por tal quelas aguas & pluuja non puedan pasar las tablas njn corromper la tapia. E despues quelas paredes seran secas & duras lleuaras aquella tapia cubierta. E rrecognosçeras sy la pluuja ha fecho dapnatge alas paredes & tornaras y otra cubierta. E como aquesto auras fecho dos vegadas & acabo de algunt tiempo tu podras meter segura ment el traginat o paujmjento o cobertura dela casa que auras fecha nueua, pues eres seguro delas tapias.

[1.12] De la lumbre que entra enla casa, & de la alteza delas finjestras.

Primera ment deue hombreproueer & ordenar que en las torres o casas que hombre hedifica de nueuo en los lugares de fuera la villa, si quieres que aya grant claridat o lumbre despues, quelas casas o camaras sean diputadas segund que de suso es dicho en otro capitulo: la vna partida para el jnujerno & la otra para el estiuo. E aquellas que seran para el jnujerno sean ala parte del medio dia. E aquellas que son para la primauera, e para el octoñyo sean al sol saljente. Empero ay tal rregla que deue hombre conseruar en las casas a [**fol. 18r**] cobrir que tu deues contar quantos pies ha de luengo la casa et quantos pies ha en ancho. E faras vna suma dela longitut e del ancho en vno. E despues departiras lo por medio. E atantos pies como aura la mytat del ancho & del luengo, atantos pies aura del alto la cubierta dela casa que tu faras.

[1.13] Delas camaras & delos cañyços.

Enlos masos o casas que son fuera la villa deue hombre fazer las cubiertas delas camaras de aquello que hombre falla mas ligeramente. Empero enla villa cubre hombre **las camaras** de tablas o de cañyas. E deue se fazer en tal manera que hombre mete de las vigas derechas. E sy deue auer sostre, ço es paujmjento, no deue auer de vna viga a otra mas auant de medio pie. E despues quelas vigas sean puestas en las paredes deuelas hombre trauar con cabirones & tinjello o tochos de enebro o de oliuera o de box o de çipres que mete hombre sobre las vigas. E despues sobre aquellos cabirones mete hombre parges grandes de dos en dos & claualos hombre que tengan firme los cabirones. [**1.13.2**] E despues ha hombre cañyas las quales se fazen enlos estañyos o balsas & otras que se fazen enlos lugares do non ay agua, que son mucho mejores. E picalas hombre & las casca bien & faze hombre a manera de estores de cañyas, las quales deue hombre ligar sobre las vigas & sobre las perchas & sobre las otras [**fol. 18v**] cosas. Posa hombre sobre aquellas argamasa o mortero, semblante que se faze enlas partidas de Marruecos, **mezclado** con algamena o tierra bermeja portal ca la enforteșçe. E despues con aquella planeta de fierro que es dicha tenla *que es apta para aplanar o allanar o enblanqujr o alisar las paredes o los paujmjentos* hombre deue ygualar el paujmjento. E sobre todo aquesto hy deue hombre meter sobre todo mortero primo fecho de calçina & arena. E deue lo hombre bien apoljr & aplanar & alisar conla planeta & tornase mucho blanco & bello el paujmjento.

[1.14] De enblanqujr la obra delas paredes.

Mucho se deleyta el hombre quando la obra es bien blanca. E puede se bien enblanquesçer en tal manera: tu tomaras calçina & mezclar la has con agua. E con grant enojo & por grant espaçio tu la menearas que non çesaras de menearla o mezclar la dicha calçina. E despues tu tomaras vna axa o vn cuchillo. E a manera que talla vn troz de fust tu tallaras menudo la calçina mezclada. E sy por aventura alguna piedra dela calçina fara dapno a la axa o cuchillo, conosçeras que no es bien maurada njn mezclada. E tornar la has a maurar tanto fasta quela axa o el cuchillo non falle enla calçina algunt empachamjento njn le faga enojo. [**fol. 19r**] E la vegada rreconosçeras sy la pasta que quedara enla axa o enel cuchillo sera blanda & **viscosa**. E sy lo es la tal calçina es fuerte conujnjente & es muy blanca.

[1.15] De la manera como se deuen cobrjr las casas.

Sobre las paredes delas casas o camaras faras meter de la calçina de suso dicha. E sobre el paujmjento & conla planeta acostumbrada tu lo faras bien alisar & aplanar. E como començara a secar otra vegada & otra, tu y faras meter otro lecho dela calçina. E ala terçera vegada tu avras marmol picado & poluorizado & lançar ne has sobre la planeta o la espargiras sobre la paret o sobre el paujmjento. E tornaras a pasar la planeta tantas vegadas fasta tanto que el odre, conel qual lieuan la calçina en Ytalia, posado sobre el paujmjento sende tire todo ljmpio. E como el poluo del marbre **començara a secar, aquesto mesmo poluo** y sera otra vegada metido suptilmente. Tal conserua mucho la obra & la blancor. [12]

[1.16] De escombrar los valles que solian fazer para el agua dela pluuja.

Tot hom deu esquiuar ço que molts han errat follament, qui per hauer delit deles aygues han feta poblacio y edificis en les valls fondes. Per hauer delit y plaher de breus dies han perjudicat ala salut dels pobladors esdeuenidors, laqual cosa deu hom mes duptar y rembre si hom sap per experiencia que aquella partida sia sospitosa de mala sanitat. En los llochs sechs hon no ha fonts ne pous deu hom construhir cisternes o aljups enlos quals hom fassa venir tota laygua dels terrats y deles teulades y deles altres cubertes dels edificis, les quals cisternes se fan en tal manera.

[1.17] Delas çisternas & algibes & çaffaregos para agua fria.

Tu faras las paredes dela çisterna atanto luengas & tanto anchas como te querras. E sean bien grosas. Empero deues guardar que mas aya de luengo que de ancho. El solar dela çisterna sea bien grueso de argamasa & de piedras quadradas. Empero faz de guisa quel dicho solar o suelo sea bien grueso & bien [**fol. 19v**] picado & bien plano todo aquello quelos cauadores non auran aplanado. E que y aya algunt lugar fondo en do se escurran las suziedades dela agua. E despues sera puesto el paujmjento fecho con ladrillos & con calçina & hueuos. E sea todo bien aplanado & alisado. E aya y lugar por do pueda entrar el agua. El paujmjento dela çisterna deue ser bien picado fasta tanto que hombre se enoje. E deue se vntar continuada mente con sayn de puerco cocho o de carnero, por tal que como començara a secar non se fagan fendeduras por do pueda salljr el agua. [**1.17.2**] E semejante ment se deue fazer enlas paredes dela çisterna. E de semejante mortero & de betum deuen ser cubiertas. E por aquesto es nesçesario que antes que noy entre el agua, la habitaçion que es las paredes & el solar sean bien **secos**. E avn conujene que como sera el agua enla çisterna que ay sean metidas anguillas & otros peçes de rrio o de agua dulçe. E queles de hombre a comer, por tal que por el nadar quelos peçes faran enel agua que esta adormjda sea fecha semejante de agua corrjente. E sy por ventura acaesçiere que por el peso del agua o por otra rrazon la çisterna se fondra, o se derrocara en alguna parte, asy enel suelo como en las paredes soptosa mente, deue hombre auer estopa bien picada & capolada con cuchillo & calçina prima çernjda con çedaço primo & olio. E todo junto sea mezclado & sea ne enplenado aquello que es derrocado. [**1.17.3**] E ssy [**fol. 20r**] por aventura en la çisterna se fazen algunas fendeduras o clotes, & semblante ment en los **pozos** & enlas balsas puede lo hombre adobar & çerrar èn tal manera mesma como avemos dicho; conujene a saber, conla estopa & calçina & olio & fezes de olio, & sy la humor del agua salljra por las piedras, la vegada toma pegunta liquida; conujene saber, alqujyran, tanto como cognosçeras que auras menester, & atanto de sayn de puerco fresco o seuo de carnero & mezclado todo. E mete lo en vna olla & cuega tanto fasta que faga espuma que se qujera sobresalljr. E la vegada tira la olla del fuego. E como sera rrefriado mezclaras y calçina bien çernida con çedaço & mezclado todo & poner lo has sobre los lugares por los quales se saldra el agua. [**1.17.4**] E picar lo has bien fuert conla mano a manera quj mete emplasto & sea posado grueso a manera de emplasto fuert. E es prouechosa cosa sy es posible que el agua venga enla çisterna con cañyos de tierra. E deues saber que el agua dela pluuja es mucho mas exçelente para beuer que non todas las otras aguas. E sy auras agua corriente, dexala para los campos & para las otras faziendas que se fazen, & tu beue del agua dela çisterna. Ca mucho es prouechosa & buena.

[1.18] Dela bodega do hombre tiene el vjno.

[**fol. 20v**] La bodega deue ser faza la tremuntana & deue ser bien **fria** & bien escura. Et deue ser alexos de vañyos & de establos de forno & de estercolares & de balsa & de çisterna & de aguas & de otros malos olores. E deue ser fornjda en tal manera de cubas & de toneles que todo el vjno ay pueda caber. E si el espaçio dela bodega es grande, en la mytad de la casa o a vn cabo tu faras vn cubo de piedra & de calçina o de algez o de otra materia. E faz lo tan alto que dentro del cubo puedas tener dos balsas que ayan tres o quatro pies de fondo, enlas quales el vjno pueda correr quando pisaran la huua. E de aquellas balsas pueda correr el vjno fasta las cubas & toneles, las quales deuen ser asitiadas **mucho mas baxas que el cubo, y las cubas & toneles deuen ser asitiadas** çerca la vna parte. En la qual parte tu pondras canales de fusta o de piedra, por las quales las cubas se puedan vmplir. [**1.18.2**] E aya espaçio de cuba a cuba, por que se puedan mejor rreconosçer. E toda vegada deue hombre poner & colocar los cubos sy seran de fusta en lugar ancho & espaçioso. E que sean puestos alto sobre la tierra, o en maderos o sitios de fusta o de piedra, en manera que hombre lo pueda bien enujronar & guardar por todas partes; conujene a saber, baxo & por los costados. E que aya grant espaçio del cubo alos toneles [**fol. 21r**] & cubas. E es nesçesario si echaras la vendimja en cubo de madera, que el suelo que sera deyuso del cubo sea enpahimentado a manera de follador. E que ay aya alguna balsa. E que pueda hombre desçendjr por vn escalon o dos, por manera que el vjno que y cahera del cubo que non se pueda perder. Antes sea fecho por tal manera que el vjno que cahera de dentro aquella balsa pueda yr de suso delas cubas o de otros vasos que seran dentro dela bodega.

[1.19] De el granero do hombre tiene el grano.

Los graneros ya sea que deuan ser sitiados en tal lugar que la parte de alto sea alexos apartada de toda humjdat, asy como es de balsa, de moradal & de establo, empero deuelos hombre construyr & fazer en lugar frio & ventoso & seco. E deue ser **fecho & prouehido** en tal manera que non se fagan fendeduras njn quebraças. El suelo del granero deue ser entrespolado & fecho de ladrillos de groseria de vn pie o de dos pies. [**1.19.2**] E deuen se y fazer algunas çeldetas, aquesto es camaretas o apartados, de paret a paret. Por tal que sy aura de muchas maneras de grano que el trigo non se pueda mezclar conlos otros granos. E alas oras cada vn linage de grano pondra por sy mesmo en las dichas camaretas. E sy el grano non sera mucho, la vegada basta que fagas montones de cada grano dentro del granero sy abasta el espaçio. E sy non abasta el espaçio [**fol. 21v**] meteras cada vn grano aparte en sacos o capaços o cueuanos por tal que non se puedan mezclar, en caso que el granero [non] sea espaçioso & grande.

Empero las paredes del granero & el suelo deuen ser vntados con laca fecha con calçina o fezes de olio. E deue y meter de suso fojas dullastre secas o de oliuera, en lugar de paja para enpajar. E despues que seran secadas deue las hombre bien fregar. E otra vegada deuen se bien vntar con fezes de olio. E despues que sera secada & bien seca pone y hombre el trigo, el qual por las cosas de suso dichas es conseruado de gorgojo & de papalones & de todas otras bestias que y pueden nozer. Algunos por conseruar el trigo enel granero mezclan foja de çeliandre *que es culantro* entre el trigo. E rres en el mundo non es mas prouechosa a conseruar el trigo largo tiempo como leuarlo de la era do sera trillado & mudar lo en otra era. E que se pueda rresfriar allj por algunos dias. E despues mudarlo & rrefriarlo de lugar en lugar. E la vegada como sera bien rrefriado puede ser bien conseruado en los graneros. [**1.19.3**] Columella, philosofo, dize que el trigo non se deue mudar. Ca como mas es ljmpio & neto, los gorgojos & las otras bestias han mayor avinenteza de nozer al trigo que non fazen sy lo fallan mal ljmpio, ca la vegada noy pueden nozer njn fazer dañyo njn entrar mas avant de mesura de vn palmo, a manera quj forada vn cuero de vna bestia & todo lo otro queda sano. E avn dize mas Columella que sy el trigo non es aventado que cosa non se puede engendrar que le faga mal [**fol. 22r**] allende la medida de suso dicha de vn palmo. La yerua dicha tonjca, *en otra manera nombrada çicuta,* que sea metida desuso del trigo; *o yerba de tunjz* segunt que dizen los griegos, conserua luenga mente el trigo enlos graneros. El granero non deue ser situado en lugar que el viento del medio dia y pueda ferir. E noy deue auer finjestra por do se pueda entrar. Ca mucho es nozible.

[1.20] Del xarahiz, o lagar do se faze el olio.

La casa do es el trullo en que se faze el olio deue ser posada cara medio dia. E que sea bien defendida de todo frio. Conujene a saber, que el viento dela tramuntana nonle pueda nozer. E deue auer dela parte de medio dia finjestras por las quales la casa rresçiba claror, en manera que el viento septentrional non pueda enbargar la obra del olio. Ca el frio destorba mucho, quela pasta delas oliuas non se puede bien apretar njn estreñyr. La muela & el torno & la prensa con que hombre esprime el olio asaz son manifiestas quales deuen ser segunt la costumbre de cada vna proujnçia. Las balsas enlas quales se escorre el olio nueuo deuen ser siempre ljmpias & bien netas, por tal quela vieja sabor & rrançiedad non faga corromper la sabor del nueuo olio. E sy alguno y querra hauer diligençia mejor, faga asy que de yuso la balsa do se ayuntara el olio, a manera de buelta de estuba o de bañyo, que y faga fuego a manera de fornaz. Ca sepas que aquel fuego apurara el olio en color & en [**fol. 22v**] sabor, con que non aya fumo. Car el fumo corrompe el olio & lo faze malo.[13]

[1.21] De los establos delos cauallos & delos bueyes.

Los establos delos cauallos & delos bueyes deuen ser construydos & fechos ala parte de medio dia. Empero deuen auer finjestras ala parte dela tramuntana, las quales esten en jnujerno çerradas, por tal que non fagan dañyo alas bestias, & enel estiuo sean abiertas por tal que rresfrien el establo. E los establos deuen ser vn poco leuantados o altos en manera quela humjdat non gaste las vñyas delas bestias. *Quasi que sean los paujmjentos jnflados & non pas encomados & quasi en pendient. E deyuso delos paujmjentos sea echada arena que se beua la humor delos pixados delas bestias.* Los bueyes son mas ljmpios & mas bellos sy hombre les faze fuego çerca dellos & que ayan lumbre de noche. Dos bueyes han menester espaçio de establo VIII° pies de ancho & XV pies de luengo. E enlos establos delos cauallos deue el hombre meter deyuso de sus pies rramos de rrobre, portal que quando yazeran que yagan blanda mente & molla. E quando estaran de piedes que sean sobre dura cosa.

[1.22] Dela cort del bestiar menudo.

La corte o corral del bestiar menudo deue ser cara del sol saliente, o cara medio dia, en tal manera que el sol y pueda bien ferir. Empero en [**fol. 23r**] fauor del bestiar deuen ser fechas puertas al derredor con palos que sean cubiertos de tejas o de rrama o de juncos o de tablas o de ginestas o de sisca o cañyocla o de otra mejor cobertura, sy las ganançias o facultat del bestiar lo sufre. E aquesto por tal que en tiempo del estiuo el bestiar pueda mejor sofrir la calor del sol.

[1.23] Delos lugares delas aues do deuen habitar, & sser criadas.

Çerca las paredes del corral del bestiar a parte de fuera deuen ser fechos lugares en los quales pueden yazer de noche pagos, galljnas & otras domesticas aues, portal que el su estiercol o femta es muy prouechosa & nesçesaria a toda labrança & a todo labrador exçeptado la ffemta de las ansares & de anades & de otras aues de agua, las quales dapnan mucho a toda simjente. Mas la habitaçion delas otras aues es mucho nesçesaria alos labradores por rrazon dela su femta.

[1.24] Del palomar.

Palomar o colomer puede hombre fazer en alta tierra que sea enel mas o casa defuera villa. Las paredes del palomar deuen ser bien allanadas, elizquadas & enblanquesçidas. E enla parte de suso deue auer a quatro partidas finjestras chicas que sola mente puedan entrar & salljr las palomas. Los njdos do deuen çeuar las palomas deuen ser formados & fechos [**fol. 23v**] en las paredes de parte de dentro. [**1.24.2**][14] Las palomas son guardadas & aseguradas de las mustelas sy hombre echa de dentro del palomar alguna traua de esparto que bestia aya traydo quando le muestran de amblar & quele sea cayda. E que algunt hombre la falle en la carrera & quela tome ascondida mente que otro non lo vea & quela lançe dentro del palomar. E con atal manera dizen que non ayas dubdo que mustelas les fagan dapno. Los palomos non peresçen njn se mueren **njn desamparan el palomar** sy por todas las finjestras por do entran & salen las palomas sera colgado o metido algun pedaço del ligamjento del hombre enforcado, o dela su çinta o del dogal con que lo cuelgan alto quando lo enforcan. Jtem es çierto que sy hombre da a comer alas palomas continuada mente del comjno barranj o saluage, o sy hombre les vnta los sobacos deyuso delas alas con licor de balsamo, prouada cosa es que tiran & fazen venjr al palomar de otras partes las palomas estrañyas. [**1.24.3**] Jtem sy las palomas comeran continuamente çeuada turrada o fauas o erp, fructiffican mucho & han palomjnos. Tres çestillas de trigo o de ahechaduras bastan al dia a XXX palomas volantes, o de erp, o de otro grano. Assi empero que por tal que fagan fijos, es nesçesario que enel tiempo del jnujerno les sea continuado de dar erp. Mucho es prouechosa cosa sy en diuersas partidas del palomar; conujene saber de dentro del, son colgados muchos rramos de rruda. Ca mucho contrastan a todos los anjmales que fazen dampno alos palomares.

[1.25] Del lugar delas tortolas do deuen ser criadas.

[**fol. 24r**] Deyuso del palomar deue hombre fazer algunas casetas chicas & breues & que sean escuras, dentro delas quales las tortolas se pueden ençerrar, las quales puede hombre criar muy ligera mente. Car non qujeren otra cosa sinon que sola mente enel estiuo, do mayormente engordeçen, ayan continuada mente trigo o mjllo rremojado en agua, mezclado con mjel. E a CXX tortolas basta al dia vn almut de trigo o de mjllo. E qujeren que muchas vezes les sea mudada el agua enel dia & quela ayan ljmpia & clara. E asy se deuen criar.[15]

[1.26] Delas tortolas.

En altra caseta dauall lo colomer poden esser nodrits los torts los quals son axi com los coloms. Poden se criar perlos camps empero que llur casa sia bella y blanca y quant tornaran que troben que meniar, que mes volenter hi tornaran. Car molt se deliten en luxuria. Lo lloch o casa honse nodrixen deu esser molt neta y molt clara y ben allisada y aplanada y deuen hi esser posades perges y barres hon se puguen seure y posar, hi deuen hi esser messes dins souint rams darbre vert, figues seques piquades y mesclades ab la flor dela farina que bola dela mola del moli quant se mol lo forment. Sils ne dona

hom abundantment los engreixa molt, y semblantment los engreixa si hom los dona gra de murta de lentiscle, o mata, o de vllastre o de arborç. Auegades los deu hom donar aygua clara per lleuarlos lo fastig. Los torts saluatges quant son presos nouellament, si hom los vol conseruar que vixquen, no deuen esser cascats, y deu los hom mesclar enla casa o gabia ab ells ensemps altres torts que sien presos abans de aquells, que sien amansats y quils ensenyen com pendran dela vianda, ço es de menjar y de beure. Car molt se deixen morir per tristor que han de llur preso, axi prenen ab ells consolacio y amansexense ab los altres.

[**1.27**] **De gallinas.**

No es fembra, o alo menos pocas son las mugeres que non sepan criar galljnas. E aquesto de la su propia jndustria, porque aquj non conujene fazer grant mençion de como se deuen criar. Mas solamente es nesçesario asu natura que ayan algunt lugar enel qual fallen estiercol o arena o tierra **poluorenta** o çenjza. Las galljnas negras & las rroxas valen mucho mas que non las blancas, por que las deue el hombre esqujuar. Las galljnas se fazen exorcas & esteriles sy continuadamente comen vrujo o vinaça, que se desponen que non fazen hueuos. Mas sy comen çeuada medio cocha ponen hueuos continuada mente. E ponen muchos & mas gruesos & mayores. A vna [**fol. 24v**] galljna que cria pollos basta al dia dos puños de çeuada. Los hueuos que echaras ala galljna para sacar, aquellos sean de nombre senar. Conujene saber que non sean pares. E que la luna sea cresçiente, conujene saber de diez dias fasta quinze. [**1.27.2**] Alas galljnas suele venjr algunas vezes vna enfermedat en la lengua que se llama pepita. E es a manera de vna piel blanca que cubre el cabo dela lengua. Aquesta piel blanca ligeramente la puede hombre tirar del cabo dela lengua conlas vñyas. E luego que y metas çenjza & ajo picado & luego es guarida la plaga. E avn ala dicha enfermedat vale ajo picado con olio. E queles sea bien vntada la gola ala part de dentro. Semejante mente vale mucho sy hombre mezcla enel saluado o vianda que hombre les da a comer vna yerua que es dicha escaphizagria. Si las galljnas comeran los granos delos luppines o atramuzes amargos, subitament los granos les salen deyuso delos ojos. E sy **hombre non los tira & arranca** con aguja soptilmente abriendo los ojos, conujene a saber aquella piel que han çerca delos ojos, sepas de çierto que moriran o quedaran çiegas. [**1.27.3**] E despues deuelas hombre curar con suco de verdoladas *o sola ment delos ojos o cabos dela bretonjca* puesta de part de fuera con leche de muger. E avn las cura el hombre con sal armonjach conla qual sea mezclado egualmente [**fol. 25r**] comjnos & mjel tanto del vno como delo otro. La escaphizagria con comjnos torrados o poluorizados en vno & mezclado con vjno & agua en que fuesen rremojados luppins o tramuzes matan los piojos que han las galljnas, avn quelos toujesen dentro dela carne firmados, asy como fazen las plumas.

[1.28] De pagos.

Ligera cosa es criar pagos, pues que hombre non aya mjedo de ladrones njn de otras bestias queles fagan mal, *asy como lobos o rraposos & semejantes.* Si hombre los dexa andar por los campos asu gujsa ellos por sy mesmos se fartan & se procuran el comer. E por semejante via crian sus fijos. Ala noche se rrequiere que duerman en arboles grandes & altos. Quando los pagos fazen hueuos por los campos deue hombre proueer quelas rraposas no les puedan nozer. E por tal se crian mejor en islas pequeñyas çercadas de agua. [**1.28.2**] A vn pago masculo bastan çinco pagas fembras. Los pagos masculos persiguen & consumen los hueuos que fazen las pagas, & avn alos fijos fasta queles sallen las crestas; asy como eran aues estrañyas los persiguen. En medio de febrero escomjençan a escalfar & a rrequerir ffauas turradas & que sean muchas, & despues que sean cochas como a fauas. *E queles de hombre çebollas que sean vn poco calientes quelos escalfan mucho a luxuria. E criar se conlas pagas fembras.*[16] [**fol. 25v**] E deue les hombre dar a comer aquesta faua asi tibia, de çinco en çinco dias seys ataçi. *Conujene a saber, seys mesuras. Cada vna mesura pesa vna onça & media.* E bastan a vn pago. Quando los pagos masculos continuan de fazer la rrueda con la cola, & la estienden desuso de su esquena, & los cabos delas plumas que han ojos salen de su orden que non estan ordenadas asy como solian, & aquesto por el rroydo que el faze delas plumas, que faze ferir vnas con otras, la vegada es señyal que el rrequjere auer la fembra.

[**1.28.3**] Si hombre faze engorar alas galljnas los hueuos delas pagas, en manera quelos pagos non los ayan a engorar, tres vegadas enel añyo fazen hueuos & fructo. Enla primera vegada fazen çinco hueuos. La segunda fazen quatro & la terçera fazen tres hueuos o dos tan solamente. Mas despues quelos hueuos dela paga seran escogidos, hombre los deue echar a vna galljna que sea grande. E enel cresçiente dela luna; conujene a saber, el IX° dia, los deue encomendar ala galljna IX hueuos sy la galljna es grant. *Ca sy es pequeñya nonle deue hombre tantos echar.* E quelos çinco hueuos sean de paga. E los quatro de galljna. [**1.28.4**] E acabo de diez dias deue hombre alçar & tirar ala galljna los quatro hueuos de galljna. E quele sean echados otros quatro de frescos. E que sean semejant ment de galljna. E aquesto por tal que a cabo de XXX dias todos los otros hueuos, asy dela paga como dela galljna sean acabados de cobrir. Conujene a saber, quelos pollos sean criados & que puedan salljr. Los hueuos dela paga que [**fol. 26r**] seran echados para sacar ala galljna deuen ser señyalados de algunt señyal ala vna parte. E que aquel señyal sea vn dia de suso, otro dia deyuso. Ca la galljna non ha tanto de poder que engorando los hueuos pueda boluer aquellos, tanto son grandes, asy como faze los suyos propios. Por que es menester que con tal jndustria sean echados egualment. E que non esten toda vegada de vn costado. Mas la parte que vn dia esta de suso, otro dia este deyuso.

[**1.28.5**] Despues quelos pollos delos pagos seran nasçidos, sy los qujeres mudar, que vna galljna loca tenga en cura los fijos delos pagos que muchas galljnas auran criados & sacados. Dize Colomella, philosofo, que vna galljna o paga puede criar XXV° fillos pagos. Empero a Palladio es semblant que vna galljna o paga pueda criar sola ment XV pollos enlos primeros dias; conujene a saber, enel comjenço. E deueles hombre dar a comer alos pollos pagos çeuada majada o farro mezclado con vjno o farinas de çeuada o de otra farina cochas que sean **rresfriadas**. Despues deue les hombre dar a comer puerros crudos tajados *o fojas de rrauanos* o queso fresco bien expremjdo. Ca el suero & la manteca les faze grant dapno. E avn les deue hombre dar a comer langostas que se fazen en los campos *tirando les las piernas*. [**1.28.6**] E por tal manera los deue hombre criar & tener en pasto fasta tanto que ayan VI meses. E de allj adelant puedes les dar çeuada a tu voluntat. El XXXV° [**fol. 26v**] dia quelos pollos seran nasçidos los puede hombre meter en algunt campo **çerrado**, *tanto quanto que non aya hombre dubda que alguna anjmalia les pueda nozer*. E que ande conellos la galljna & la pagua quelos cria, quelos mostrara a comer. E con su crido les mostrara de tornar a casa. Las pepitas & las otras enfermedades queles suelen venjr podras guarir & curar por semejante manera que curaras las galljnas. Quando los pollos delos pagos comjençan a hauer las crestas pasan grant peligro, semejante delos jnfantes chicos quando les comjençan a nasçer dientes qual seles hinchan las enzias.

[1.29] De faysanes.

Los faysanes masclos que el hombre deue escoger para mezclar conlas fembras faysanes deuen ser escogidos jouenes. Conujene a saber, que non ayan mas de vn añyo. Ca los viejos non son buenos njn aptos para mezclarse conlas fembras. Los faysanes masculos comjençan a rrequerir las fembras enel mes de março o de abril. E a dos faysanas fembras abasta vn faysan masclo. Ca en fecho de luxuria non es ygual alas otras aues. E vna vegada enel añyo fazen hueuos. E continuada mente non fazen mas de veynte hueuos. [**1.29.2**] Las galljnas engueran & sacan mejor los hueuos delos faysanes que non fazen las faysanas. Asy empero que a vna galljna non deue hombre echar mas adelante de XV hueuos de faysana. E sy mas adelante querras echar deuen ser de galljna. Quando daras los hueuos dela [**fol. 27r**] faysana ala galljna para engorar deues guardar la luna & los dias & las otras cosas segunt que auemos dicho enel capitulo delas galljnas. E deues saber quelos hueuos de la faysana son perfectamente enpollados & maduros al XXX dia despues quelos avras dado ala galljna. Por **XV** dias despues quelos pollos seran nasçidos los deue hombre pasçer con farro de çeuada; conujene saber, çeuada majada & picada. E que sea cocha en agua. E como sera medio cocha que saque el hombre el agua & quelo dexe rresfriar. E despues quelos rriegues & vañyes con vn poco de vjno que sea bueno & fuerte, que sea rruxado el farro. E despues les puedes dar trigo quebrado & langostas & hueuos & queso. E avn es nesçesario que non se açerquen a agua por tal que pepita nonlos faga morir. E sy por auentura los faysanes avran pepita, toma ajos majados con alqujtran & continua mente sean fregados los picos & sanaran. O sy queredes conlas vñyas tiraredes les del cabo dela lengua aquella piel blanca queles fallaredes, & fregat el lugar con çenjza & con ajos. Semejante mente que se faze alas galljnas & sanara.

[**1.29.4**] Vn **mujg** de farina de trigo bastara a engordar vna faysana en XXX dias. E vna medida & media de farina de çeuada semejante mente basta, en tal manera que hombre ençierre en alguna casa el faysan. E cada dia toma hombre de [**fol. 27v**] la farina mezclada con agua quasi como quien quiere fazer pan, [&] de aquella pasta faz pedaços chicos & lançales vn poco de azeyte de suso, & da gelos a comer. E echase ay el azeyte por tal quela pasta non se quede deyuso dela lengua, njn enla garganta. Ca sy por aventura se quedaua aquella pasta en la gola o deyuso dela lengua, luego morria. E con soberana diligençia deue hombre aver cura que hombre non de a comer alos faysanes cada dia, fasta tanto que hombre conozca que aquello que hombre les aura dado la çaguera vegada ayan bien digirido enel vientre. Conujene a saber, que non metan nueua vianda cruda sobre vianda que non sea digesta, en manera que non se congoxen. Car tant tost & luego morrien.[17]

[1.30] De ansares.

Las ansares non se pueden sostener njn criarse menos de agua njn menos de yerua. Las ansares son mucho dañyosas alos lugares sembrados en dos maneras; conujene a saber, con su saliua o mordedura & conla su fienta. Las ansares dan de sy mesmas dos cosas; es a saber, fruto que son ansarinos nueuos & dan pluma. E deuelas el hombre desplumar la pluma menuda deyuso delas alas en octoñyo o en la primauera. Tres ansares fembras bastan a vn masclo. E sy por aventura non ay rrio enel qual se crien, deue hombre fazer balsa en la qual [**fol. 28r**] se ayunten las aguas dela pluuja. Et sy por aventura non puedes auer yerua verde, conla qual las cries, alo menos deues sembrar triffolium que qujere dezir trebol & fenjgrech que son alfolbas, gramen, lechugas & semejantes yeruas queles de hombre a comer. Las ansares blancas habundan mas en fazer fijos, por tal ca son trasmudadas de natura saluage en domestica. [**1.30.2**] Las ansares continuamente ponen los hueuos del primero dia de março fasta a XXI dia del dicho mes. E avn faran hueuos mas adelante, sy aquellos hueuos que avran puestos echara hombre alas galljnas para engorar. Los çagueros hueuos quelas ansares pondran deue hombre dexar sacar a ellas mesmas. Quando las ansares començaran a poner, hombre las deue fazer yr ala era sy es çerca dela casa. E allj les deue hombre dar a comer. E despues que vna vegada lo auras asy fecho, ellas tendran por sy mesmas aquella costumbre. Los hueuos delas ansares deue hombre alas galljnas echar por semejante manera queles mete hombre los hueuos de los pagos & delos faysanes. De yuso delos hueuos de las ansares deues meter fortigas, por tal que non rresçiban dañyo por el grant peso dela ansara. E quando sentira las fortigas non se cargara tanto sobre los hueuos. [**1.30.3**] E despues quelos ansarinos nueuos seran nasçidos, hombre los deue fazer pasçer & çeuar dentro de vna [**fol. 28v**] casa por X dias. E despues de X dias los puedes sacar de fuera & pazcan do te querras, en lugar do non aya fortigas. Car grant mjedo las han quando las pican & se acostan aellas. Despues de IIII° meses se pueden engordar bien & mas ligeramente quando son tiernos. E para engordar les deue hombre dar tres vezes enel dia farjna de fauas o de trigo. E nonles deue hombre dar liçençia que anden mucho, mas que sean çerrados en vna casa obscura & caliente. Las ansares tiernas & nueuas engorda hombre muchas vegadas dentro de XXX dias, sy hombre les da mucho mjllo rremojado. Las otras ansares mayores engordesçe hombre en dos meses. Alas quales puedes dar todas legumbres, es a saber farina de todas legumbres, exçeptado erp. [**1.30.4**] Mucho deue hombre guardar las ansares nueuas que non coman sedas de puerco njn de otras bestias.[18] **Quant los grechs volen engrexar les oques ells prenen farina de faues o de forment II parts y IIII parts de sego y mesclen ho ab aygua tebea y donen los ne a menjar mentres volen, y donen los aygua tres vegades lo dia y huna vegada vers mijanit, y si passats XXX dies les oques no seran prou grosses o per ventura seran amagrides, lladonchs tu hauras figues seques y piquar les has be y faras ne trossos menuts y donar los ne has per XX dies y seran prou grosses.**

[1.31] Delas balsas para tener aguas para menester delos ganados & delas aues & para rremojar ljnos & cañyamos.

E alos lugares do no ay aguas de rrio o de fuente deue hombre çerca dela casa o dela villa fazer dos balsas. E pueden se fazer ligera mente, es a saber que hombre las faga cauando en tierra, o que hombre las faga en piedra con picos. E aquestas se pueden finchir de agua de pluuja. La vna de aquestas balsas puede serujr para abeurar las bestias & para las aues de agua. E la otra puede serujr para [**fol. 29r**] rremojar vergas & cueros & lopins & otras cosas al labrador nesçesarias.

[1.32] Del pajar de paja o de feno o de leñya.

El pajar dela paja o del feno o el lugar do esta la leñya & delas cañyas deue ser lueñye & apartado dela posada o dela torre a qual parte qujsiere hombre. E de aquesto no cale dar rregla. Mas sola mente deue hombre guardar quela paja o yerua o feno & las cañyas pues sean secas non deuen ser metidas çerca la casa por mjedo del fuego que non se y ençienda.

[1.33] Del moradal de estiercoles.

El estercolero o moradal deue ser en su lugar apartado a lexos dela casa que non de mala olor. Empero que sea en lugar do aya humor. Ca mucho mas valen los estiercoles quando y ha humor. Por tal que sy ay ha simjente de espinas o de otras malas yeruas conla humor se podrezeran. Primera ment los estiercoles delos asnos son mejores para los huertos que otros estiercoles. E despues delas ouejas & de cabras & de yeguas & de bueyes & delos cauallos & de otras mulas. Los estiercoles delos puercos son mucho contrarios alos huertos. Las çenizas delas rroscadas son buenas alos huertos. El estiercol delas palomas es mucho caliente & prouechoso. E semejante mente el delas [**fol. 29v**] galljnas & delas otras aues, exçeptado de aves de agua. [**1.33.2**] Aquellos que por vn añyo han estado enlos estercolares aquellos son mucho prouechosos alas mjeses & alos campos. E menos yeruas se fazen enellas & enel campo. Empero sy los estiercoles seran mucho viejos non aprouecharan rres, o alo menos muy poco. E quanto alos prados mas aprouechan los estiercoles frescos. Es a saber que non sean podridos. Car mas habudan en yeruas,[19] **y tambe y son bones als prats les rahels que tallen deles erbes y tambe la ronya o purgaments que fa la mar si empero son llauats ab aygua dolça y que sien mesclats ab altres fems, y semblant los lims o sotsures que fan les aygues deles fonts calentes o los rius donen gran creximent als prats.**

[1.34] De los lugares de huerto o de vergel & de su clausura.

El vergel deue ser çerca del mas o dela casa. E sy se puede fazer, el vergel deue ser deyuso del estercolero. Por tal que del suco o humor que sallira del estiercol en tiempo de pluujas el vergel se pueda mejorar & engrexar. Empero çerca del vergel non deue hauer alguna era do se trillen trigos. Car el poluo dela paja del trigo es fuerte contrario alos huertos. El vergel o huerto deue ser sitiado en atal manera sy fazer se puede que el sea llano & que ay aya vn poco de baxo que sea pendiente, por tal que el agua corriente, sy ay avra, menos de grant dificultat lo pueda rregar. [**1.34.2**] Sy non y ha fuente bjua deue ser y cauado pozo. E sy non puede y ser fecho. Alo menos deue hombre y fazer [**fol. 30r**] balsa enla qual se rrecojan las aguas dela pluuja. E que della pueda hombre rregar enel tiempo del estiu. E la balsa o algibe deue ser a cabo del huerto enel mas alto lugar. E sy por aventura non y ha fuente njn se puede fazer **pozo njn** balsa o algibe, alo menos deues bien cauar el huerto bien fondo de tres o quatro pies. Ca sy es cauado bien fondo non temera njn avra mjedo de la secura del estiu. [**1.34.3**] Ya se sea que cada vn huerto rrequiera ser bien estercolado. Empero sy la tierra del dicho huerto sera arzillosa; es a saber, arzilla blanca o bermeja & que non se pueda rregar en njnguna manera, lo deues estercolar. Ca el estiercol quemaria conla sequedat todas las simjentes. Enlos huertos que non se pueden rregar deues tener tal practica que en tiempo de jnujerno deues labrar & sembrar aquella partida en la qual da el sol; es a saber, en aquella do fiere el medio dia. E en tiempo de estiuo ala partida do fiere la tremuntana.

[**1.34.4**] En muchas maneras suele el hombre çerrar los huertos. Algunos los çierran de tapias fechas de tierra & con mortero & piedras. Otros con piedras menos de mortero ponjendo las piedras vnas sobre otras ordenada mente. Otros los çierran con valles que fazen al derredor del huerto. E aquesta manera es mucho dañyosa a los huertos, ca tiran les mucho de la humor, si por aventura los huertos non son en lugar de marina [**fol. 30v**] o en lugar agualoso. *Ca la vegada los valles aprouechan alos huertos que non han tanta humor.* [**1.34.5**] Otros fazen çerraduras de espinas que ay plantan, asy como son çarças. E puedes lo fazer en tal manera: quando las moras dela çarça son maduras perfecta mente; es a saber, en agosto, tu las toma & ayas farina de erp & mezcla y agua. E pastalo todo mezclado; es a saber, las moras conla farina del erp & con agua. E faz lo a manera de pasta clara. E ayas cuerdas viejas quasi podridas de esparto, & fregalas bien con aquella pasta, en manera quelos granos delas moras se tengan enlas cuerdas. E que se conserue fasta la primauera & non deuen estar al sol. [**1.34.6**] E la vegada enlos lugares do querras fazer la çerradura o barda tu faras dos surcos por luengo vno despues de otro. Empero del vno al otro deue hauer espaçio de tres pies. E cada vn surco qujere hauer vn pie de fondo. E en cada vn surco meteras vna de aquellas cuerdas vntadas delos granos delas moras & cobrir los has con muy poca tierra. E sepas que dentro de XXX dias nasçen las çarças. E quando son nasçidas deueles hombre ayudar con algunas cañyas. E ellas por sy mesmas se ajustan & se mugronan enel espaçio queles hombre avra dexado.

[**1.34.7**] Hombre deue partir el huerto [**fol. 31r**] en dos partes; es a saber, que aquella partida que sera sembrada en optuñyo, que hombre la labre o la faga labrar enla primauera. E aquella partida que hombre avra sembrada enla primauera, que hombre la faga bien cauar & labrar en optuñyo. Asy que cada vna lauor que le sera fecha pueda aprouechar, asy por la frialdat del jnujerno como por la calor del sol enel estiuo.

Las eras deue hombre fazer de largueza de XII pies, & de anchura de VI pies, en manera que sean luengas & estrechas. Por tal que por los espaçios que seran entre era & era se puedan aljmpiar & escardar las eras. Los lomos o surcos prinçipales que son entre era & era deuen ser altos & anchos de anchura de dos pies enlos lugares que rriegan de agua corriente. E enlos lugares secos que non se rriegan sy non de los pozos, basta que sean de anchura & de altura de vn pie entre cada vna era. Es a saber, entre vna & otra se deuen fazer algunos margenes. E sy es lugar de rregadio deuen ser mas altas que non en lugar seco. E aquesto se faze por tal que el agua pueda entrar mas ligera mente de vna era en otra. Es a saber que quando la vna era sera rregada que la otra se pueda rregar.

[**1.34.8**] Ya sea que adelante en cada vn mes declararemos de cada vna simjente, quando & en qual tiempo se deue sembrar, empero cada vno deue considerar su sementero de la simjente que deue sembrar segunt la rregion enla qual sera. Ca sy la rregion sera fria, deue sembrar su simjente temprano, **aquesto es aquella que deue sembrar en optoñyo, en manera que sienta el calor del estiu.**[20] E la simjente que deue sembrar enla primauera, sy es la rregion fria, qujere se sembrar semejante mente mas tardana; es a saber, despues del estiu. E enlas rregiones calientes [**fol. 31v**] las simjentes que se deuen sembrar en optoñyo deue hombre sembrar mas tarde. E aquellas que se deuen sembrar en la primauera se deuen sembrar mas ayna. Qual se qujer simjente que hombre deue sembrar se deue fazer en la cresçiente. Mas aquellas cosas que hombre siega o corta se deue fazer enla menguante.

[1.35] De los rremedios delos huertos & delos campos.

Contra njebla o caligo, toma de las aljmpiaduras dela paja; es a saber, la paja menuda que non es buena a njnguna cosa, & avn de la otra paja. E ponla por diuersas partidas del huerto o del campo. E quando veras que se açerca la njebla o mala nuue pon fuego ala paja & non te podra nozer la njebla.

Quando veras caher piedras del çielo, tu cubre vna viola o rrosal con trapo bermejo, & non te podra nozer. Jtem toma vna hacha o destral. Et faz como qujen amenaza el çielo conla hacha & çesara la tempestat.[21] Jtem algunos contra la piedra çercan todo el huerto de vna yerba que es dicha vitis alba *o brionja o cucurbita agrestis. Por los griegos dicha vidalba.* Otros toman vna lechuza o oliua *que es aue.* E conlas alas estendidas, fincan **le en la parte de baxo vn tocho y, estando toda derecha, fincan** el tocho enel campo. Otros fazen vntar las ferramjentas con que labran, *es a saber las açadas & las rrejas & encara las podaderas con que podan* con seuo de oso. [**1.35.2**] E algunos toman el seuo o la gordura del oso & majanlo & mezclanlo con olio & guardanlo. E quando deuen podar sus vjñyas [**fol. 32r**] vntan las podaderas. Mas aqueste rremedio se deue fazer mucho amagada & ascondidamente, en manera que njnguno delos podadores non puedan entender njn saber por que se faze. Ca tanta es su virtut segunt que se dize que njn njebla njn elada njn algunt anjmal njn otra tempestat non puede nozer ala vjñya. E por tal como aqueste rremedio es tan exçelente non deue ser manjfestado a todo hombre *en espeçial a gentes grosseras que non saben cosa tener en secreto, njn son para saber tales secretos. E quando muchos lo saben, tales cosas non son presçiadas.*

Contra los moscallones & contra los caracoles toma fezes de olio frescas e meten de allj **do los** caracoles fazen dapno. E contra los moscallones escampa hombre **el suco**. E asy faze los hombre fuyr.

Contra las formjgas, sy han forado dentro del huerto aue el coraçon dela oliua & metelo sobre el forado & moriran. E sy por aventura ay vienen dela part de fuera, derrama mucha çenjza por los lugares do pasan, o poluo de arzilla blanca de la qual fazen la obra dela tierra.

[**1.35.3**] Contra las erugas deue hombre rremojar la simjente que hombre siembra que acostumbran de comer las erugas en suco de alga o de boua que se faze en las balsas, o en la sangre delas erugas mesmas & nonles pueden nozer. Algunos lançan sobre las erugas çenjza fecha de fust de figuera. Otros plantan enel huerto esqujla, que es çebolla marina, o cuelgan por algunos lugares del huerto dela dicha çebolla marina. Otros fazen andar vna muger por el huerto aderredor desçeñyda, o que jamas non aya estada çeñyda njn aya trayda çinta. Otros dizen que aya de su tiempo & non lieue la cabeça cubierta, sy non que ande en cabellos sueltos & conlos pies descalços [**fol. 32v**] & que ande en torno del huerto. Otros han muchos cranchs de rrio & meten los enastados en sendas estacas, & metenlos en diuersos lugares del huerto. Los garuanços deue el hombre sembrar en medio delas coles & espinacas & de todas otras ortalizas, por rrazon que fazen grandes señyales & maraujllas. E fazen grant prouecho ala ortaliza que es en el huerto.

[**1.35.4**] Contra las bestias & otros anjmales que acostumbran de nozer alos sarmjentos & alas çepas delas vjñyas, hombre toma las cantaridas *que son a manera de moscas verdes*[22] que hombre suele fallar en las rrosas. E metelas hombre en olio. E estan tanto allj fasta tanto que son podridas & sean rresueltas. E de aquel olio vntan las podaderas quando se ayan de podar las viñyas. E njnguna bestia njn anjmal nonle puede nozer ala çepa. Contra las paperas hombre toma fezes de olio & mezclanse con fiel de brufol o de buey & vnta hombre el lecho & el lugar do son & tan tost morran las chinches. E avn toma fojas de heure & majalas & mezclalas con olio & vnta el lugar & tantost mueren. E semejante mente contra las chinches & paperas toma sangujuelas & quemalas çerca del lecho o del lugar do seran las chinches & tan tost morran.

[**1.35.5**] Si qujeres que el pulgon njn otros anjmales njn papalones non puedan criar entre las verças njn entre la ortaliza del huerto, tu faras secar las simjentes que querras sembrar sobre cuero de tartuga o galapago. E avn sembraras en muchos lugares del huerto menta, en espeçial entre las verças. Semejante mente hi vale erp quando hombre siembra, en espeçial [**fol. 33r**] entre los nabos & los rrauanos. E avn sy tomas la simjente del jusqujamo, *es a saber yerua de santa marja que faze las fojas anchas quasi blancas & pelosas. E la simjente faze en vnas cabçetas o esqujletas. En Aragon que lo llaman beleñyo.* E aquella simjente suya rremojaras en vinagre. E aquel vinagre lançaras sobre las verças & otras ortalizas, que mata el pulgon, *e las erugas, que son gusanos verdes con muchas piernas, & todos otros anjmales, los quales han acostumbrado de nozer. E sy quieres confonder las pulgas, lança olio comun de oliuas enla camara & morran.*

[**1.35.6**] Contra las orugas que se fazen en los huertos, quema las allaças, es a saber las colas delos ajos menos delas cabeças en muchos lugares del huerto. *E vale mucho contra aquellas & contra el pulgon & otras bestias de suso dichas.* Muy prouechosa cosa & buen consejo es quelos podadores quando auran a podar las vjñyas que vnten las podaderas con ajos majados. *E aquesto ha grant virtut & amagada.* Si hombre quema sufre & betum; *es a saber, piedra & tierra de que se faze el grux, ya se sea que non sea de aquella propia natura el betum* *sy no semblant,* & que hombre lo meta çerca delas rrayzes delos arboles & delas çepas, non dexan fazer formjgas njn otros gusanos. E avn sy tomas de las erugas o gujanos del huerto de tu vezino & los fazes cozer en agua. E de aquella tu faras lançar por todo el su huerto non te podran nozer njn fazer dañyo alas tus plantas.

Sy qujeres quelas cantaridas *es a saber vnas cucas a manera de vnas moscas verdes que se fazen enlas rrosas* [**fol. 33v**] non puedan nozer alas vjñyas njn alas çepas, faz majar las cantaridas en la cot o esmoladera, en la qual los podadores amuelan las podadoras, & non y podran nozer.

[**1.35.7**] Demotricus, philosoffo, dize que sy tomas cranques de rrio o de mar quantos puedas auer; al menos que non sean menos de X en numero, & quelos metas dentro de vna olla o cantaro o vaso de tierra, & dentro del vaso que metas agua que sea lleno & cubierto el vaso, & posada ala serena de noche **en manera que por diez dias sea assi cubierto al sol o ala serena,** & de VIII° a VIII° dias lançada aquella agua sobre las plantas o simjentes que querras preseruar de dapno, por cosa nonles podra nozer. E asy por tal manera lo continuaras de rruxiar con aquella agua fasta tanto quela simjente o las plantas sean grandes.

[**1.35.8**] Contra las formjgas toma de la orenga que es yerua & mezclala, majandola con sufre. E de aquella poluora lança enlos forados delas formjgas & peresçeran todas. Empero aquesta mesma cosa nueze mucho alas abejas. E avn sy tu quemas las cascas vazias delos caracoles & dela poluora metes en los forados de las formjgas, maraujllosamente las mata & las faze peresçer.

Contra los mosqujtos & moscallons, faz quemar galuano & sufre & todos fuyran. Contra las pulgas, sy lançaras muchas vezes enel suelo dela casa morques de olio de trigo, mata las pulgas. Semejantemente sy cozeras en agua del comjno barranj o saluaje, o de la lauor del cogonbro amargo, & de aquella agua faras rregar la casa. Semejant ment faze el agua enla qual sean cochos lupins.

[**1.35.9**] Contra las rratas, toma morcas [**fol. 34r**] de olio bien espesas & metelas en vna sarten. E ponla en lugar do las rratas la puedan fallar & beueran & luego morran. E avn toma ellebor negro & faz lo poluora, & mezclalo con queso rrallado o con pan o con farina o con grex. E sy comen tant tost morran. Semejante ment se puede fazer con suco dela simjente del cogombro amargo & de la coloquintida quelo mezcles con pan o con queso o con farina. Contra las rratas saluajes, dize Pulegis,[23] philosofo, que tomes la simjente del trigo o otra semejante qualqujer que sea & fazla bien rremojar en fiel de buey antes quela siembres. Muchos son que çierran los forados delas rratas con fojas de baladre, [por] los quales las rratas han acostumbrado de entrar & salljr. E ellas rroyen las fojas & luego mueren.

[**1.35.10**] Los griegos matan los topos en tal manera que ellos toman nuezes o otra semejante fruta & foradan las, & meten de dentro la nuez paja menuda *& rrasina de* **pjno** o grasa de enebro o sofre conujnjent mente & çierra bien todos los pequeñyos forados los quales fazen deyuso de tierra. E el mas ancho forado dexan abierto. E allj mete hombre la nuez de suso **dicha**, dentro dela qual mete hombre vna brasa de fuego. E el forado dela nuez metelo haza el forado que auras dexado en tierra abierto, por tal que el fumo que salira de la nuez sea rresçebido dentro del forado delos topos. E non pueden sofrir el fumo. Antes mueren o fuyen del todo que non pueden quedar en toda aquella partida.

[**1.35.11**] Contra las rratas saluages, toma grant quantidad de çenjza de [**fol. 34v**] rrobre & ponla enlos forados por los quales ellas acostumbran de entrar & salljr. E syn dubda seran sarnosas & fazer se ha sarna enel su vientre & morran.

Las culebras faze hombre fuyr & apartar de la casa & del mas con malos olores que hombre y continue de fazer porque en las casas o torres de fuera hombre deue acostumbrar de quemar galbanum o cuernos de çieruo o rrayzes de lirio o vñyas de cabra. E aquestas mesmas cosas quemadas fazen fuyr & apartar de la casa muchos malos espiritus.

[**1.35.12**] Los griegos han atal oppinjon contra las langostas que sy por aventura enel ayre hombre vera grant multitut de langostas a manera de nuue. Et todos los hombres de aquel lugar do seran vistas se esconderan dentro de sus casas antes quela langosta sea en derecho de aquel lugar, que ellas pasaran bolando que non faran mal njn se posaran enel termjno. E sy por aventura ante quelos hombres ayan visto las langostas ellas son enel termjno & se comjençan a derramar & posar se enel termjno, & los dichos hombres supitamente se rrecogeran dentro de sus casas, çierto es quelas langostas que non faran njngunt dapno alos frutos de aquel lugar do los hombres & fembras se seran escondidos. E aquesto prouaron los griegos por experiençia. E avn dizen los griegos que hombre puede contrastar alas langostas & fazerlas fuyr sy hombre toma del agua amargosa en que han rremojado lupjns, & agua en que ayan cochos cogombros amargos. E que sea y mezclada salmuera; es a saber, agua cozida con mucha sal. E que hombre les lançe desuso de aquella agua, luego se fuyen. E avn mas dizen que hombre faze [**fol. 35r**] fuyr las langostas & los escurpiones si hombre quema algunos dellos & quelos otros sientan la holor. [**1.35.13**] Campas *son gujanos que se fazen entre las verças. Dizen que son orugues.* Algunos los matan con çenjzas de tochos de figuera. Otros los matan con meados de buey mezclados egualmente con morcas de olio & que sean rruxadas las **verças** & las otras yeruas do se fazen. **Prasotoridas** son gujanos & cuchs **que fazen mal** alas yeruas delas huertas; toma vn vientre de carnero luego que el carnero es muerto. E asy caliente con toda la suziedat & pudor que es de dentro del vientre, sotierra el vientre en vna partida del huerto. E cubre lo con tierra vn poco. E despues de dos dias tu fallaras las **prasotoridas** del huerto enel vientre. E como aquesto avras fecho dos o tres vezes seran muertas todas. [**1.35.14**] Contra la piedra que cahe del çielo, toma de la piedra del cocodrillo **que es una bestia muy venjnosa** o de la piel dela gene *que es vna bestia asy como el lobo. E ha pelos & cabellos enel cuello, asy como cauallo. E escarnesçe los pastores & los canes quando guardan el bestiar. E habitan enlas huensas delos muertos. E lieuan vna piedra, algunos dizen enla fruente, otros dizen enlas çejas o pestañyas. E qujen la tiene de yuso dela lengua adeujna las cosas por venjr.* [24] O ayas dela piel del vezerro marjno **o vedell marj** & trae la al derredor del campo o dela vjñya & cuelgala enla entrada o puerta dela casa o dela corte do yaze el bestiar quando veras venjr la tempestat, & non y podra nozer. E avn sy auras vna tartuga o galapago bjua de balsa o de estanco, & conla mano derecha [**fol. 35v**] la traeras en derredor **del campo o** dela vjñya o dela posesion quando veras venjr la tempestat. E la tornaras al cabo dela posesion do te seras moujdo. Et pondras el galapago en tierra de sobjnas & le pondras en derredor terrones de tierra que non se pueda endresçar njn boluer, la tempestat & la nuue mala pasa adelante que non puede fazer dapno. [**1.35.15**] Otros fazen asy: quando veen venjr la tempestat o la nuue, que ellos toman vn espejo & meten lo en lugar que el nublo lo pueda veyer, o mjrar la su semblança o forma. Por tal manera la nuue, sy quier que ella aya vista la su semblança que es fea & fiera & negra enel espejo, & que aya desplazer; sy qujere que se vea que es doblada con otra nuue, queriendo se dar lugar, ella se amansa & se ablandesçe & non faze dapno. E avn sy tomas pelos de vezerro marino, & en medio dela vjñya pondras aquella sobre vn sarmjento, la vjñya sera guardada de todo peligro de tempestat & de piedra.

[**1.35.16**] E avn sy tomas cogombros amargos & los majas ante dela tempestat, & del suco dellos que lançes por el huerto o por el campo, njnguna simjente que y avras sembrada non puede rresçibir dapno. Algunos entienden que qujen mete en su campo o en su huerto cabeça de yegua, la qual aya avidos fijos, o cabeça de asna que semejante mente aya aujdos fijos que todos los frutos del campo toman grant multiplicaçion & mejoramjento & habundançia.

[1.36] De la era.

[fol. 36r] La era non deue ser arredrada de la villa o dela torre o del mas, por tal que mas ligera mente se pueda rrecoger el trigo quando sera trillado. E que nonlo puedan furtar njn puedan fazer engañyo, njn aya hombre sospecha de los procuradores njn delos vezjnos. E deue ser situada en lugar alto. E que sea pahimentada de fuerte piedra a manera de piedra de fogar, o que sea asentada sobre peñya dura. E sy el lugar non es asy dispuesto que pueda ser de piedra, alo menos de tierra deue ser bien aplanada & bien trespisada antes delas mjeses con pies de ganado menudo, & que sea bien mojada con agua. E deue ser çercada de buenos palos & gruesos por tal que el ganado que hombre ay mete para pisar non se pueda saljr, njn fazer dapno enlas otras posesiones. **[1.36.2]** E avn çerca dela era deue auer vn lugar que sea llano & ljmpio, enel qual el trigo & otro grano quando sera trillado & apartado de la paja se pueda rrefriar & alçar enlos graneros. E por aquesta manera se podra bien conseruar el trigo & otro grano. Enlos lugares humjdos o enlos lugares enlos quales se acostumbra luenga mente a llouer, deuen ser fechos cobertizos o porches çerca delas eras, enlos quales hombre pueda supita mente rrecojer los trigos & otros panes **mundados** o medio trillados conla paja, por rrazon delas pluujas que vienen soptosa ment. E avn la era deue ser en lugar alto & ventoso. Empero que sea lueñye de todas las vjñyas & de los vergeles. Ca sepas de çierto que asy como la paja & los estiercoles posados **[fol. 36v]** alas rrayzes delos arboles les dan grant prouecho, assi quien los posa enlas fojas como enlos rramos las forada & las faze secar & les da grant dañyo.

[1.37] De las casas delas abejas.

Las casas delas abejas deue hombre situar çerca dela casa donde hombre mora. Es a saber, que non esten mucho alexos. Antes las deue hombre meter enel huerto en algunt lugar secreto & temprado que non y faga frio njn aya de grant viento njn mucha calor. El espaçio enel qual seran puestas las casas delas abejas sea quadrado a quatro cayres & sea fecho en tal manera que hombres non y puedan pisar njn ladrones non puedan nozer. E deues guardar que en derredor del lugar do estaran las abejas aya habundançia de flores en su tiempo, de yerbas & de fructales. E sy ay non ha, quelos fagas con tu jndustria. **[1.37.2]** Las yeruas que deue hombre criar enel su huerto para las abejas son aquestas: oregano, frigola, & tomjllo, exadrea, mjlfuxa, violas saluajes, afrodillos o gamones, moradux, amaratum, gamol, jaçintum, bujol, mestuerço, açafran, & semejantes yeruas aujentes buenos olores. E avn deue auer entre las plantas rrosales, lirios, violas, trifol, & rromero & heura *que es yedra.* E avn y deue auer arboles que ayan plazenteras flores, asy como *çerfull,* gingoleros, *que son açufeyfos*, almendros, priscos, perales, mançanos & otros árboles que fazen [**fol. 37r**] semejantes fructos, los quales non ayan njngunt amargor enla flor njn enel fructo. Asy mesmo deues y plantar arboles saluajes, asy como son rrobres, terebjnto, *del qual se faze terebentina, & auet,* lentisco, çedros, **ylex, sinus,**[25] & otros semejantes. Mas sepas que el arbor del texo es fuerte enemjgo delas abejas. [**1.37.3**] La primera & la mejor sabor dela mjel es aquella que se faze de la flor del tomjllo o la frigola. La segunda sabor despues dela primera es aquella mjel que se faze de la flor dela timbra; es a saber, axedrea, & dela flor del ysop que se dize serpillum, & del oregano. La terçera sabor que es despues delas dos primeras en valor es la mjel que se faze de la flor del rromero & dela axedrea. Las otras flores, asi como de arboz & de verças & de semejantes yeruas, fazen mjel grosera, la qual es para labradores & hombres trabajantes.

Los arboles grandes, *en espeçial los arboles saluages,* sean plantados faza la parte dela tramuntana. Las otras plantas menores *asy como son rromeros o semejantes* sean despues, o delante los arboles faza el medio dia. Despues de aquestos sean plantadas las yeruas *como son rrosales, violas & semejantes yeruas.* E deuelas hombre plantar en lugar que sea llano. Despues deue hombre ordenar que alguna fuente o algunt rrio que non sea mucho corriente njn rrezio, mas çerca del colmenar, o alguna laguna o balsa ancha, quela mayor partida en derredor sea plantada de arboles chicos o otras [**fol. 37v**] plantas, en manera quelas rramas delos arboles o plantas cubran grant partida dela balsa o del rrio o dela fuente, en manera quelas abejas se puedan posar & asentarse quando vendran a beuer. [**1.37.4**] E avn deue hombre proueer que çerca del colmenar non aya olores que sean orribles, njn vañyos, njn establos, njn fusiones *de plata o de vermellon.* E avn deuen lançar de los colmenares todos los anjmales queles fazen dapno. Asy como son lagartos & lagarteznas, & otras semejantes a aquestas. E avn deue hombre lançar & aluñyar de los colmenares *los abelleros & otras* aues que acostumbran comerselas con espantajos de trapos o con rroydo de piedras. E avn deue hombre proueer que aquel que guarda o rreconosçe las casas delas abejas sea hombre fuerte & ljmpio de persona & bien casto. E que non aya cognosçido fembra carnalmente por dos o por tres dias quando deura rreconosçer las casas delas abejas. E quando vendra quelas abejas faran enxambre, es nesçesario que el maestro del colmenar aya colmenas nueuas enlas quales meta las enxambres nueuas delas abejas. [**1.37.5**] Ffuerte deue hombre de esqujuar que çerca delas colmenas non aya olor de lodo podrido, njn que hombre queme açerca de aquellas cranchs *njn semejantes peçes de closcas.* Ca fuerte les desplaze tal olor. E avn deue guardar que el colmenar non sea puesto çerca de valle o de montañya que rretiñya la boz del hombre, *asy como rroca de droch. E semejantes montañyas que son cauernosas o plenos de cueuas o de forados que rretiñyen la boz.* E avn deue hombre esqujuar que en derredor [**fol. 38r**] del colmenar non aya lechera que se llama en latin malj,[26] **njn** elebor, njn baladre, njn capsia *que es a manera de ferla,* njn abçensio o donzel, o cogombro amargo, njn otras yeruas amargas. Ca toda cosa amarga es contraria ala dulçor.

[**1.37.6**] Las colmenas delas abejas son mucho mas mejores qui las puede auer que sean de corteza de arbol, asy como de suro *que es alcornoque* o de semejantes arboles, por tal como non dan de sy mesmos njn frio njn calor en su tiempo. Asy mesmo deuen se fazer de cañyas ferlas enel lugar do se acostumbran de fazer gruesas. E sy hombre non ha de aquesto, pueden se fazer de vergas de mjnbres o de salze *o en desfallesçimjento desto puedes las fazer de cañyas. E que sean bien enlodadas con lodo mezclado con boñygas de buey.* E sy de aquestas cosas non puedes fallar, aue algunt tronco de arbol & caualo de dentro. E ponle suelo a cada vno delos cabos. E avn las puedes fazer de otras cosas que sean a manera de toneles o de barriles. Sobre todo deues guardar que las casas delas abejas non sean de obra de tierra. Ca en jnujerno se yelan por la grant frialdad. E en estiu se disoluen o fazen disoluer los panares & la mjel por la grant calor. [**1.37.7**] E avn digo que para defender las casas delas abejas de lagartos & de otros anjmales queles han acostumbrado de nozer, hombre deue fazer enel colmenar muchos pilares, o paredes baxas de ladrillos que sean de altura de tres pies cada vna. E quelas vnas paredes anden agora por luengo agora por traujeso. E que sean fechas por manera [**fol. 38v**] que entre dos paredes sostengan vna casa de abejas, & las otras paredes otra casa. E cada vna paret sea bien lisa & blanca en manera quelos dichos anjmales non puedan sobir njn harpeñyar por dapnjficar las abejas. E esten bien cubiertas en manera quela pluuja nonles faga dapno. E que aya espaçio de vna casa a otra. Empero la frontera o la entrada dela casa o boquera, es a saber, el lugar do entran & salen las abejas deue ser estrecho por rrazon que el frio nonles faga mal njn la calor nonles pueda nozer. [**1.37.8**] E avn mas deue auer delante del colmenar alguna alta paret quele defienda de los vientos frios & de tramuntana queles acostumbra de nozer. E que faga el lugar delas colmenas mas mucho temprado & mas delectable. E avn deue hombre fazer por manera quelos forados por do entraran & saljran las abejas enlas colmenas sean de cara de sol saliente o de medio dia en tiempo de jnujerno. E en cada vna casa bastan dos o tres forados que sean tan chicos que solamente basten que puedan entrar & saljr las abejas. Car quando el forado es mas estrecho contrasta ala entrada delos anjmales que qujeren entrar. E avn aprouecha quel forado sea estrecho, que sy por aventura alguna delas abejas que seran dentro dela casa se querran saljr o fuyr, quelas otras que querran quedar las puedan contrastar mas ligeramente su salida.

[1.38] De comprar abejas.

[**fol. 39r**] Como querras comprar abejas guarda quelos vasos o colmenas sean llenas. E puedes lo conosçer en tal manera; es a saber, o quelas fagas abrir & rreconosçer las casas, o que menos de abrir sientas dedentro grant murmuramjento & rruydo de abejas. O que estes vn rrato del dia çerca delas colmenas. E que veas espesamente entrar & sallir grant copia de abejas. E avn mas deues guardar que compres abejas que sean de tu vezindat antes que de vezindat estrañya, por tal que el ayre nueuo dela rregion non les pueda fazer dañyo. E sy por aventura compraras abejas que sean vsadas en rregion o tierra alueñye, de noche las deues traher al cuello & nonles deues abrir njn dexar que puedan saljr, sy non quando el sol se qujere poner. [**1.38.2**] Por semejante manera deue hombre parar mjentes sy al terçer dia despues que hombre avra asentadas las casas delas abejas sy todo el enxambre saljra fuera. Ca sy aquesto fazen, grant señyal es que qujeren fuyr. E cada vn mes deue hombre aquesto rreconosçer. E dizen que sy hombre vnta las bocas delas casas delas abejas con fienta de ternero que sea primero nasçido, que non fuyran las abejas. Mucho vale alas abejas sy han abundançia de aguas.[27]

[1.39] De los bañyos.

[**fol. 39v**] Quando hombre ha copia & cantidat de aguas mucho deue hombre poner su poder el señyor dela casa que aya vañyos. Ca es cosa muy **deleytosa &** prouechosa a salut del cuerpo. El vañyo deue hombre construyr o hedificar en aquella parte por do deue venjr la calor. E que sea apartado del lugar humjdo, por tal quela humor continua del agua sy le era çerca nonlo rresfrie. Las finjestras por do deue entrar la **claror** deue hombre fazer enta la parte de medio dia & del sol ponjente, por tal que todo el dia habunde en claridat. [**1.39.2**] La casa delos bañyos, es a saber la casa dela estuba, deue asy ser fecha que el forno do se fara el fuego sea al vn costado o cabeça dela casa. E el forno sea mas baxo que el suelo dela casa o estuba. El qual suelo deue ser de grosaria de dos pies en alto. E deue venjr en pendiente. Es a saber, que todo el rrostro dela cara venga enta el costado do sera el forno. En manera que sy pones enla casa alguna pelota o piedra rredonda que toda vegada decline & vaya faza el forno que non se quede njn decline a otra parte dela casa. E aquesto por rrazon quela calentura que salle del fuego ha tal propiedat de sobir escalentar las casas o partidas altas, mas que non faze las eguales njn las partidas baxas. E en tal manera [**fol. 40r**] sera pro caliente la estuba o casa. Desuso del suelo deue hombre asentar las pilas de piedra o de plomo. E deyuso delas pilas deue hombre meter arzilla bien molida. E sobre el arzilla deue hombre poner suelo fecho de tiestos de tejas de altura de dos pies. Et quela vna sea dela otra apartada vn pie & medio. Las pilas deuen ser de piedra marmol o de otra piedra o de plomo. E que sean fechas a manera de algibes o de çafarejos con piedra & mortero & con ladrillos. O de plomo segunt he dicho. [**1.39.3**] E que dela parte de fuera sea el forno enel qual faga hombre fuego, conel qual se puedan escalentar las calderas do estara el agua caliente. E que de la parte de dentro pueda hombre tomar del agua. E avn deue auer alguna canal que venga a alguna delas calderas con agua fria. Dentro delos vañyos se acostumbra de auer bodegas o camaretas. Et non deuen ser fechas a quadras. Mas sy han XV palmos de luengo que aya X de ancho. E aquesto por tal que la vapor sea mas fuerte entre las casas estrechas & los bañyos enque hombre se vañya en agua fria. [**1.39.4**] Las casas o bodegas deuen rresçebir claror dela parte dela tramuntana de estiu, & en tiempo de jnujerno dela parte de medio dia. E deuen asy ser ordenados los vañyos que toda el agua & la suziedat se corra por los huertos. E las çeldas o camaras que hombre faze enlos bañyos que son fechas de tejas & de fusta deue las hombre bien firmar con vergas o clauos de fierro. E de baxo mete hombre arzilla [**fol. 40v**] & buen mortero enel qual estan situadas. E deue las hombre bien enblanquesçer. E sy hombre qujere, enlos vañyos puede fazer hedifiçios do pueda morar en tiempo de jnujerno, segunt que el lugar sera bien dispuesto.

[1.40] De mortero, o de argamasa conuenjble alas ffendeduras o trencaduras que se fazen en los paujmjentos delos bañyos o algibes do esta el agua caliente o fria.

Pues que auemos fablado de vañyos, deuemos saber quales cosas son nesçesarias a rrestreñyr o soldar las fendeduras o quebraças que se fazen enlos algibes o çafarejos enque se rrecoje asy el agua caliente como la fria. E por tal que supitamente se pueda acorrer. Tu tomaras pegunta & çera blanca eguales partes & vn peso, & estopa bien menuda. Alqujtran egual mente la meytat del peso primero. Tejas bien majadas & bien çernjdas con çedaço. Flor de cal; *es a saber, el poluo que esta por las paredes quando hombre lo çierne.* E quando es aguada, mezclar lo has todo en semble en vna olla. E poner lo has sobre el fuego que sea tibio. E que se pueda todo bien mezclar ensemble. E de aqueste vnguente pon sobre las junturas o fendeduras que seran enel algibe, & non dexara saljr agua njnguna. Semblant poluora de armonjach, *que es goma,* fondir la has. E ayas figuas secas & estopa & alqujtran, todo en vno sea bien majado en vn grant mortero. E como sera todo bien mezclado vnta las fendeduras. [**1.40.2**] En otra manera se puede fazer. Toma armonjach & çofre de rrocha. E todo sea desfecho en vna caçuela. E echa sobre el lugar & luego estancara, o desuso delas junturas delas piedras a manera de mortero primo, & terna bien el agua. Otros toman pegunta & çera blanca, & armonjach que sea fondido conlas dichas cosas con vn fierro delgado [**fol. 41r**] & subtil. E buscaras todas las fendeduras. E avn otros toman flor de cal & olio & mezclanlo todo & vntan las junturas. E guardan que noy metan agua por algunt tiempo syn que sea bien seco. [**1.40.3**] Empero sy conuenja a fazer que soptosa mente ay ovieses a poner agua, la vegada mezclaras conla flor dela cal & conel olio de suso dicho sangre de buey. E la vegada con todo esto mezclado, vntaras todas las fendeduras & las junturas & non se saldra el agua. E avn toma figuas secas & pegunta & conchas quemadas de ostias *que son pescados de concha que se fazen enla mar & en agua dulçe corriente. E afierran se asy como pagelides, mas son mucho mayores.* E que sean bien secas & tostadas o quemadas. E majar lo has todo en vno. E vntaras todas las junturas. Todas las sobre dichas cosas son buenas a los algibes o a çafarejos que deuen tener, & son diputados a tener agua caliente. E alos algibes o çafarejos que han a tener agua fria, tu tomaras sangre de buey o de brufol. Flor de cal, *es a saber aquel poluo que se posa por las paredes quando hombre lo menea o lo çierne* & la escoria del fierro *que ha nombre ferrija.* E todo en vno majalo bien en vn mortero. E como sera a manera de emplastro, vntaras las fendeduras & las junturas del algibe. Jtem toma seuo de carnero o de cabron & rregalalo & mezclaras y çenjza prima pasada por çedaço. E aquesto contrasta mucho que el agua fria non salga sy son vntadas las fendeduras. Antes rretiene el agua maraujllosamente.

[1.41] De moler los trigos o otras simjentes.

[**fol. 41v**] Si enlos vañyos ay copia de agua, hombre deue fazer vna balsa en la qual vayan todas las aguas que se escamparan de los vañyos. E que faga hombre lugar enel qual puedan estar muelas que muelan el trigo menos de trabajo de bestias.

[1.42] De los jnstrumentos o aparejamjentos nesçessarios ala lauor.

Los jnstrumentos o aparellamjentos o ferramjentas nesçesarias ala lauor son que hombre primera mente aya aradros simples; es a saber, que non ayan grandes orejas. Empero sy la rregion o proujnçia es mucho llana & encombada o enclinada que non puedan bien salljr las aguas delas pluujas que ay cahen en tiempo de jnujerno, la vegada puede & deue hombre fazer aradro con dobles orejas, es a saber que aya grandes orejas, por manera que faga grant surco & que lançe la tierra del surco alto. E en aquella tierra que el aradro lançara alto tu sembraras tu lauor. *Porque es menester quelos surcos sean claros. E los surcos en tiempo de aguas & de pluujas rrecojeran las aguas que non podran nozer alos sembrados. Asy como se faze enlas partidas de Lombardia, que fazen grandes aradros con grandes alas o orejas. E tiran los tres o quatro pares de bueyes. E fazen grant valle. E la tierra del valle echan o lançan sobre el lugar do deuen sembrar. E queda alto.* E avn deue auer enla torre o casa defuera destrales que corten a dos cabos. E podadoras para podar las çepas & los arboles. E foçes que sean aptas para segar los trigos. [**1.42.2**] E dalles para segar yerua o feno. Açadas grandes & açadones. E avn deue [**fol. 42r**] y auer sierras pequeñyas & grandes que tengan sendos mangos a manera de surrachs que siruan a cortar o serrar los troncos & las rramas delos arboles & delas çepas que hombre querra enxerir. E que non sean mayores de vna vara. E las mayores serujran alos troncos mayores. Et las pequeñyas serujran a los troncos menores & alas rramas. E avn deue hombre auer estacas de fusta con cabeça de fierro aguda, con que pueda hombre plantar los majuelos o çepas enlos lugares laurados. E avn deue hombre auer podadoras que corten delante & de çaga. E cuchillos coruos que sean chicos. E falçones con mangos conlos quales hombre pueda tirar de los arboles algunos brotes nueuos queles fazen dapno & los brotes que y seran secos. [**1.42.3**] Jtem deue hombre auer falçones chicos que tengan dientes a manera de foz de segar, conlos quales pueda segar la yerua llamada felix, *que es vna yerua que faze muchas rramas a manera de fijos. E nasçe enlas montañyas pedregosas. Dizen que es falguera.* E avn deue el hombre hauer sierras chicas para serrar fustes. E açadones chicos conlos quales puedan entrecauar la nepta e la menta & las otras yeruas delos huertos. Jtem destrales con vn tajo & otros que ayan dos tajos. E açadones que ayan dos cabos. Jtem rrastillos *con muchas puas para cobrir la simjent.* E avn deue hombre hauer en su casa todas ferramjentas nesçesarias a salud & conseruaçion delas bestias. Asy como son martillo & tenazas, lambrox, lançeta para sangrar, fierros para cauterizar & paledejar. E otras semejantes para socorrer alas nesçesidades soptosas delas bestias. [**1.42.4**] E avn deue hombre tener enla torre o casa defuera [**fol. 42v**] vestiduras fechas de cueros con capirotes & cogullas que se tengan & avn mangas. E que aya guantes de cuero, por tal quelos mançebos que han a entender enla lauor o andar por las garrigas o boscajes *o han a conrrear ponçineros & limoneros & otros semblantes arboles espinosos,* & andar muchas vezes a caça por los lugares agros puedan trabajar segura mente menos de dañyo de sus personas. Es a saber quelas espjnas nonles fagan dapno.

ENERO

[**2.0**] Pues quela primera partida del **Libro del Palladio** es acabada, la qual tracta de la lauor & de las cosas nesçesarias a agricultura & lauor, conujene que agora continuando la materia del libro tractemos aquello que en cada vn mes del añyo se pertañye & conujene de obrar. E primera mente començaremos enel mes de enero que es el primer mes del añyo.

De escobrir los sarmjentos & las çepas, semblante ment exobrir.
De vedar quelos prados magros non sean pasçidos por el ganado en aqueste mes.
De labrar & desterronar los campos.
De yunzir los bueyes. E demostrarles arar & labrar.
[**fol. 43r**] De sembrar çeuada blanca.
De sembrar pesoles con maestria.
De sembrar veçes no por tant que hombre las coja en yerua, mas que fazen simjente.
De sembrar erp, que es dicho orobi.
De sembrar senjgrech para lauor con maestria.
De estercolar los trigos & las legumbres.
De cauar & endresçar las vjñyas. E los foyos delas çepas.
De ordenar los taulares & lo labrado ala manera de Lombardia.
Del lugar & de la tierra & del ayre ado deue hombre plantar las vjñyas.
De los huertos. Quando deue hombre sembrar lechugas, mestuerço, oruga, verças, ajos, vlpich, que es linaje de ajos.
De plantar mançanos & seruas, çiruelos,[28] almendros, nogales, rrobres, enzinas. E avn otros arboles fructifferos segunt que adelante en cada vn mes segunt la natura de cada vn frutal es dada forma & disçiplina.
De señyalar las bestias.
De la manera de salar puercos & vacas de carne salada.
De fazer olio de murta.

De fazer vjno de murta.
De fazer olio de laurel.
[**fol. 43v**] De fazer olio de lantisco, o de mata.
De posar gallinas clocas.
De tajar fusta para obrar.
De las oras.

[2.1] De escobrir los sarmjentos & las çepas.

Enel mes de enero deue hombre descobrir las çepas delas vjñyas por la rrayz dela çepa. E deue y hombre fazer vna foya de balsa a cada vna çepa, en manera que sean ayudadas por beneffiçio del sol & delas pluujas. E que lançen & broten en su tiempo.

[2.2] De vedar quelos prados magros non sean pasçidos por el ganado en aqueste mes.

En aqueste mes deue hombre purgar & ljmpiar & segar los prados que son magros, es a saber que non han mucha yerua. E deue los guardar que non sean pasçidos njn comjdos por ganados en aqueste mes.

[2.3] De labrar & desterronar los campos. De yunzir los bueyes & demostrarles arar & labrar.

Los campos que son grasos en lugar de secano se pueden bien labrar & adobar para guareyt avenjdor. Los bueyes mejor los juñye el hombre enel cuello que non enla cabeça *ala manera de Jtalia*. E el labrador quando son al cabo del surco que deue boluer, deuelos quedar. E deuelos leuantar el juuo, quasi quelos qujere adobar, [**fol. 44r**] por tal que ellos puedan sus cuellos delectar & auer vn poco de rrefrigerio. E despues deue los tornar al surco. E deue guardar el labrador o arador que el surco non aya mas adelante de CXX pies. E avn deue guardar que entre surco & surco non dexe tierra que non sea moujda o arada. E todos los terrones deuen ser bien desmenuzados & quebrantados con açadas *o con otros estrumentos*. [**2.3.2**] E sy quieres conosçer sy la tierra es labrada egualmente, tu meteras al traues vna lança o percha por los surcos. E sy la percha o lança entrara por la tierra labrada menos de enbargo, la vegada conosçeras quela tierra es labrada egualmente. E sy fazes aquesto muchas vezes delante del labrador ellos te guardaran que noy faran erradas njn falsias. Mucho se deue hombre guardar que non faga labrar su campo que este rregado o que aya mucho lloujdo, en manera que sea lodoso o fecho lodo, njn avn quando aura lloujdo vn poco despues de grant secada. [**2.3.3**] Ca deues saber quela tierra que es labrada mjentre que esta lodosa en començamjento, en todo el añyo non se puede bien labrar njn manear. E aquella tierra que sera vn poco bañyada de suso o humjda & deyuso sera seca, por tres añyos continuos sera esteril & exorca, que non dara fruto. Por lo qual como querras labrar tu campo, guardaras que medianera mente sea humjdo o rregado. Es a saber que non sea lodoso njn mucho seco. Si el campo sera [**fol. 44v**] en alguna cuesta o montañya, deues lo arar a traujeso & aquesto deue hombre fazer quando ay echa la simjente.

[2.4] **De sembrar çeuada blanca.**

Si el jnujerno sera temprado & que non sea pluujoso, deues sembrar la çeuada glatich, que es blanca & de grant peso faza mediante enero enlos lugares temprados. E VIII° muygs o mesures bastan a sembrar vn par de bueyes.

[2.5] **De sembrar pesoles con maestria.**

Los garuanços siembra hombre en aqueste mes en lugar que sea bien estercolado. E quela ayre sea humjda. Es a saber en tiempo de pluujas. Tres muygs *que son medidas* bastan a sembrado tanto como labraran vn par de bueyes en vn dia. E deues saber que aquesta legumbre que se llama garuanços non rresponde njn multiplica mucho. Ca el viento que viene de medio dia que es dicho auster le es mucho contrarioso que nonlos dexa floresçer njn granar. E encara les nueze mucho tiempo de sequedat quando floresçe & non pueden fuyr o a tarde de vno destos peligros.

[2.6] **De sembrar veçes no por tant que hombre las coja en yerua, mas que fazen simjente.**

Enla çagueria de aqueste mes de enero deue hombre sembrar las veçes o atramuçes, aquellas empero que hombre entienda que fagan simjente mas no aquellas que dan tiernas a comer a las bestias. E deues [**fol. 45r**] saber que VI muygs o medidas bastan a vn jornal de bueyes. E deuen se sembrar en tierra que sea bien labrada. E antes quelas eches enla tierra dexa pasar dos o tres oras del dia en manera que sobre la tierra non aya rroçio. Ca aquesta simjente non puede sostener el rruçio. E tant tost quelas auras sembradas las deues cobrir con tierra o a lo menos antes que non venga la noche. Ca sy la noche o la serena las toca soptosamente son corrompidas. E avn mas deues guardar que non las siembres fasta que de la luna sean pasados XXV dias, ca sy las siembras antes los caracoles se las comen enla lauor ante que non nazcan.

[2.7] De sembrar senjgrech para lauor con maestria.

[**fol. 45v**] En Ytalia siembra el hombre senjgrech que es alfolbas en mediado enero, pasado aquel. Empero que el hombre siembre para simjente III o VI muygs bastan a vn jornal de bueyes. E deue ser labrada la tierra fuert espesamente, mas non deue ser despues labrada **fondo**. Ca sepas que sy la simjente es cubierta de tierra mas de quatro dias non sale. E sy nasçe faze lo con dificultat. E por aquesta rrazon algunos fazen labrar la tierra con aradros primos estrechos & chicos. E siembran y la lauor del senjgrech. E despues con açadas chicas fazen la cobrir ligerament.

[2.8] De sembrar erp, que es dicho orobi.

En aqueste mes de enero, quasi enla çagueria, deue hombre sembrar erp, *que es orobi dicho*. El qual acostumbran de comer las palomas. E deue se sembrar en lugar seco & en tierra magra. Çinco muygs bastan a sembrar vn jornal de dos bueyes.

[2.9] De estercolar los trigos & las legumbres.

Enel dicho mes de enero deue hombre estercolar los trigos. Empero deue se fazer en tiempo que sea seco & claro, es a saber que non aya lloujdo. E sy aura elado non vale menos. E muchos son que viedan que non estercuelen en aqueste mes, por tal que muchas delas rrayzes delos trigos se descubren estercolando. E muchas se cortan conlas açadas, o por el frio que sobreujene mueren. Empero al actor Palladio [**fol. 46r**] le pareçe quelos panes se deuen estercolar & entrecauar enlos lugares enlos quales habundan muchas yeruas. E sepas que **los trigos** se deuen entrecauar quando han V° fojas. E las fauas se deuen entrecauar quando han çinco fojas. E las otras legumbres se deuen entrecauar quando han IIII° dedos sobre tierra. [**2.9.2**] Los lopins sy hombre los entrecaua, soptosamente mueren por tal, ca non han sy non vna rrayz. Empero el mucho desea de ser entrecauado. E sy el labrador y dexa yerua çerca del, el los mata. Si las fauas seran entrecauadas dos vezes, mucho les aprouecha & dan mas fruto & mas bello. En manera que en vna mesura de fauas entregas, auras dos de faua que se llama fresa. Si estercolaras los trigos o entrecauaras quando son secos, les aprouecha mucho, en espeçial contra lo rrouello que se sera metido. **En especial el** ordio seco toma grant prouecho sy es entrecauado.

[2.10] De cauar & endresçar las viñyas & los foyos delas çepas.

Plantar vjñyas se deue fazer en aqueste tiempo. E fazese en vna manera de tres maneras. La primera que toda la tierra sea cauada. La segunda con surcos. La terçera con clots, o claueras. E en cada vna destas tres maneras la tierra ado hombre deue plantar vjñya deue ser egualmente cauada. Sy la tierra que querras plantar es boscatge, es a saber que sea llena de troncos saluages & de rrayzes de falgueres & de otra yeruas quela han acostumbrado de dañyar le, toda aquella tierra [**fol. 46v**] deue ser aljmpiada de todos los troncos & de las rrayzes. E despues podras la plantar. E si el campo sera bien ljmpio que no y aya boscaje njn otras rrayzes, mas que sera bien mundo & ljmpio, estonçes deue hombre plantar la vjñya de foyas, o con barrenas o de surcos bien fondos. E syn dubda mas vale plantar de surcos. Qujere dezir a tallo abierto con aradro que non con barrenas njn foyas. E esto por que echan las rrayzes a todas partes, asy como sy egualmente era plantada. E la vmor es **mejor** entrellas partida.

[**2.10.2**] Los surcos deuen ser atan luengos como seran las tablas o paredes que ordenaras en la vjñya. El surco deue auer de ancho dos pies & medio, o tres pies, en tal manera que dos cauadores que cauen ala egual syn nozerse el vno conel otro puedan cauar. El surco non deue auer de fondo mas adelante de dos pies & medio, o tres pies. Despues deues saber que sy la vjñya se deue labrar o cauar por hombres & no pont[29] arar con bestias, deues dexar otro tanto de espaçio de tierra que non sea plantada como tiene el surco. *Es a saber que sy el surco tiene de ancho tres pies, deues le dexar otros tres pies de ancho que non te le cale plantar. E despues faze hombre otro surco por semejante manera, fasta tanto que el campo es acabado de plantar.*

[**2.10.3**] E sy por aventura tu querras quela vjñya sea labrada con bestias, la vegada tu faras los surcos, o sy quieres barrenaduras, de fondura de tres pies. E de amplaria [**fol. 47r**] de dos pies & medjo. Et los claueras, o barrenas avran de luengo tres pies. E dexaras de espaçio de surco a surco o de clauera a clauera çinco o seys pies. Sy querras que las vjñyas sean labradas por hombres, sy qujer con bueyes o con otras bestias, en todo caso conujene que los espaçios que de suso avemos ordenados sean segujdos & guardados. E mjembre se te quelas claueras, o foyos non deuen auer de fondura mas adelante de tres pies, por tal que enel tiempo frio los sarmjentos non sean dapnificados por el frio. *Ca como mas çerca les es la rrayz dela çepa, mas ligera mente ayudan*

& enbian la virtut al sarmjento que sera estado plantado. Los costados e avn los cabos delos foyos & delos claueres deuen ser socauados al derredor. E aquesto deue fazer el buen labrador o plantador, por tal que el sarmjento o la çepa este derecha & non tuerta, en manera que non pueda ser cortado o ferido por aquellos que labraran **o cauaran** la vjñya fonda, & aquesto con açadas **o con aradros.**

[**2.10.4**] Toda la tierra del campo do hombre plantara deue ser cauada fonda de dos pies & medio o de tres pies. E deues guardar que noy quede tierra cruda; es a saber, que non sea toda egual mente cauada. E esto deue guardar bien con vna verga el mayordomo o el señyor dela vjñya plantada. E guarde que non y quede rrayz de çarças **nj de falguera** njn de semblantes rrayzes. Antes las faga todas fuera echar. E esto deue hombre guardar & bien tener açerca en toda cosa que hombre quiera plantar nueua mente.

[2.11] De ordenar los taulares & lo labrado ala manera de Lombardia.

[**fol. 47v**] Las tablas o paredes delas vjñyas faze hombre assi como plaze al señyor dela vjñya. E segunt disposiçion del lugar. Es a saber que vna tabla tenga tanto como vn jornal de bueyes, o tanto como medio o vn quarto. E sy fazer se puede que sean quadradas.

[2.12] Dela mesura que hombre deue fazer enlas tablas quando hombre deue plantar la vjñya.

La tabla & parte de campo que hombre deue plantar segunt manera de Ytalia deue ser de vn jornal de bueyes que sea quadrada. E deue auer a cada quadra çiento & ochenta pies, los quales multiplicados fazen trezientos & veynte pies. Alias, sieteçientos & veynte pies. E segunt aqueste numero podras considerar todas las tablas que querras plantar o labrar, segunt quelas querras fazer grandes o pequeñyas. Ca XVIII° dezenas a cada quadra valen CCCCoXIIII.

[2.13] Del lugar & de la tierra & del ayre ado deue hombre plantar las vjñyas.

La tierra a do hombre qujere plantar la vjñya non deue ser mucho espesa; es a saber, fuerte njn arzillosa, njn deue ser disuelta, es a saber a manera de arena. Empero mucho mas vale que sea disuelta que sy era mucho fuerte. Nj qujere ser magra njn mucho grasa. Empero mas vale grasa que non magra. Njn qujere ser mucho llana, njn encombada. Nin qujere ser mucho en [**fol. 48r**] cuesta o en montañya. Empero mucho mas vale enel llano que non en la montañya. Njn qujere ser mucho seca njn mucho humjda, sy non que sea medianeramente humjda. Njn qujere ser la tierra salada njn amarga. Ca cada vno de aquestos vjçios corrompen el vjno. [**2.13.2**] El ayre quiere ser temprado & non mucho caliente njn mucho frio. Empero mas vale que sea caliente que non frio. E qujere ser el lugar mas seco que non mucho humjdo. E deues saber que el sarmjento tierno sobre todas cosas ha mjedo de los vientos o tempestades. E como querras plantar la vjñya, deues escoger los campos nueuos; es a saber yermos, que non sean mucho esqujlmados. E sepas que el campo vale mucho menos que njngunt otro para fazer vjñya que es aquel enel qual enel tiempo pasado ha aujdo vjñya. E sy te convendra que nesçesaria mente en tal campo ayas de plantar vjñya, es nesçesario quelo fagas arar luenga mente & labrar & fondo cauar, por tal que destruydas & muertas todas las rrayzes & todas las podriduras dela vjñya vieja, hombre y pueda plantar mas seguramente la vit nueua. [**2.13.3**] E çierta cosa es que enla tierra enla qual ay piedras foradadas o brescadas que se llaman çesus, & otras piedras calares & firmes; en la tierra que es sobrellas plantaras vjñya. Ca en tiempo de elada & en tiempo de secada las rrayzes delas çepas estan mas frescas & las vjñyas estan mas bellas & menospreçian la elada & la secura. E semejante faze la tierra arzillosa mezclada con tierra arenosa & con sablon. E sy enel campo ay muchas [**fol. 48v**] piedras menudas & que sean mezcladas con tierra grasa arzillenta, o viñya que sea plantada en tierra que sea sobre rroca dura quasi que sea de pedernal; por tal como todas aquestas cosas dan grant rrefrescamjento ala vjñya. E enel tiempo de secura no le dexan fazer dañyo por el sol njn le dexan auer set. E la vjñya se faze mas bella. E avn enlos lugares enlos quales desçiende la tierra de las otras montañyas o de algunos rrios vezjnos que trahen tierra se fazen bellas vjñyas. [**2.13.4**] E avn sepas que enlos lugares do non han mjedo de njeblas njn de yelo mucho les aprouecha la tierra arzillosa, con que non sea arzilla sola synon que sea mezclada con tierra sablonosa. E avn deues saber que el arzilla sola es mucho dañyosa & enemjga alas vjñyas. E avn todas las otras cosas que generalmente he dichas de suso. E aquesto puedes prouar & lo conosçeras manjfiestamente **enlos campos o lugares que fazen arboles y vergas delgados y flacos** [&] enlos lugares que sean salados o amargos o mucho secos. [**2.13.5**] E la tierra **que** haura el sablo negro o rroyo, tal es prouechosa mucho alas vjñyas. E avn es mucho mejor sy ay haura mezclada tierra que sea fuerte. Tierra que sea mucho pedregosa & llena de piedras, sy non es bien estercolada faze los sarmjentos muy flacos. Enla tierra que aya arzilla bermeja pura, con grant dificultat se y fazen vjñyas, ya se sea que despues que han tomado conuenjent ment se fazen y las vjñyas se crian. E deues saber que aquesta manera de tierra, es a saber arzilla bermeja, es mucho enemjga de todas plantas & de todas simjentes. Ca por pequeñya pluuja se ablandesçe mucho. E por poco sol se enduresçe fuerte mente. Aquella tierra es mucho buena & prouechosa alas vjñyas que es temprada entre [**fol. 49r**] mucho & poco. E que es mas çerca a disoluer que non a asprura, *es a saber que es mas presta a disoluerse que non a espesitut. Es a saber que sea mas presta a disoluer se a manera de tierra sablonosa con alguna parte de arzilla, que non que toda sea fuerte & espesa, asy como arzilla sola. Ca tal arzilla non es buena.* [**2.13.6**] Aquj diremos del çielo & del ayre. Aquesto es en qual partida deue ser situada la vjñya antes que hombre plante aquella. E deues saber que sy la rregion o tierra do seras poblado & querras plantar vjñya es fria, tu deues ordenar quela vjñya que plantaras sea sitiada & sea de fruente & cara del medio dia. E sy la rregion sera caliente deues fazer por forma quela vjñya guarde de cara la tremuntana. Enlos lugares que non son mucho frios njn mucho calientes deuen estar las vjñyas de cara el sol saliente. Si empero los vientos de ponjente o del maestre no y han acostumbrado de nozer. E sy por aventura tales vientos ay nuezen mas que enlas vjñyas dela rregion temprada, guarden enta tremuntana & enta el viento *grech que es viento suaue* que es dicho en latin fauonjum *o zafirus. El qual es todo vn viento.* [**2.13.7**] Antes que hombre plante la vjñya se deue aljmpiar el lugar o la tierra de todos los arboles & de todas rrayzes. Por tal que sy despues quela vjñya fuese plantada avia hombre a arrancar los arboles & las rrayzes, la tierra que sera moujda & cauada conel calçigar & pisar se tornara dura como piedra. *E las çepas non se podran fazer njn rraygar.* Si [**fol. 49v**] la tierra que querras plantar es ya acostumbrada de labrar se & que este en lugar llano, deues meter las çepas fondas dos pies & medio. E sy la tierra estara en pendiente que sea vn poco como cuesta, deues las plantar fondas tres pies. E sy la tierra sera en montañya, deues las plantar quatro pies en fondo, por tal que con las pluujas la tierra non se fuya. E sy la tierra es en algunt valle basta que sean plantadas en fondo dos pies. E avn deues saber que sy el campo o la tierra que querras plantar es agualoso o humoroso como son en vn lugar que es dicho Rrauena, *el qual es en Lombardia,* que como mas fondo las caua hombre mas agua & mas humor lançan; por que en tales lugares basta que hombre plante las çepas medio pie en fondo. [**2.13.8**] Yo, *dize el actor Palladio,* he prouado aquesto muchas vegadas quelos sarmjentos o çepas se fazen mejor sy tant tost quela tierra es cauada son plantados, o alo menos dentro de pocos dias antes quela tierra que es jnflada & toua non sea rrefirmada njn calcada o pisada. E aquesto ha prouado asy enlas vjñyas que ha plantadas a surcos, es a saber a tajo abierto como enlas otras que ha plantadas de foyas & claueras. Empero en lugar quela tierra sea medianera.

[2.14] De los huertos.

Enel mes de enero siembra hombre simjente de lechugas porque se puedan trasplantar enel mes de febrero. E aquellas que hombre qujere **[fol. 50r]** traspasar o trasplantar en abril deuen se sembrar enel mes de febrero, ya se sea que en todo el añyo las puede hombre sembrar, sy la tierra es bien estercolada & rregada muchas vezes. Quando hombre las plantara deuen se tajar & egualar las rrayzes. Et deuen se vntar con estiercol que sea bien claro. E avn aquellas que ya son plantadas deue hombre entrecauar & descobrir las rrayzes. E en aquellas ponga hombre estiercol çerca delas rrayzes. **[2.14.2]** E ellas aman tierra bien cauada & fondo. E que sea humjda & grasa & bien estercolada. E avn deues saber quelas yeruas que se fazen çerca delas lechugas deue hombre arrancar conlas manos & non con açadon. La lechuga se faze mas ancha sy hombre las planta rralas. E quando començara fazer espiga o meter ojo, la vegada le deue hombre cortar el ojo & meter desuso algunt terron o algunt tiesto, & faze se mas ancha. Las lechugas se faran anchas & blancas sy muchas vezes les echa hombre de suso en medio del ojo arena de rrio o de mar. E despues que hombre **ayunta** las fojas, quelas fagas estar ligadas todas ayuntadas. **[2.14.3]** E sy la lechuga se enduresçe ante que non deue **y no es tierna**, sy qujer por **viçio** que sea enla tierra, sy quier por el tiempo, sy qujer por la simjente, tu arrancaras la planta dela lechuga & tornaras la a plantar otra vegada. *E rregar la has muchas vezes.* E tornara tierna. E avn deues saber quela lechuga rretiene la sabor de diuersas yeruas **si es sembrada con diuersas simjentes** todo en semble, por tal manera que tu auras del estiercol delas cabras. E suptilmente con vna lezna o aguja tu las foradaras & sacaras lo que es en medio. E despues meteras dentro cada vna delas pellas dela cabra de todas aquestas simjentes. Es a saber, simjente de lechuga, **[fol. 50v]** de mestuerço, de comjnos, de oruga, & de alfalfega. E despues meteras las pellas dela cabra de dentro de estiercol en tierra que sea bien labrada & nonlas metas fondo & cubre las. E algunas vezes fazen vn poco a rregar o rruxar. E como comeras de la lechuga, quando la avras trasplantada segunt que de suso es dicho, rretendra la sabor de todas las otras simjentes. El rrauano se esfuerça de meter su cresçimjento, & se esfuerça en la rrayz. Las otras simjentes se esfuerçan a meter ala parte de suso. Es a saber en las fojas. E qujere tanto dezir que sy enlas pilotas delas cabras meteras simjente de rrauano, quela rrayz, o **tronco** de la lechuga sabra a rrauano. E las fullas rretendran sabor delas otras simjentes. Todas las simjentes que tu auras menester enla pellota dela cabra, todas salliran. E la lechuga rretendra sabor de todas. [**2.14.4**] Otros tienen atal manera que toman la planta pequeñya dela lechuga que deuen trasplantar. E enlas fojas mas baxas ellos meten las simjentes de suso dichas. E otras simjentes que querran, exçeptado rrauanos. E es de saber quela verga del medio dela lechuga, ellos la foradan con fierro suptil mente que non pasa de otra parte. E en cada vn forado ellos meten de las simjentes de suso dichas. Aquesto es, vn grano de vna simjente en vn forado, & otro grano de otra simjente en otro forado. Despues ayuntan todas las fojas & pleganlas menos de arrancar conla rrayz dela lechuga. E plantan la con estiercol, segunt que desuso es dicho. E la vegada quando comeras la lechuga sentiras la sabor de todas las simjentes de suso dichas. [**fol. 51r**] La lechuga es jnterpetrada quasi habundante de leche.

[**2.14.5**] En aqueste mes siembra hombre mestuerço. E en todo tiempo lo puedes sembrar, en qual lugar tu querras; seco o humjdo, gras o magro. Ya se sea que el ame humjdat. Mas sy nonla ha, el se aflixa. Si hombre lo siembra conla simjente de lechuga, nasçe maraujllosa mente. E puedes lo sembrar en qual mes te querras.

E en aqueste mes puedes sembrar oruga. E semejante mente verças. Mas mejor se siembran enlos otros meses deyuso escriptos.

E asy mesmo siembra hombre ajos & vlpich, *que es espeçia de ajos.* E sepas que el ajo se alça mucho de tierra blanca. Aquesto es que se faze mas bello.

[2.15] De plantar mançanos & seruas & çiruelos.[30]

Enlos meses de enero febrero & março enlos lugares que son frios, & en lugares calientes en los meses de octubre & de noujembre puede hombre sembrar o plantar las çerueras, o çieruas. E en tal manera que hombre toma las çierues bien maduras. E plantalas hombre en vn surco que non sea mucho fondo. E dize el actor Palladio que el ha muchas vegadas prouado que de los granos o simjente que es dentro los pomos, asy de çerues como de pomas & de otras semblantes que sembraua, en exiendo & cresçiendo, habundauan en frutos. [**2.15.2**] Empero qui quiere puede plantar de las plantas dela çeruera. Asy empero que enlos lugares calientes las plantes enel mes de noujembre. E enlos lugares temprados [**fol. 51v**] en enero & febrero. E enlos lugares frios deue hombre plantar enel mes de março. Aqueste arbor çeruer ama & desea los lugares humjdos de montañya & frios & lugares grassos. E a aquesto puedes aver çierto señyal quando tu veras que muchas vezes nasçeran çeruas al derredor dela otra çeruera. E nonlas deue hombre trasplantar fasta quelas plantas son fuertes & rrobustas & rrezias. E qujeren que hombre les faga la fuessa bien fonda. E que aya grant espaçio de vn arbol al otro. E aprouechales mucho que el viento las pueda bien menear, *porque non le deua hombre ayuntar tocho njnguno para que este el arbor firme. Por tal que el viento le pueda mouer a su gujsa.*

[**2.15.3**] Si enla çeruera se fazen de los gusanos acostumbrados que son rroyos & pelosos. Los quales acostumbran de entrar fasta el coraçon. Alos tales gujanos deue hombre tomar & auer como mas suptilmente el hombre pueda, menos de fazer dapno al arbor. E despues deuen se quemar çerca del arbor. E soptosamente los otros gujanos semblantes o mueren o fuyen & desamparan el arbor. Si por aventura el arbor dela çeruera non leuara mucho fructo, hombre toma vn palo de tea de pjno que sea agudo a manera de clauo. E enla mas gruesa rrayz del arbor hombre faga vn forado con vna barrena. E finque ay el estaca del pjno & dela tea. E faze le habundar en fructo. E asy mesmo faga hombre enderredor del arbor vna grant fuesa fonda & meta y çenjza de rroscada & leuara mucho fructo.

Enel mes de abril puede hombre enxerir [**fol. 52r**] del arbor dela çeruera, es a saber en su mesma natura. Aquesto es en semejante arbor. E avn la puede hombre enxerir en membrellar, o en espjno blanco, *es a saber arayonero o arenblanco.* Sy qujere enel tronco, aquesto es conlo tasco, sisqujere enla escorça con palucho.

[**2.15.4**] Las çeruas se conseruan en tal manera: hombre coje las çeruas que sean bien duras. E pone las hombre en algunt lugar por algunos dias. E quando veras que ellas comjençan a madurar & arrugarse, la vegada tu las meteras dentro de cantaros de tierra. E ataparlas has allj bien con algez o yeso, & poner las en algunt lugar seco menos de vmor, es a saber lugar do de el sol & la serena, vna foya fonda de dos pies. E en aquella foya tu meteras los cantaros & bocayuso. E desuso tu meteras mucha tierra, la qual faras bien pisar o tapiar. E algunos asy mesmo las parten por medio & secan las al sol & conseruan se todo el jnujerno. [**2.15.5**] E quando hombre querra comer delas çeruas secas que no son asy secadas al sol, hombre las mete en agua caliente. *E conlas manos las maduraras* & tornaran verdes. E han mejor sabor, asy como eran frescas & seran mucho mejores. Algunos cortan las rramas dela çeruera conlas çeruas mjentre son verdes, antes que sean bien maduras. *E fazen colgajos grandes & cuelgan los en lugares escuros & escondidos & secos que nonles de el ayre, & conseruanse por algunt tiempo.* E avn deues saber que de las çeruas se puede fazer vjno & vinagre, asy como se faze de peras. E avn sepas quelas çeruas se conseruan mucho tiempo quien las mete medio maduras o verdes en arrope o en vjno cocho.

[2.15.6] De almendros.

[**fol. 52v**] Los almendros los planta hombre en lugares calientes enlos meses de octubre & de noujembre. E eso mesmo en aqueste mes de enero. E puede los hombre plantar, es a saber algunos fijos que tienen rrayzes que salen del tronco mayor. Assi mesmo se pueden sembrar enlos meses de octubre & de noujenbre en lugares calientes. E sepas que vale mucho mas sembrar las almendras, que non fazen plantar los fijos con rrayzes. E sepas que mucho es prouechosa cosa que hombre faga vn grant sementero de las almendras en tal manera: tu cauaras vna era de tierra fondo de pie & medio. E en aquella tu meteras de las mas bellas almendras nueuas, es a saber del añyo mesmo. E fincaras las en tierra cauada enla qual mezclaras estiercol. E guarda que la punta aguda dela almendra vaya toda vegada deyuso. E non las metas mas fondo de quatro dedos. E que entre vna & otra aya espaçio de dos pies. [**2.15.7**] Los almendros aman tierra dura seca & pedregosa. E que el lugar sea caliente. Car de su natura quieren floresçer temprano. E deue los hombre plantar enta el medio dia. Conujene a saber quel sol les pueda dar de lleno en lleno. Quando los almendros [**fol. 53r**] seran grandes de dos añyos o de tres enla era dexaras ay aquellos que ay seran nesçesarios. E los otros trasplantaras enel mes de enero o de febrero. E sepas que antes que siembres las almendras tu las deues rremojar vn dia o dos en mulsa. *Es a saber en agua mezclada con mjel.* Empero noy deue auer mucha mjel, portal quela fortaleza dela mjel nonles tire el fructifficar. Aquesto es que non habundarian mucho en fructos. [**2.15.8**] Otros fazen assi: que fazen estar las almendras antes quelas planten por tres dias deyuso de estiercol bien claro, **& cada dia menean las con vn tocho entre el estiercol**. E despues de tres dias sacan las del estiercol. E fazen las rremojar por vn dia & vna noche en mulsa, *es a saber en la dicha agua con mjel que solamente aya vna poca de dulçor.* E luego plantalas. Quando tu avras sembrado las almendras por la manera suso dicha, sy el lugar es mucho seco tu las rregaras tres vezes enel mes. Et los aljmpiaras de las yeruas que y seran nasçidas. E entrecauar las muchas vezes. De almendro a almendro **deue auer** espaçio de XV a XX pies. [**2.15.9**] E deue los el hombre podar enel mes de noujenbre. Es a saber quele tire hombre las rramas secas. Avn las rramas que rretienen mucho espesas. E los deue hombre guardar de las bestias que nonlos rroyan mjentra son chicos. Ca sy los rroen o los comen mjentre son tiernos, fazen las almendras amargas. E mjentre floreçen nonlos deue hombre entrecauar por tal que nonles caya la flor. E quanto mas viejos son los almendros mucho [**fol. 53v**] mas fructiffican.

Si por aventura non fazen fructo habundante mente, toma vn palo o cuñyo de tea de pjno. E forada la rrayz del almendro. E finca y el cuñyo dela tea del pjno, & leuara mucho fructo. E sy quieres auer vna piedra de pedernal, metela enla rrayz. Es a saber entre el madero & la corteza. E sea tal la piedra quela corteza la pueda cobrir toda & fructifficara mucho. [**2.15.10**] E en los lugares frios que hombre ha mjedo dela elada, dize Marçial, philosofo, que hombre las deue descobrir todas las rrayzes. E sacar dende la tierra. E despues, que aya piedras blancas menudas mezcladas con arena. E deue cobrir las rrayzes en lugar dela tierra que aura sacada. E seran guardados dela elada. Empero despues que seran seguros que frio nonles fara dañyo, & que comjençen a echar o brotar, tirar les has las piedras & la arena. E tornar les has la tierra. [**2.15.11**] E sy antes que el almendro florezca tu le descalças las rrayzes. E por algunos dias rregaras aquellas con agua caliente, fara las almendras mucho tiernas. Si los almendros faran las almendras amargas, tu cauaras tres dedos allende las rrayzes & faras ay vna foya, la qual quede vazia deyuso delas rrayzes, en la qual decorra toda la vmor amargosa. E tornaran dulçes. E avn sy quieres que tornen dulçes, tu barrenaras el almendro en medio del tronco & meteras y vn pedaço de palo de fusta enel forado. El qual palo vntaras con mjel & tornaran dulçes. Semejante mente [**fol. 54r**] tornaran dulçes sy alas rrayzes les echas estiercol de puerco.

[**2.15.12**] Estonçes deue hombre cojer las almendras quando han perdido la escorça. E sepas que synon qujeren dexar la escorça quando son cogidas, deues las meter entre paja. E tant tost dexara la escorça. E deues saber que menos de grant cura & maestria se conseruan grant tiempo. Et avn deues saber que despues que auran dexado la escorça, tu las lauaras conel cuexco. E con todo aquesto assi como son enteras con agua de mar o con agua salada, & son mucho blancas; aquesto es el grano quando las quebraras. E duran por grant tiempo que non se estragan.

Los almendros deue hombre enxerir enlos lugares calientes & temprados antes de mediado enero. E enlos lugares frios los deue hombre enxerir en febrero. Si tu quieres enxerir de los brotes del almendro, tomaras los brotes o enxertos antes que echen o broten. E valen mucho mas aquellos que hombre toma de alto delas çimas o cogote o rramas de arriba. E puedes avn enxerir enel tronco del almendro, es a saber fendiendo el tronco con cuñyo. E avn enla corteza con palucho. E avn sepas que del almendro puedes enxerir en otro almendro. E puedes enxerir en priscal.

[**2.15.13**] Los griegos dizen que sy quebrantas el cuexco dela almendra quedo, & que el grano que es de dentro quede sano que non se quebrante, & tu escriues alguna cosa enel grano [**fol. 54v**] dela almendra con tinta negra o bermeja, & despues tornaras el grano escripto dentro dela casca & lo vntaras conel estiercol del puerco & lo plantes, que todas las almendras que nasçeran de aquel almendro que todas avran los granos escriptos & de semejante tinta & semejantes letras. *Yo he fallado escripto que sy tomas delos brotes o agujas del almendro antes que broten o echen & los enxieres enel lentisco o mata, que el fructo que fara seran festuchs, o semejantes. E puede se enxerir enel tronco fendiendo lo con [cuñyo], o en corteza con palucho.*

[2.15.14] De nogales.

Las nuezes siembra hombre enel mes de enero ala çagueria, o enel mes de febrero. E aman mucho lugares montañyosos humjdos & frios & bien pedregosos. E asy mesmo se crian bien enlos lugares temprados enlos quales aya humor. E sepas quelos nogales se pueden sembrar & criar de sus nuezes mesmas, a manera delos almendros. E en aquellas maneras mesmas que los almendros se siembran. E sy tu quieres sembrar las nuezes enel mes de noujembre, conujene que tu las seques bien al sol por algunos dias. En manera quela humor venjnosa que ellas tienen en sy mesmas salga por la calor del sol. [**2.15.15**] E sy tu quieres sembrar las nuezes en enero o en febrero, tu las deues antes por vn dia rremojar en agua sola que non aya mjel [**fol. 55r**] njn otras cosas. E deues saber quelas nuezes se deuen plantar en tal manera: tu faras vn foyo o fuensa non mucho fonda. E meteras de **costado** la nuez, es a saber quela vna costura sea baxa en tierra. E quela otra este alta. E deyuso dela nuez tu pondras vna piedra en manera que toda la costura dela nuez este sobre la piedra, por tal que eche rrayzes muchas & estendidas. E que nonlo eche todo en vna rrayz. E guardaras quela punta dela nuez este **cara tramuntana y la otra parte** cara de medio dia. E mucho se fazen mas bellas sy hombre las trasplanta muchas vezes. Mas enlos lugares frios las deue hombre trasplantar quando la planta es de dos añyos. E enlos lugares calientes quando ha tres añyos. [**2.15.16**] E sepas que aqueste linage de arboles que son nogales non sufren que hombre les taje las rrayzes quando hombre los trasplanta. Ca luego son secas. Antes te deues guardar fuerte mente ca non lo consienten segunt que fazen los otros arboles. Cada vna planta que hombre qujere trasplantar deue vntar o estercolar con buñjgas de brufol o de buey. Mas mucho vale mas que enla fuensa meta hombre çenjza de bugada o rroscada, por tal que el estiercol o fenta del buey nonle queme las rrayzes por la grant calor. E sepas quela çenjza les faze fazer la corteza mucho mas tierna. E les faze mucho fructifficar. [**2.15.17**] Por tal que como aqueste linage de arboles nogales se acostumbran de fazer se mucho grandes, qujeren & rrequieren [**fol. 55v**] que hombre les faga grant fuesa, & avn quiere que aya grandes espaçios al derredor de sy; es a saber, que otro arbol avn que sea de su linage o de otro que non le este de çerca. Ca las gotas que cahen de las fojas quando llueue consumen & destruyen todos los arboles quele son de çerca.

Algunas de vegadas los deue hombre entrecauar & aljmpiar las rrayzes. Por tal que por vegedat non se podrezca el su tronco & non sea vano cauado. Aqueste arbol es de tal natura que quiere que el tronco o la su cañya sea grande, & aljmpiado **de** las rramas fasta el pie, en manera que sol & viento ay puedan entrar & lo fagan enduresçer que non se podrezca, njn podredura que se ay faga nonle pueda nozer. [**2.15.18**] Si las nuezes son duras o de mal sacar el mjollo o el grano que es de dentro dela cascara, la vegada deue hombre la corteza del tronco todo enderredor descorchar & tirar, por tal que por aquella descorchadura & tajamjento salga aquella mala humor & mal venjno que es enel tronco. Otros tajan las rrayzes & los fieren de parte de suso. Otros barrenan la rrayz del nogal. E meten allj enel forado vn pedaço de madera de box, o vn clauo de cozer, o vn clauo de fierro. Si tu qujeres quelas nuezes sean mucho tiernas quando las plantaras segunt que de suso es dicho, tu tomaras solamente la cara dela nuez, es a saber la nuez & el mjollo menos dela casca. E por mjedo que [**fol. 56r**] formjgas nonlas coman emboluer las en lana. E meter las deyuso de tierra enla forma de suso dicha. E poner las sobre vna piedra non mucho grande. E cobrir las con tierra. E nasçera & fara las nuezes mucho tiernas & avra la casca fuerte tierna & delgada. E sy por aventura tu querras quelos nogales que ya son fechos & fazen fructo sean semejantes. Es a saber que fagan las nuezes tiernas. Tu los deues rregar con lexia por vn añyo continuada mente, es a saber tres vezes en cada vn mes. Quando la corteza se parte de la cascara dela nuez, faze señyal quela nuez es madura perfectamente. E quela vegada la puede hombre conseruar.

[**2.15.19**] Las nuezes se pueden conseruar sy las pones entre la paja. Jtem sy las metes en arena. Jtem sy las echas entre las fojas del nogal. Assi mesmo son conseruadas sy las tienes dentro de vna arca o caxa de noguera. Por semejante manera se pueden conseruar sy las mezclas entre las çebollas. E las nuezes fazen aqueste bien alas çebollas queles tiran la grant cochura que tienen. Dize el philosofo Marçial que sy hombre toma las nuezes tiernas verdes menos dela corteza & las metes dentro de vna olla o otro vaxillo **con mjel,**[31] que pasado vn añyo las fallaras verdes. E sepas que aquella mjel do avran estado aquellas nuezes, sy hombre faze xarope o otro beurajo, que purga & aljmpia todo dolor [**fol. 56v**] que sea enlas arterias, o puagre, & enlas venas o junturas. E avn toda esqujnençia o mal que sea enla garganta.

Enel mes de febrero deue hombre enxerir la noguera & deues la enxerir en semejante nogal o en çiruelo. E algunos dizen que se deue enxerir en las rramas. Otros dizen que enel tronco prinçipal se deue enxerir. E es mucho mejor *segund que es prouado por esperiençia.*

[2.15.20] De otros arboles fructifferos segunt que adelante en cada vn mes segunt la natura de cada vn frutal es dada forma & disçiplina.

En aqueste mes de enero puede hombre enxerir la njspolera en membrillar. En aqueste mes mesmo puede hombre sembrar & plantar cuescos de duraznos. En aqueste mesmo tiempo puede hombre enxerir prisquero en semejante arbor de priscal, almendro, o çiruelo. E avn puede hombre enxerir priscal en çiruelo de aquellos de Armenja *que es vn linage de priscos que son pequeñyos a manera de albarcoques.* Semejante mente puede hombre enxerir çiruelo en sy mesmo. Es a saber de otro linage de çiruelo antes que eche brotes o yemas. E avn puede hombre enxerir çiruelo en priscal. E avn en aqueste tiempo puede hombre enxerir çerezo agro.

[2.16] De señyalar las bestias & de la manera de salar puercos & vacas de carne salada.

[**fol. 57r**] Segunt que dize Columela, en aqueste mes de enero deue hombre señyalar los corderos & el otro ganado gruesso & menudo con fierro & calçina. En aqueste mes de enero deue hombre matar los puercos & deue hombre salar las vacas & bueyes & puercos & ganado çeçinado.[32]

[2.17] De fazer olio de murta.

En aqueste mes deues fazer olio de murta. El qual se faze en tal manera: tu tomaras los granos frescos dela murta. E rremoja los bien en vjno viejo bermejo esçiptico, es a saber que non sea dulçe. E por cada vna libra de granos de murta meteras y otra libra de olio. E aquel olio conel vjno en vno meter los has al fuego. E cozera tan luenga mente fasta que el vjno sea consumjdo. E que queden los granos & las fojas conel olio. E con poco olio tu lo faras herujr otro rrato. E cogeras el olio de los granos que sean bien expremjdos. E guardaras aquel olio por tal que y meta hombre el vjno quelas fojas se rrefrien, & que mejor cuegan enel olio & non quemen.

[2.19] De fazer olio de laurel.

Olio de laurel faras en tal manera: quando las oliuas del laurel seran gruesas que querran madurar & seran maduras quasi, tu tomaras grant quantidat. E fazer las has que cuegan en vna grande caldera con mucha agua. E quando auran herujdo luengamente, tu con plumas ayuntaras aquella licor que [**fol. 57v**] nadara de suso del agua. E poner lo has en vn vaso. E aqueste es dicho olio de laurel. Empero muchos son que cascan vn poco las oliuas. E faze mejor olio **& en mayor quantidat.**

[2.18] De fazer vjno de murta.

El vjno que se faze de murta se faze en tal manera. Tu avras vjno viejo que sea bueno & fino X mesuras. E auras tres mesuras de granos de murta. E ferlas has majar por esclafar & cascar. E meter las has dentro de aquel vjno en algunt baso ljmpio. E estaran allj XIX dias rremojando allj. E despues colaras aquel vjno en vn bel çedaço **& expremjr as bien con las manos los granos de murta**. E dentro de aquel vjno meteras tu medio escrupol **de açafran & vn escrupol** de folij. E mezclaras y aquella mjel que te semejara. *E conseruaras el vjno fasta la quaresma.* Ca es tal vjno que aprouecha mucho.

[2.20] De fazer olio de lantisco, o de mata.

Como querras fazer olio de lentisco, tu tomaras los granos bien maduros del lentisco en grant quantidat. E ayuntalos todos en vn lugar plegados. E dexar los has asy estar por vn dia & vna noche. E despues tu meteras aquellos granos en capaços. E sobre algunt vaso de fust o de tierra **o de arambre** tu pondras cadavno delos capaços que esten de suso juntos vno sobre otro que non toquen al fondon del vaso. E sobre los granos del lentisco que seran enel capaço tu faras lançar agua caljente. E desuso del capaço tu faras pisar el grano del [**fol. 58r**] lentisco, que caya ayuso enel fondon del vaso alguna licor en semble conel agua caliente. E aquella licor faras allegar & cojer con plumas suptilmente segunt que auemos dicho del olio del laurel. *E guardalo. E aquesto es dicho olio de lantisco. El qual es mucho maraujlloso.* Empero muchas vezes deues lançar agua caliente dentro del capaço. Portal quela pasta que sera dentro enel capaço por frialdat non se pueda elar. *Ca sy se elaua non daria cosa de olio.*

[2.21] De posar gallinas clocas.

En aqueste mes de enero las galljnas por su natura fazen & dan mas hueuos que non fazen en otro tiempo. Por tal que son mas gordas. E por su natura rrequjeren que puedan **engorar** de sus hueuos o de otros. Los quales les deue hombre deyuso meter. *Segunt que ya en la primera parte auemos dado rregla a çaga a cartas.*

[2.22] De tajar fusta para obrar.

Qujen quisiere cortar fusta para obras o para guardar deue la cortar en aqueste mes quando la luna es menguante. E semejante mente deues plantar rraygadas o rramas de arboles semejantes que sean a vigas & a palos quando seran grandes.

[2.23] De las oras.

Aqueste mes de enero[33] enel espaçio delas horas es semejante al mes de noujenbre.

La primera hora del dia la tu sombra aura XXIX pies delos tuyos propios.

[fol. 58v] La segunda hora avra XIX pies.
La III[a] hora aura XV pies.
La IIII[a] hora aura XII pies.
La V[a] hora aura X pies.
La VI[a] hora aura IX pies.
La VII[a] hora aura X pies.
La VIII[a] hora aura XII pies.
La IX[a] hora aura XV pies.
La X[a] hora aura XIX pies.
La XI[a] hora aura **XXIX** pies.

FEBRERO

[3.0] De guardar los prados que non sean pasçidos. E que sean bien estercolados.
De cortar & arrabaçar las montañyas.
De sembrar simjente que esta tres meses en la tierra.

De sembrar lentejas.
De sembrar garuanços.
De sembrar cañyamo.
De aparejar los campos para sembrar alfalfa que es dicha medica.
De adobar & endresçar las vjñyas & los arboles fructiferos & de sembrar la çeuada blanca.
[**fol. 59r**] De sembrar erp, *que es orobi.*
De cauar & plantar las vjñyas a tajo abierto o a claueras. E de lo que ay se pertenesçe.
De plantar trilles o parras. E delos arboles que sostienen las parras.
De las vjñyas como se deuen criar, segunt diuersas rregiones o proujnçias.
De podar **comunamente** vjñyas baxas & **altas** de tierra.
De podar las parras que estan enlos arboles.
De podar las vjñyas segund la costumbre de Proença.
De la nueua podar.
De **fer** morgons en las vjñyas.
De enxerir las çepas.
De fazer oliuares.
De plantar arboles fructifficantes. E delos espaçios que deuen auer entre ssi.
De cauar & atar las vjñyas & estercolar & entrecauar los arboles.
De plantar rrosales, lirios, violas, açafran.
De sembrar ljno.
De plantar cañyas, esparragos, salzes, genestas. E sembrar murtas & laureles.
[**fol. 59v**] Delos huertos & de sus clausuras, de lechugas, de cardos, de mestuerço, de çeliandre, de cascall, del ajo, del vlpich, & de la axedrea.
De plantar çebollas. Del eneldo, dela mostaza, delas verças, de los esparragos.
De la malua, de la menta, del fenojo, delas espinacas[34], de la canela.
Del çerefolium *que es planta de linage de apio*, de bledos, de puerros, & de enela. E de coltalç *que es dicho platano.*
De los mançanos.
De los perales.
De fazer vjno de parras, vjnagre de peras, liquor de peras & de las mançanas.
De membrellares & garroferas.
De xeruales.[35]
De morales.
De avellanos.

De nuxa *que es planta que ayuda mucho a vsar con muger. E es jnnota en aquestas partidas.*[36] E de diuersos arboles. Como se deuen sembrar & plantar.
De los puercos. Como los deue hombre pensar.
Del vjno de murta, como se faze en otra manera.
[**fol. 60r**] Del sarmjento, o parra que vale tanto como faze atriaca.
De las vuas que non fagan grano de vrujo.
Del sarmjento, o parra que plora mucho.
De vjno de murta como se faze por otra manera.
Que las vuas ayan qual sabor querras.
Del sarmjento, o parra que faga vuas blancas & negras.
De las horas de aqueste mes de febrero.

[3.1] De guardar los prados que non sean pasçidos & que sean bien estercolados.

En aqueste mes de febrero deue hombre guardar los prados que el ganado njn bestias nonlos puedan pasçer. Mayor mente en los lugares temprados. Aquesto es que non sean mucho fuertes njn calientes. E sy por aventura seran magros que non avran habundançia de yeruas, deuelos hombre bien estercolar. Aquesto es que enla luna cresçiente y deue hombre lançar el estiercol. E sepas que como mas fresco sera el estiercol, mayor nudrimjento dara ala yerua. E deues lançar el estiercol ala soberana & mas alta partida del prado. Por tal que el suco pueda decorrer por todas las partidas mas baxas del prado.

[3.2] De cortar & arrabaçar las montañyas.

[**fol. 60v**] Si el lugar sera temprado & seco, en aqueste mes deue hombre rromper & arrabaçar las montañyas & los collados que son grosos. Semblante ment fazen a rromper & a labrar.

[3.3] De sembrar simjente que esta tres meses en la tierra.

En aqueste mes puedes sembrar çeuada que sea tresmesor. E avn toda otra simjente tresmesor.

[3.4] De sembrar lentejas.

Asy mesmo puedes lantejas sembrar en tierra magra bien labrada, seca, o grasa, mas mucho vale mas en tierra magra. Ca sepas que por sobra de vmor & de grex se corrompen & se pierden. E puede las hombre sembrar en luna cresçiente fasta la luna XII[a]. E sy qujeres quelas lantejas sean nasçidas luego & crezcan, tu las mezclaras entre el estiercol. E dexar las has estar IIII[o] o V[o] dias. E despues sembrar las has menos de estiercol. E sepas que vn almut *que es medida de lantejas* basta a sembradura de vn jornal.

De sembrar garuanços.

En aqueste mes mesmo puedes sembrar **citercula** *que dizen que es a manera de garuanços saluages* en la manera que auemos dicho delas lantejas.

[3.5] De sembrar cañyamo.

Enla çagueria de aqueste mes de febrero puedes sembrar cañyamo en tierra grasa bien estercolada que se pueda rregar. E sea llana & vmjda & bien cauada fondo. E deues lo sembrar assi que dedentro de espaçio de vn pie a quatro quadras puedes meter VI granos del cañyamo.

[3.6] De aparejar los campos para sembrar alfalfa que es dicha medica.

[fol. 61r] En aqueste mes mesmo deues aparejar el campo do se deue sembrar la medica *que es dicha en termjno de Valençia alfalfez.* E quando sera el tiempo que se deura sembrar, nos lo faremos mençion. *Ca aquj fablaremos tan solamente de aparejar el campo. El qual deues asi aparejar.* Es a saber que el campo sea muchas vezes cauado o labrado & bien aljmpiado de piedras con diligençia. En manera que quando lo sembraras las piedras non fagan enojo al cobrir dela simjente. Enel comjenço de março hombre deue estercolar & endresçar las tablas o eras do se deue sembrar, despues que el campo sera bien labrado. E sepas que cada vna tabla dela era quiere hauer diez pies de ancho & çinquenta pies de largo, por tal que egualmente se pueda rregar, & de cada vna parte se pueda ligera mente estercolar & entrecauar. En aqueste mes puedes lançar alguna cantidat de estiercol. E podras sembrar la dicha lauor de alfalfa enel mes de abril. Mas conujene quelas eras sean aparejadas en febrero & en março segund que desuso es dicho.

[3.7] De sembrar erp, que es orobi.

El erp, *que es el orobo,* se deue sembrar en aqueste mes de febrero, & non por el mes de março, **[fol. 61v]** por tal quelas bestias non selo coman. Ca grant dañyo les faria sy lo pasçian o lo comjan. E en espeçial faze grant dañyo alos bueyes sy lo comen.

[3.8] De adobar & endresçar las vjñyas & los arboles fructiferos & de sembrar la çeuada blanca.

Sepas que en aqueste mes de febrero es mucho prouechosa cosa alos sarmjentos o parras, & avn a todos los arboles fructiferos, que tu ayas orina vieja que sea ayuntada de muchos dias mezclada con morcas de olio. E que sea puesto alas rrayzes enel tiempo que faze frio. Es a saber ante que comjençe la primauera & que faga calor. E sepas que aquesto aprouecha tanto alas parras & alos otros arboles, que ellos rretienen mucho mas fructo & mas bello.

Asy mesmo siembra hombre en aqueste mes çeuada *que se llama en Ytalia* glatich, portal ca es mas blanco & mas pesado que otra çeuada. E deues lo sembrar enla çagueria de febrero o en la entrada de março.

[3.9] De cauar & plantar las vjñyas a tajo abierto o a claueras, & de lo que ay se pertenesçe.

En aqueste mes de febrero deue hombre acabar de plantar todas las vjñyas, sy quiere que ayas aparejada la tierra para tajo abierto, sy qujer a claueres, sy quier a surcos, o en otra manera segunt la costumbre dela tierra. E sepas quela naturaleza de los sarmjentos sostiene todo ayre en toda tierra sea buena o mala, sy ellas seran conujnjente mente tempradas **[fol. 62r]** & pensadas & coscohides. Mayormente sy tu hauras los sarmjentos que sean conuenjbles al lugar do los querras plantar. *Aquesto es quelos ayas de otro lugar o rregion que sea semblante o quelo conozca por experiençia.* **[3.9.2]** E sepas que sy tu plantas vjñya en lugar plano tu y deues plantar tales sarmjentos que puedan sostener njebla & elada. E sy plantas vjñya en montañya, pon y sarmjentos que non ayan mjedo o que sean vsados de sequedat & de njeues. E en campo que sea graso deues meter sarmjentos que sean magros & primos. E que fagan mucho fructo. E en la tierra magra deues plantar los sarmjentos que sean grosos & fuertes. E que ayan acostumbrado de fazer mucho fructo. E enel campo que sea fuerte & espeso & arzilloso, deues plantar sarmjentos que sean fuertes & rrezios & bien fojosos. Es a saber que acostumbren fazer muchas fojas. Enel lugar frio, enel qual ha muchas vegadas njebla, deues plantar de aquellos sarmjentos que han acostumbrado de madurar temprano o aquellos que fazen los granos delas vuas duros. E floresçen segura mente. Es a saber que non temen frio njn viento. E enel lugar o tierra caliente, deues plantar aquellos sarmjentos que han los granos mas tiernos & mas vmjdos. E enlos lugares secos plantaras aquellos sarmjentos quelas sus vuas non sufren pluuja. E por que non aya a dezjr todas las çircunstançias [**fol. 62v**] que conujenen en el tal acto, sola mente deue hombre plantar la su vjñya de aquellos sarmjentos que segund la rregla de suso dicha conujene. Asy como en lugar magro deue hombre plantar sarmjentos del lugar graso. E asy de los otros cada vno por su contrario. E sepas quela rregion que es plaziente & alegre & ha buena tierra & buen ayre, fuert volenter & osada ment ama todos sarmjentos & vjñyas.

[**3.9.3**] E non cale nombrar los diuersos linajes delas vuas njn delos sarmjentos. Mas asaz es manjfiesta cosa que aquellos sarmjentos son fuerte loables. E de aquellos deue hombre plantar vjñyas que fazen grandes vuas & bellas & dela bella forma. E han los granos duros. E que non han mucha vmjdat. E que fazen muchos. E que han la piel o el cuero tierno & de buena sabor. E mayor mente aquellos que mas soptosamente les sale la flor. Tales deue hombre alçar para las vendimjas. Aquesto es que non son buenos a saluar. E asy deues saber que muchas vezes el lugar o la tierra do se plantan de los sarmjentos muda la natura de aquellos. [**3.9.4**] E avn deues saber que vn linage de sarmjentos que se llaman *en Ytalia do escriujo Palladio aqueste libro* & han nombre **amjnnes**, aqueste linaje de sarmjentos en qual se qujer lugar que sean plantados fazen el vjno fuerte bello. E sostiene mejor tierra caliente que non fria. Njn sufren que de lugar graso sean trasmudados en lugar magro sy non son bien estercolados con estiercol. E avn [**fol. 63r**] deues saber que desta natura de vuas ya de dos maneras, mayor & menor. E sepas quela menor floresçe mejor & sale de flor mas tost sy es podada breue. E faze los granos mas cortos. E sy la açercas con algunt arbol qujere tierra grasa. E sy la dexas estar por sy mesma a manera de vjñya, quiere tierra mediana, es a saber non mucho grasa njn mucho magra. E sepas que non teme njn le faze dañyo **vientos njn pluujas** ya se sea quela mayor, es a saber aquella que faze las vuas mayores, se muda muchas vezes por vientos & por pluujas & por otras rrazones & toma viçios. E avn deues saber que ay vn linaje de sarmjentos o de vuas que se dizen en latin apiane que valen mucho mas que non fazen las otras de las quales avemos fablado. Asaz abasta que fasta aqui ayamos mostrado de algunos linages de sarmjentos & de vuas, *es a saber de aquellos que por nos son conosçidos & prouados & han sus nombres segunt sus proujnçias.*

[**3.9.5**] Mas de aquj adelante cada vn labrador jndustrioso faga consideraçion delos sarmjentos o vjñyas que querra plantar conla tierra en que los plantara, segunt las rreglas de suso dichas. Es a saber de montañya en plano, & de lugar magro en lugar graso, & asy delos otros.

E semejante mente faga de los arboles que querran trasplantar & con tal rregla aconsiguira su jntençion de aver buenas plantas [**fol. 63v**] & buenos fructos. Empero guardese que de tierra grasa non trasplante sarmjentos njn arboles en tierra magra. Ca en njngun tiempo faran buen fructo njn mucho, njn seran prouechosos. Mas de tierra magra en tierra grasa los faze bien trasplantar. E mas deues saber que quando querras trasplantar los sarmjentos, en espeçial de aquellos sarmjentos que hombre dexa apartados, como son parras que son mucho luengas, tu non deues tomar de los sarmjentos que son çerca dela çima dela **toria** njn de aquellos que son çerca del cabo dela **toria** synon de aquellos que son enel medio lugar dela **toria.** Njn de la cabeça çerca del viejo, njn dela çima, synon del medio del sarmjento lo deues tomar. E aquesto portal ca a tarde salen de linage. *Ca sy los sarmjentos de do los tajaras son buenos, aquellos que tajaras de medio seran asi buenos & mejores, con que la tierra les conuenga.* E sepas que çinco o seys nudos lueñye **del sarmjento viejo** los deues tajar.

[**3.9.6**] E deues guardar que el sarmjento sea bien fructificante & que aya leuado muchas vuas enel añyo pasado. E non entiendas que aquellos sarmjentos o rramas sean dichas fructificantes que solamente fazen vna vua o dos, sy non aquellos que por sobre habundançia de vuas se jnclinan enta la tierra. E sepas que çepa o parra bien habundante o fructificante puede ensy mesma auer sarmjentos o rrastras singulares, que sy son plantadas seran mucho mas fructificantes que non las mayores do seran estadas tajadas. E sy de aquellos atales sarmjentos o rrastras quieres hauer conosçençia, tu enel tiempo que las vuas [**fol. 64r**] son enla parra o en la çepa pararas mjentes a aquellos sarmjentos o tallos que en lugar duro, es a saber en lugar viejo, nasçeran & faran fructo. [**3.9.7**] E faras señyales a aquellos sarmjentos o rrastras que faran en la vna parte muchas vuas. E de aquellos faras majuelos o parrales. Quando tu querras plantar nueuos sarmjentos, guarda que enla cabeça del majuelo non aya rres del sarmjento viejo. Car quando lo viejo es podado o corrompido luego se podresçe, & es perdido el majuelo o el sarmjento. Ffuerte deues esqujuar que de las cabeças soberanas delos sarmjentos tu non qujeras plantar, njn atan poco qujeras enxerir. Aquesto es que non tomes enxiertos. Ca ya se sea que sean nasçidos de buen sarmjento & en buen lugar, empero tu deues saber que nunca seran bien fructifficantes. [**3.9.8**] E avn deues saber que ay algunos sarmjentos o brotes que se dizen jampinarij. Aquesto es que habundan mucho en pampano. Los quales nasçen & se fazen en lugar fuerte duro dela parra o dela çepa. E ya se sea que fagan algunt fructo, empero non deuen ser contados en el nombre delos fructifficantes, njn deues fazer majuelo njn enxierto. Ya se sea que tales brotes o sarmjentos en su lugar & tiempo, rremanjentes en la çepa **pueden ser ayudados por la madre, aquesto es por la çepa,** que son mucho fructifficantes. E sy lo tajauas o la trasplantauas, todos tiempos serie esteril & menos de grant fructo. Quando hombre planta sarmjentos o majuelos, non los deue hombre torçer njn cascar la cabeça susana, por tal como la partida sana, la qual es metida deyuso dela tierra, se podriria, [**fol. 64v**] & la parte susana quedaria esteril & exorqua. E deues saber que aquella torçedura que sera fecha al sarmjento da grant trabajo & vexaçion a aquella parte la qual es metida deyuso de tierra antes que aya rrayzes. Ca ella ha contençion & ha entender en meter rrayzes. E le conujene a fazer bjujr porque es estado cascado & torçido & dar la vida sobre la tierra.[37] Los sarmjentos que hombre deue plantar se quieren tajar & plantar en dia plaziente que non faga mal tiempo, synon que el tiempo o el dia sea temprado. E deues guardar que despues quelos sarmjentos & majuelos seran tajados, que luego sean plantados o cubiertos con tierra, por manera que el sol o el viento nonlos pueda desecar.

[**3.9.9**] E deues saber que enlos lugares frios puedes plantar vjñyas por todo aqueste mes de febrero, & avn por todo el tiempo dela primauera, pues los lugares seran vmjdos & los campos seran bien grasos. La mesura del sarmjento o del majuelo deue ser de vn coudo segund quela tierra es grasa o magra. Do plantaras vjñya deues dexar mayor o menor espaçio de sarmjento a sarmjento. Car enla tierra grasa deues dexar mayor espaçio, & en tierra magra menor espaçio. Muchos son que quando plantan la vjñya ordenada mente, es a saber a tajo abierto, dexan espaçio de tres pies de vna vid a otra. E segund aquesta doctrina, basta a vn jornal de bueyes III mjll & DC sarmjentos o çepas. *En vna mujada de Barçelona de tierra* **entran** *V° mjll & DCXXV sarmjentos. En vna mujada* [**fol. 65r**] *de tierra ay DCXXV* **destrers**, *es a saber XXV°* **destrers** *por cada vn cayre.* [**3.9.10**] E sy por aventura tu querras dexar espaçio de dos pies tan sola mente, han menester **V** mjll CCCCoLXXVI sarmjentos. Quando tu querras plantar vjñya, tu faras por tal manera: tu dexaras aquellos espaçios que te plazera. E de largo en largo tu estiraras vna cuerda. E auras estacas o cañyas o otras señyals blancas. E en cada vn lugar do deuras plantar el sarmjento, tu meteras vna cañya o otra cosa. E por tal forma tu ordenaras toda la tabla do deuras plantar la vjñya. E plantar se ha por orden menos de errada. E en cada vn señyal tu pondras su sarmjento. E sepas el cuento o numero quantos sarmjentos ay seran nesçesarios menos de errar.

[**3.9.11**] E avn deues saber que non deues plantar toda vna vjñya de vn linaje de sarmjentos, por tal quela maliçia de vn añyo que sera contraria a vn linage delos sarmjentos o delas çepas non tire toda la esperança del fructo dela vjñya o delas vendimjas. Mas deues la plantar de IIII° o de V° linajes de sarmjentos o çepas que sean de linage fructificante. E sepas que vale mucho mas que cada vn linage de sarmjentos sea plantado por su cabo & apartadamente, que non sy eran entremezclados vnos con otros, por que es mejor que vna tabla dela vjñya sea plantada de vna natura & la otra de otra natura. E si por aventura non puedes plantar en semble todas las tablas dela vjñya, puedes plantar al menos de X [**fol. 65v**] en XII añyos aquella partida que te querras. E sy las vjñyas seran viejas podras empeltar cada vna tabla o cada vna parte de vjñya apartada mente de vna natura, & la otra tabla de otra natura. E podras lo fazer por semejante manera que como la vna tabla o vjñya leuara, puedes empeltar la otra. E sepas que aqueste rremedio o rrenouamjento de vjñya es fuert ligero & fuert bello & prouechoso. E por tal manera podras aconsegujr en sus tiempos flores & fructos. Es a saber que segunt las naturas delas vuas hauras vuas tempranas & tardanas en diuersos tiempos. [**3.9.12**] Ca non es grant gasto sy en vn tiempo coge hombre la vendimja madura & adelante coge hombre en otro tiempo la otra vendimja quando sera bien madura. E avran los vjnos de diuersos sabores. E seria mucho viçiosa cosa & dañyosa que hombre mezclase en semble la vendimja madura conla otra verde. E seria grant dañyo que la vendimja que es madura temprana oviese a esperar la vendimja que madura tarde. [**3.9.13**] E avn ay otro prouecho que con menor espensa podras coger las vendimjas sy coges la vna tabla despues dela otra por sus granos, como sera cada vna madura por su punto. E cada vno vjno sera puro en su sabor menos de otra mezcla & conseruar sea mucho mejor. E sy por aventura aquesto te semblara cosa difiçil, alo menos non qujeras mezclar en vno todas las huuas [**fol. 66r**] sy non sola mente aquellas que se concuerdan & se rresemblan en flor. Aquesto es que floresçen en semble. E han semejante sabor & maduran a vna.

E aquesto se puede bien fazer & guardar enel plantar dela vjñya sy plantas a tallo abierto. Mas sy plantas a claueras has a meter los sarmjentos a IIII° cayres *ala manera de Ytalia o de Çerdeñya.* [**3.9.14**] E dize el philosofo Columela que como plantaras vjñya deues y meter orujo de vjno mezclado con estiercol. E sy la tierra sera muy magra ala rrayz del majuelo deues meter de la tierra que sea grasa susana & la fagas traher de otro lugar. E deues guardar que el lugar do plantaras el majuelo sea vmjdo conujnjent mente. Empero mas quiere ser seco que non vmjdo. Es a saber que non sea lodoso. E tan sola mente deues dexar al sarmjento dos nudos sobre tierra. E avn deues saber que sy meteras el sarmjento vn poco a traujeso o decantado & sinon agenollaras, que mejor toma & mete rrayzes que sy lo dexas derecho.

[3.10] De plantar trilles o parras, & delos arboles que sostienen las parras.

Si tu quieres hauer & plantar parras, tu deues hauer sarmjentos o rrastras de buen sarmjento que sea bien habundante. E en algun lugar deues los plantar. E que esten ay fasta tanto que sean bien rraygados. Empero deues los trasplantar en vna grant foya [**fol. 66v**] o fuensa que sea çerca de algunt arbol. E deues saber que el lugar o tabla do tu querras plantar los majuelos o parras, antes quelos trasplantes çerca delos arboles qujere ser cauado egual mente fondo dos pies & medio. E como avras cauado asy fondo la tabla, la vegada tu podras compartir los sarmjentos. E daras a cada vno su espaçio non mucho grande. [**3.10.2**] E dexaras suso dela tierra tres nudos o yemas. E dexaras las bien brotar. E despues de dos años que seran bien arraygados, tu los trasplantaras açerca del arbol o en otro lugar do los querras meter. Empero quando los trasplantaras nonlos deues dexar synon vn sarmjento solo, avn que ellos toujesen mas. E tirar les has todos los otros, & todo lo que ay sea aspero & que non sea ljmpio njn bueno. Asy mesmo les cortaras algunas delas rrayzes sy aura algunas que non sean buenas njn bien endresçadas çerca de cada vn arbol. [**3.10.3**] Entre dos fuensas puedes meter dos rraygadas delos sarmjentos. Empero es menester quelas rrayzes delos sarmjentos non se puedan açercar las vnas alas otras. E puedes lo fazer faziendo dos fuensas, vna a cada vna parte del arbol, o dentro de vna fuensa por tal manera [que] tu meteras a cada vn costado dela fuensa vn sarmjento, & en medio de vno & de otro tu meteras piedras grandes. E en tal manera non se **acostaran** las rrayzes. E despues al cabo, es a saber sobre la tierra tu podras ayuntar & açercar en semble los sarmjentos. Magus, vn philosofo, dixo que non deuja hombre finchir de tierra las fuensas el primer año synon que fuesen medio [**fol. 67r**] llenas de tierra. Ca dize que en tal manera los sarmjentos meten mas fondo las rrayzes. E dize que aquesto se deue fazer enla tierra que sea seca. Mas en rregion que sea humjda luego podririan las rrayzes delas çepas, synon eran bien cubiertas de tierra.

[**3.10.4**] Los arboles que son mas conujnjentes para sostener las parras son aquestos; es a saber, poll & **olmo**. E fresno es asaz conujnjente en lugares empero montañyosos en los quales non se pueden criar los polls njn los **olmos**. *Avn se puede plantar alber, salzes & çiruelos & semejantes.*[38] E dize vn sabio, Columela, que de cada vno de aquestos arboles puede hombre criar & plantar en lugar donde non deaya. Ya se sea que pocas rregiones son que non deaya. E de otros que son sufiçientes a sostener las parras. Empero en caso que non deoujese delos dichos arboles, conujene que en aqueste mes de febrero los tresplante hombre sy auran rrayzes, o que faga hombre a manera de estacas. E quelas meta hombre fondo en alguna fuensa, allj do deura plantar los sarmjentos. [**3.10.5**] E sy por aventura tu quieres fazer parral en algun campo enel qual has acostumbrado de sembrar, deues dexar espaçio de XL pies de vn arbol a otro. Por tal que menos de aquesto puedas sembrar aquel campo do avras plantados los arboles conlas parras. E sy la tierra del campo es magra, basta que de vn arbol a otro aya XX pies. [**fol. 67v**] E avn deues dexar espaçio entre el arbol & el sarmjento de vn pie. Ca el cresçimjento del arbol faze grant dañyo al sarmjento sy le es mucho de çerca. E avn deue hombre fazer algunas deffensiones de vergas o de semblantes alos arboles & alos sarmjentos. Por tal quelas bestias nonlos puedan comer. [**3.10.6**] E otra manera ay de fazer rraygar alos sarmjentos, & han rrayzes mas soptosa mente & son aptas para trasplantar. Toma vn cueuano de mjmbres o vna senalla & por medio del suelo del cueuano o por el fondon faz pasar vn sarmjento que este en alguna çepa o parra que tu querras plantar. [**3.10.7**] E finche de tierra el cueuano o senalla. E atalo en el arbol o en tierra çerca dela çepa o parra. Dentro de vn añyo echara rrayzes dentro del cueuano. E al otro añyo podras lo trasplantar, tajando aquel suelo del cueuano. Empero aquel tal sarmjento, ante quelo metas dentro del cueuano, faze vn poco a torçer, por tal que en la torçedura el pueda meter sus rrayzes. E syn dubda puedes lo trasplantar & non ayas dubda que se muera pues lo fazes plantar conel cueuano o senalla do avra echado rrayzes.

[3.11] De las viñyas como se deuen criar.

Las vjñyas se crian en diuersas maneras, segunt diuersas proujnçias & rregiones. Empero aquella vjñya es mucho buena que es plantada en algun [**fol. 68r**] campo plano, & que non sea mucho grande, assi como de enxiertos de arboles, empero puede ser alta de vn pie. E enel començamjento ayude le hombre con cañya *la qual sea atada floxa mente. Solamente que el viento non quebrante el broth o el rramo tierno.* E despues que sera fortificada non ha menester cañya. Otra manera ay de fazer vjñyas; es a saber que hombre ha muchas cañyas al derredor dela parra o dela çepa. E ata hombre los sarmjentos a cada vna cañya al entorno. E los vnos sarmjentos se ligan conlos otros mediante las cañyas. E fazen bella parra rredonda a la manera de Ytalia. Empero el mejor nudrimjento que hombre puede dar ala vjñya, sy es que hombre la dexe bien estender baxo sobre la tierra. Las vjñyas puede hombre plantar en fuensas. Es a saber con claueras o con surcos. *Es a saber a tallo abierto segunt costumbre de Cataluñya.*

[3.12] De podar comunamente vjñyas baxas & altas de tierra.

Enlos lugares frios, & avn enlos lugares temprados en aqueste mes deue hombre podar las vjñyas. E si por auentura son muchas vjñyas; es a saber, que sean situadas a diuersas partidas del sol, deues y tener tal manera quelas vjñyas que son situadas a la cara dela tramuntana deuen ser podadas en la primauera. E las otras que son situadas cara el sol saliente o a medio dia o ponjente deuen ser podadas en octoñyo. E es mucho nesçesario que el podador crie por tal manera la çepa que sea rrobusta & gruesa enel pie. E [**fol. 68v**] que se guarde que a vna çepa delgada & flaca non dexe dos sarmjentos o braços sy non vno solamente. [**3.12.2**] E deues tirar todos los brots o sarmjentos espesos, & los sarmjentos tuertos & flacos. E aquellos que seran nasçidos en mal lugar, & los sarmjentos que vera soterrados o quemados. Todo sarmjento que nasçera en medio de dos braços dela çepa deue ser tirado & cortado por medio. E sy por aventura aquel sarmjento quedara en medio, & el vno de los dos braços se aflaquesçera, conujene que el braço flaco que sea tirado & qujtado. E el sarmjento de en medio que crezca en su lugar. El buen podador deue conseruar los sarmjentos mas baxos, pues que sean nasçidos en buen lugar, por tal que sea rretornada la çepa baxa & pueda ser rrecobrada, & quela faga tornar a vna braça o dos. [**3.12.3**] Enlos lugares temprados o grasos puede hombre dexar sobir mas alto las çepas. En los lugares empero magros o enlos quales faze grant calor o en lugar de montañya o en lugar do faze mucho viento deue hombre criar las çepas mas baxas. E enlos lugares grasos puedes dexar a cada vna çepa dos braços. E avn te digo que bien ha de ser sabio quj sepa judgar & conosçer el poder & la virtut dela çepa, & quela sepa conseruar a largo tiempo. Ca deues saber quela çepa que es bien poderosa & fructifficante & la cria alta nonle deue hombre dexar mas de VIII° vergas o sarmjentos. E aquesto por tal que hombre deue bien [**fol. 69r**] considerar & guardar el pie dela çepa que sea bueno & grueso & quanto puede bien sofrir. [**3.12.4**] E deue le hombre tirar & podar todos los sarmjentos. E sy la vjñya non es vieja, quela quieras rrenouar todo lo que nasçe çerca la rrayz suya o pie. E sy por aventura el tronco dela çepa, sy quier por calor del sol, sy quier por muchas pluujas, sy qujer por bestias que se lo ayan comjdo, sera dentro de sy mesmo cauado o **corcado** o vna partida secada, tu deues tajar todo aquello que sera seco. E vntar con fezes de olio mezcladas con tierra las plagas o llagas que faras ala çepa. E aquesto aprouechara mucho ala corteza dela çepa que se tiene conla çepa & a aquellas cortezas secas que cuelgan enla çepa & en espeçial enlas parras que deues tirar. Ca aquesto ayuda mucho al vjno, que non faze tantas madres njn fargaladas. Hombre deue arrancar vna yerua que es dicha musco, a manera de baço, la qual se faze enlas fuentes [**3.12.5**] & a vegadas çerca delas çepas, ca mucho les es dañyosa. E quando tu querras tajar los sarmjentos dela çepa, quando la podaras tu deues torçer o vinclar ala vna parte los sarmjentos. E la vegada el tajo del sarmjento o la plaga queles faras quedara rredonda. E avn deues tajar & tirar dela çepa todo aquello que fallaras que sera nasçido en mal lugar, & todo aquello que sera viejo. E criaras & conseruaras los sarmjentos nueuos & fructifficantes. E sy por aventura por culpa de malos podadores [**fol. 69v**] seran enlas çepas algunas vñyas o rrastras secas que non auran echado yiemas aquel añyo avn tiraras todas las rramas o sarmjentos que ay seran de dos añyos, & todas las cosas viejas & asperas. Las çepas o vjñyas que hombre cria & qujere que sean altas de tierra, despues que seran altas sobre tierra quatro pies, deue hombre dexar solamente quatro braços prinçipales. [**3.12.6**] E sy la çepa sera magra & flaca que non aura poder, tan sola mente le deue hombre dexar vn braço. E sy la çepa sera poderosa puede hombre dexar dos braços con dos **torias**. E avn deues proueer que todas las **torias** o sarmjentos que criaras para el añyo venjdero non sean todas dela vna parte. Ca sepas quela çepa se secaria dela otra parte do non aurias dexado sarmjentos o **torias** asy como sy lo llamp le oujese ferido. Las brocades que hombre dexa en las çepas que son criadas en manera de parras nonlas deue hombre fazer mucho çerca del sarmjento viejo o duro, njn tan poco enla cabeça del sarmjento nueuo, mas quasi enel medio, **ca** sepas que poco fructo faran, antes lo conuertiran todo en rramas & en pampanos. Mas las brocadas que faras en medio del sarmjento, aquellas fazen mucho fructo & son de grand durada. Quando tajaras el sarmjento, guarda que non tajes dela part del borron o dela yema, njn mucho çerca de aquel, synon vn poco allende, por tal que el agua que sale non faga dañyo al borro.

[3.13] De podar las parras que estan enlos arboles.

[**fol. 70r**] Quando querras podar el sarmjento o parra que es criada enel arbol o semblante lugar, despues quela hauras plantada nueua mente, tu la deues tajar baxo sobrela tierra, que aya sola mente III o IIII° nudos o yemas el primer añyo. E de aqui adelante tu la faras sobir por su punto cada añyo, segunt que conosçeras la fuerça del sarmjento. Assi empero que toda vegada vna verga del sarmjento quede derecha para sobir alto enel arbol. E sy querras auer mucho fructo, criaras muchos sarmjentos baxo. E podras los criar con cañyas mas baxo que non el arbol. Empero toda vegada dexaras puyar la verga prinçipal alto enel arbol. E sepas quelos sarmjentos que son & se tienen enel altura del arbol fazen mucho mejor vjno. Enlas rramas del arbol que son bien fuertes puede hombre acomendar muchos sarmjentos & grant poder, & enlas rramas pocas & flacas no deue hombre acomendar muchos sarmjentos. [**3.13.2**] La manera del podar es atal que tu deues tajar todos los sarmjentos que enel añyo pasado ayan fecho fructo. E el sarmjento nueuo quede. Empero que sea ljmpia & purgada la çepa de todas rramas & brotes & de vinaderas. E es nesçesario que cada vn añyo los sarmjentos delas parras quando las podaras sean sueltos & desligados, por tal que tomen algun rrefrigerio algunos dias. E despues que sean ligados en otro lugar & non enel lugar [**fol. 70v**] primero del añyo pasado. E avn deues por tal manera ordenar las rramas del arbol quela vna non este sobre la otra. Es a saber, quela de alto non este desuso njn en derecho dela deyuso. Ca farian dañyo alos sarmjentos. Quando plantaras olmo o otro arbol para sostener las parras, sy la tierra es grasa puedes la dexar menos de rramas fasta que aya VIII° pies de alto; en tierra magra VII pies. [**3.13.3**] E avn deues guardar que enlos lugares do cahe rrosada o elada cries los arboles que sostendran las parras en tal manera que todas las rramas quelas vnas sean cara el sol saliente & las otras cara el sol ponjente. E aquesto por tal que el sol al medio dia pueda bien ferir enel arbol, & maduran las vuas. E avn deues mas proueer que el sarmjento del arbol non sea mucho espeso; es a saber, que non le dexe muchas vergas o sarmjentos. E avn deues proueer que sy vn arbol de aquellos que sostienen los sarmjentos se moria, que en lugar de aquel pongas vn otro. En lugar de montañya deue hombre criar baxo aquestos arboles para las parras, & enlos lugares planos & humjdos deue los hombre criar mas alto. E guarda que non fagas ligar la çepa con el arbol con mjmbre o con semblante fuerte ligadura por tal quela ligadura nonlos seque njn los dibilite njn los destruya. E avn deues saber aquesto quelas vergas delas çepas que son fuera la ligadura del sarmjento o rrama prinçipal & cuelgan ayuso, atales fazen el fructo [**fol. 71r**] dela parra. E aquellos tales que auran fecho fructo deues podar & cortar. Los otros sarmjentos empero que seran de aca dela ligadura; es a saber, enta la prinçipal rrastra dela çepa, deues conseruar enel añyo segunt que fazen fructo.

[3.14] De podar las vjñyas segund la costumbre de Proença.

Si tu querras criar las vjñyas ala manera de Proença o de Ytalia segunt que he dicho; aquesto es, quelas çepas a manera de trilles o de parras sean ligadas alto enlos arboles, tu deues dexar criar los arboles en quatro rramas, & tu deues criar & escoger los sarmjentos dela çepa o dela parra segun el poder dela çepa & del arbol. E sepas quelas çepas, assi aquellas que hombre faze sobir alto en los arboles, como aquellas que hombre faze estender sobre cañyas, como avn las otras que hombre faze estar sobre sy mesmas, como otras que hombre faze estar sobre palos o otros tochos, todas se deuen podar por vna forma & manera las çepas. Empero el quelas cria baxas & las dexa estender sobre tierra *asy como se faze en Catalunya çerca las partidas dela mar & en otros lugares* se faze semblant ment por falta que han de arboles de cañyas & de palos. A aquellos deue hombre dexar el primer añyo dos yemas o borrons. E enlos otros añyos sigujentes deues les dexar mas adelante. Empero sepas que aquestas çepas tales que se sostienen sobre [**fol. 71v**] la tierra menos de otra ayuda de arboles o de palos deue hombre podar mas corto & estrecha mente mas que non fazen las otras.

[3.15] De la nueua podar.

Dize vn philosofo dicho Columela que enel primer añyo deue hombre dexar la çepa nueua o majuelo solamente en vna verga. E sepas que enel primer añyo non faze a tajar del todo; aquesto es, acurtar segunt que fazen en Ytalia. Antes se deue esperar enel segundo añyo. Ca sepas que sy las tajas o las acurtas enel primer añyo, o del todo se secan o jamas non fructiffican. Antes deues saber que sy tajas del todo la çepa enel primer añyo, la çepa se esfuerça de lançar pampanos o tallos de la verga vieja, asy como deuria meter rrayzes. E aquel brot o pampano todos tiempos fara su poder en fazer pampanos o rramas & non fructo. E por aquesto lo deues dexar fasta el segundo añyo. [**3.15.2**] E la vegada faras por tal manera que en aquel lugar do el sarmjento aura echado yema mas baxa tu le tajaras todo lo viejo que sera mas alto, & de aquellas vergas mas baxas en que aura metido brot. E sera todo en semble, lo duro, ço es el viejo, **& el nueuo**. E el viejo tu le dexaras sola mente vna verga o dos. En espeçial aquellas que seran mas fuertes & rrobustas. E avn deues los brots nueuos [**fol. 72r**] ayjudar & ligar con cañyas quelos sostengan. Ca enel terçer añyo seran mas fuertes & mas rrobustos. [**3.15.3**] E deues saber que quando la vjñya avra IIII° añyos & la tierra sera buena, nj mucho vmjda njn mucho seca, que tu podras criar a cada çepa III braçades. Despues luego quela vjñya sera podada encontinente se deuen tirar los sarmjentos & çarças & otras cosas que pueden enbargar de cauar alos cauadores.

[3.16] De fer morgons en las vjñyas.

En aqueste mes de febrero deues morgonar las çepas. Es a saber, que en aquel lugar do se aura secado algunt barbudo o que fallesçera alguna çepa, que de la mas çercana çepa hombre faga echar alguna verga o rrastra en la manera sigujente. E deues saber que enla vjñya vieja o aborrida, la qual ha a durar luengo tiempo segunt que dize Columella, mucho vale mas que sea rrenouada & rreparada con morgons encolgada enla manera acostumbrada que non que sea la vjñya vacante del todo, & tornando y sarmjentos o barbados nueuos la qual cosa desplaze mucho alos labradores, es a saber, quando hombre faze rrenouar la vjñya morgonando. E sepas que morgon es dicho aquel sarmjento que saliendo dela çepa vieja a manera de arco faze hombre soterrar de yuso dela tierra & queda defuera la cabeça del sarmjento. [**3.16.2**] E dize el philosofo Columella que aquellos tales sarmjentos [**fol. 72v**] & morgons meten muchas rrayzes & dan grant **aflicçion** ala çepa & la debilitan de todo. Porque es nesçesario que los morgones sean tajados de la çepa despues de dos anyos çerca dela çepa nueua; es a saber, enel lugar que comjença el arco. E pueden dexar enla çepa algunos pocos sarmjentos que fazen algunt fructo. E dizen los labradores que sy tajaras los morgones antes de dos añyos, por tal como sus rrayzes non son bien rreformadas njn rraygadas, supitamente & luego se secan & mueren.

[**3.17**] De enxerir las cepas.

En aqueste mes de febrero enlos lugares o rregiones calientes & tempradas comjença hombre de enxerir. E faze se en tres maneras. E las dos maneras se pueden fazer en aqueste mes de febrero. La III manera se deue fazer enel estiu. Las tres maneras de enxerir son aquestas; es a saber o deyuso la corteza, & aquesta es dicha palutxo, o enel tronco, & aquesta se llama tasco que se faze fendiendo, o a manera de enplasto, & aquesta se dize escudet.

E por tal manera deues enxerir el arbor, es a saber el tronco prinçipal, cortadas todas las rramas o cada vna rrama por sy enel lugar que sea bien ljmpio & liso, menos que non y aya algunt golpe o llaga. E deues lo tajar con sierra. E despues con cuchillo bien tajante deues lo alisar. E que noy quede njngunt señyal dela sierra. *E sy qujeres menos de sierra lo puedes tajar con cuchillo.* E guarda [**fol. 73r**] quela corteza del arbol que querras enxerir non sea llagada por la sierra njn por el cuchillo. [**3.17.2**] Despues tu avras vn fierro o palo a manera de tasco que sea delgado. E puedes lo fazer de fierro o de palo o de hueso, & mayor mente sy es de leon. E sotilmente tu lo meteras entre el madero & la corteza fasta tres dedos altraues. E guarda bien que aquella corteza non se rrompa. *Empero yo he visto que algunos fienden la corteza &*

non han mjedo que se rrompa. E luego que avras sacado el tasco tu y meteras el enxierto o empelt, el qual tu deues ya antes auer cortado dela vna parte fasta el coraçon. *Asy empero que el coraçon del enxierto quede todo saluo, que non se deue tocar, & que non sea tanto tajado como seran los tres dedos altraues. E la tajadura del enxierto vaya enta la parte dela fusta del arbol & la corteza enta la corteza del arbol.* E sepas que el enxierto deue paresçer mas alto que el arbol VI o VII dedos al traues. [**3.17.3**] E segunt que el tronco del arbol sera grande, por aquesta tal manera y podras fazer dos o tres enxiertos o mas avante sy querras. Asy empero que del vn enxierto al otro aya IIII° dedos de espaçio. Despues tu deues bien estreñyr los enxiertos con mjmbres o con boua. Despues deues poner desuso dela cabeça del arbol lodo o brago de tierra. *E ssi quieres mezclaras y boñygas de buey, lo qual se afierra & estriñye fuerte mente. E despues sobre todo deues lo cobrir con molsa o limos de agua o con trapos. Empero yo* [**fol. 73v**] *he prouado que sy ay ha mezcladas boñygas de buey conla tierra o brago que non conujene meter otra cubierta, que non teme bañyadura por mucha pluuja que y cayga.* E deueslo fazer por tal manera que sobre el lodo & la ligadura parezcan IIII° dedos los enxiertos, por manera que puedan echar yemas. La segunda manera de enxerir se faze por tal manera, es a saber que despues que auras tajadas las rramas del arbol que querras enxerir, tu ligaras bien estrecho con juncos o con cuerdas el tronco del arbol *a IIII° dedos baxo de yuso dela cabeça. E aquesto por tal que el arbol non se fienda mas avante que non deue.* E fenderas por medio con cuchillo el tronco del arbol que querras enxerir. Algunos saluan el coraçon del arbol ala vna parte. E sacaras el cuchillo conel qual le avras estercolizat. E meteras en medio dela fendedura vn tasco de tocho o de fierro o de hueso. Despues avras dos enxiertos. *E de cada vna parte tu los tajaras cada vno fasta el coraçon. E guarda que non los toques al coraçon. Ala parte dedentro deuen ser mas apremjados que non ala parte defuera.* E a cada vna parte dela fendedura del arbol tu meteras vno delos enxiertos. *E guarda que la corteza defuera del enxierto sea & quede ygual conla corteza del arbol ala parte defuera.* E despues tu sacaras el tasco de la fendedura del arbol por tal quelos enxiertos se puedan bien estreñyr con juncos & consoldar conla fendedura del arbol.

[**3.17.4**] E deues saber que aquestas dos maneras de enxerir çerca dichas, es a saber enla corteza & enel tronco se deuen fazer enel tiempo dela primauera, quando los arboles [**fol. 74r**] comjençan a jnflar para meter yemas. E aquestas dos maneras de enxerir se deuen fazer en luna cresçiente. Avn te conujene guardar quelos enxiertos que meteras enel tronco del arbol sean nueuos. Es a saber, que sean nasçidos del añyo pasado & que sean bien plenos de nudos, en manera que aparezcan que sean bien fructifficantes. E como los tajaras del arbol, guarda que guarden faza el sol saliente & que sean asy gruesos como el dedo menor *sy el arbol o tronco que querras enxerir lo soportara. E sy non, sean dela grosaria que te semejara.* E sy se puede fazer, que sean **forcados** & que ayan muchas yemas, ca aquesto es grant señyal de habundançia. [**3.17.5**] E sy por aventura querras enxerir arbol menor, es a saber que sea pequeñyo, enel qual syn dubda toman mejor & mucho mejor los enxiertos que non fazen enlos arboles viejos & gruesos, tu tajaras aquel arbol pequeñyo çerca dela tierra. E puedes lo enxerir en qual se qujere manera delas dos çerca dichas, empero mucho mas vale la primera manera, es a saber entre la fusta & la corteza quanto en arbol pequeñyo. E deue ser bien estreñydo con juncos o semejantes cosas. E avn deues saber que algunos, segunt que ya he dicho desuso, quando meten los enxiertos enla fendedura segunt la forma dela segunda manera, ellos los meten en tal guisa que la corteza del enxierto este egualmente, & sea con [**fol. 74v**] la corteza del tronco del arbor. Empero sy el arbor sera nueuo & flaco & sera enxertado çerca de tierra, tu lo deues cobrir de tierra fasta el enxierto, que viento nonle pueda quebrar njn la calor del sol nonle pueda nozer. [**3.17.6**] E rrecuenta el Paladio qué vn labrador le conto que sy metia o vntaua los enxiertos con besch que non fuese temprado & quelo metiese enla fendedura del tronco & enel tajo, ffuerte maraujllosa mente faze tomar & aferrar los enxiertos. E ayuntan la vna natura conla otra delos arboles.

[**3.17.7**] Dela terçera manera de enxerir a escudet, es a saber a manera de emplastro, diremos adelante en su tiempo. La quarta manera de enxerir segunt que rresçita el sabio Columella se faze por tal manera. *E puede se fazer en arbol, mas mejor se faze enla çepa. La qual se faze asy.* Tu deues barrenar la çepa o el arbol *con barrena conuenjente segunt la groseza o primeza del arbol.* E deues lo barrenar fasta el coraçon del arbol. E deues lo fazer por tal manera que el forado vaya ayuso. Ca sy es en baxo cognosçeras que toque el forado al coraçon. E tu sacaras la barrena & ljmpiaras bien el forado que non quede y cosa dela barrenadura o serraduras del palo. E auras el enxierto el qual sea rraydo o rredondo de cada parte egualmente. E sea atal que como lo auras rraydo & aprimado que finchas el forado que avras fecho conla barrena. Empero deues guardar que el jnxierto aya vmor, & que solamente aya defuera dos yemas. E la vegada taparas bien el forado con arzilla [**fol. 75r**] o con **çera** o molsa o limo de agua. Por tal manera puedes enxerir las parras que seran comendadas alos olmos o otros arboles.

[**3.17.8**] E rreçita Palladio en **su** libro que vn hombre espanyol le auja dicho & rrecontado vna manera nueua de enxerir priscales menos de cuexcos, la qual cosa el auja prouada ser verdadera. E faze se por tal manera. Tu auras vna rrama de salze larga de dos cobdos o mas avant, & gruesa asy como el braço o mas delgada sy quisieres, ca mejor se doblegara. E por el medio lugar tu la barrenaras con barrena conujnjente. E por aquel forado tu pasaras la planta del priscal que sea nueua, es a saber que sea nasçida en aquel mesmo anyo, tirando le todas las rramas que aura metidas. Asy que sola mente le quede la çima. La qual çima del priscal pasaras por aquel forado que auras fecho enel salze. Despues tu doblegaras el salze a manera de arco. E cada cabeça fincaras en tierra afin que meta rrayzes. Despues tu cobriras el forado del salze con arzilla vanyada con agua o con molsa o limos que se faze enel agua, bien estrecho que non pueda entrar agua de pluuja. E despues de vn anyo que tu veras que el salze se aura encorporado la virtut & rresçebida en sy el sabor del priscal, & el forado sera bien çerrado & consoldado lo vno conel otro, la vegada tu tajaras la planta del priscal ala parte deyuso çerca del arco del salze. E despues cobriras de tierra el arco del salze en manera que aquel [**fol. 75v**] arco pueda meter rrayzes. E non le consientas que meta alto otras rramas sy non tan sola mente la rrama del priscal. O sy querras podras trasplantar todo el arco del salze & cobrir de tierra fasta la çima del priscal. E dexaras sola mente cresçer la rrama del priscal. E sepas de çierto que aqueste atal priscal fara priscos menos de cuexco. Empero deues lo plantar en lugares humjdos & que se puedan rregar, por tal quelos salzes aman mucho el agua que se rrieguen en manera que mejor puedan meter rrayzes. E den nodrimjento ael mesmo & ala rrama del priscal. E quela puedan en sy mesmos encorporar.

[3.18] De fazer oliuares.

En aqueste mes mesmo de febrero en los lugares que son temprados puede hombre plantar oliueras. E sy te quieres puedes las plantar en guareyt en los costados del tu campo. E queles dexes espaçio de X palmos de anchura; es a saber, que dentro de aquel espaçio no siembres rres. E quando seran rraygadas sy no y estan bien, puedes las mudar en otra parte o sy te querras pueden estar en torno del campo do las avras plantadas. E sepas que quando las trasplantaras que seran rraygadas, es menester quelas metas en bon guareyt. E deues les cortar a cada vna la cabeça & todas las rramas. E que non sean mas gruesas de vn coudo & vn palmo. E enel lugar do las plantaras es menester que de primero y fagas vn foyo con vna [**fol. 76r**] estaca. E de dentro del foyo meteras algunos granos de çeuada. E tira todo aquello que fallaras seco. E cobriras las cabeças delas plantas con arzilla vañyada o con molsa de agua que se faze enlos rrios o enlas balsas. E ligalo bien con juncos o con mjmbres. [**3.18.2**] E deues saber que como arrancaras las plantas delas oliueras tu las deues señyalar con almagra o con otra cosa cara del sol saliente. E aquesto aprouecha mucho a todo arbol. E en espeçial alas oliueras. E semejante ment lo puedes fazer quando tajaras las rramas delas oliueras para plantar. E avn deues saber que de vna oliuera a otra deue auer espaçio de XV a XX pies. E deues arrancar todas las yeruas que nasçen cerca delas oliueras. E avn deues saber que cada vna vegada que seran rregadas con agua de pluuja muchas vezes deuen ser entrecauadas fuert ligerament, es a saber que non fazen a cauar muy fondo. E aquella tierra que cauaras en torno deues ayuntar al pie dela oliuera a manera de monton. [**3.18.3**] E sepas quelas oliueras aman mucho tierra que sea mezclada con arzilla bermeja o con arzilla blanca mezclada con sablon que sea gras, o con tierra que sea bien espesa & humjda. [**3.18.4**] El arzilla de que fazen las ollas los olleros deue hombre esqujuar para plantar oliueras. E avn tierra que sea humjda mucho. Aquesto es que todos tiempos y aya humor o agua, & sablo que sea magro & arzilla pura & toda sola que non y aya sablo. Ca ya se sea que ay biuan, empero non multiplican njn aprouechan. E non deues plantar la oliuera en lugar do aya estado **arboz** o enzina. Ca [**fol. 76v**] sepas que muy malas & crueles rrayzes faze & dexa en tanto que todas yeruas & plantas que le sean de çerca asumen & matan. Sy el lugar do querras plantar las oliueras es mucho caliente & que ay fiera bien el sol, deues fazer por manera quelas oliueras esten de cara ala tramuntana. E que esten en algunt lugar alto. O sy el lugar o rregion sera fria deues fazer por manera quelas oliueras esten de cara al medio dia. E sepas que non rrequjeren muntañya alta, sy non mjgançera. Assi como son enla tierra o proujnçia de Sabjna o de **Betica**.

Los nombres delas oliueras son muchos & diuersos segunt diuersas rregiones. *Car en vna rregion se fazen gruesas, & son dichas segunt quelos hombres dela rregion les dizen. En otra rregion son migançeras & son nombradas por otro nombre, & asy delas otras.* Delas quales yo al presente non he cura. Ca todas se comprehenden deyuso el nombre general de oliueras.[39] Mas el libro del Palladio dize quelas oliuas **mas grandes deue hombre conseruar para comer & las oliuas** mas menudas deue hombre diputar para fazer olio & son y prouechosas.

[**3.18.5**] E sy por auentura tu querras plantar oliueras dentro del tu campo en el qual has acostumbrado de sembrar trigo o çeuada, & querras aquello semblant ment sembrar, conujene que dexes espaçio de oliuera a oliuera XL pies, o sy la tierra o campo es magro & enxuto, basta que aya XXV pies de vna a otra. Mucho seria prouechosa cosa sy tu ordenas quando plantaras las oliueras [**fol. 77r**] que todas tengan la cara enta ponjente o a le beche, que es viento suaue el qual en latin es dicho ffauonjum. *Aquesto es ponjente vel zeffirus.* E avn deues fazer por manera quela fuensa o foya do tu plantaras las oliueras rraygadas, que ayan de fondo IIII° pies. E meteras al pie fondo piedras que rretengan humor suya. E sy non has piedras, meteras y arzilla con estiercol mezclada. Si el lugar do tu plantaras nueua ment oliueras es çerrado & çercado que bestias ay non puedan entrar, basta quelas plantas sean bien baxas. Mas sy non es çerrado, es nesçesario quelas plantas sean bien altas que el bestiar non pueda alcançar alas rramas. E sy tu plantaras las oliueras en lugar mucho seco & las pluujas non continuen, conujene que tu las fagas rregar; en otra manera morrien. [**3.18.6**] E sy por aventura en la proujnçia o rregion do tu querras criar oliuar, non ha oliueras de que tu puedas auer plantas, conujene que tu ayas rramas primas de oliueras de otra rregion & quelas plantes & quelas metas en vna era que sea egualmente cauada, fondo de vn pie. E aquellas rramas deuen se tajar dela oliuera con sierra. E despues de çinco añyos que auran echadas rrayzes podras las trasplantar en la manera suso dicha. E sy la rregion es fria, puedes las trasplantar en aqueste mes de febrero. Muchos son que han prouado por experiençia que tomauan las oliueras bordas del bosch. E arrancauanlas con rrayzes & tajauan las rramas en manera quel tronco [**fol. 77v**] non quedaua mas grande de vn cobdo. E plantauan las en vna tabla por tal que como fuesen enrraygadas que las trasplantasen. E asy mesmo las plantauan enel lugar do deujan a quedar menos de trasplantar con mucho estiercol. E aquestas tales oliueras despues que aujan bien tomado & rraygado fazian muchos plançones que podian trasplantar.

[3.19] De plantar arboles fructifficantes, & delos espaçios que deuen auer entre ssi.

En aqueste mes de febrero pueden trasplantar todos arboles fructifficantes. E mayorment enlos guareytes & lugares bien labrados. E en espeçial enlos lugares que estan de cara ala tramuntana. E de cada vn arbol fructifficante entienden a dezir deyuso apartada mente. Mas primera mente diremos aqui de los mançanos. E deues saber que los mançanos aman atal tierra mesma como fazen las vjñyas & los perales & las otras çepas. Portal que se fazen mas bellas & fazen mas fructo & mas bello. Si tu quieres fazer vergel sola mente de mançanos, tu deues ordenar el vergel por surcos *que sean bien fondos IIII° o V° pies.* E de vn surco a otro deues tu dexar espaçio de XXX pies & que sean por orden. *E de vn mançano a otro quando los pondras enel surco o valle fondo que auras fecho, podras dexar espaçio de VIII° pies de vno a otro.* [**3.19.2**] E vale te mucho mas quelos plantes con rrayzes que non en otra [**fol. 78r**] manera. *Empero puedes fazer delas rramas en tal manera: tu auras rramas de mançano. E plantar las has en algunt lugar que se puedan rregar. E como seran rraygadas poder las has trasplantar. E avn sy tu quieres avras fijos de mançanos & con sus rrayzes tu los plantaras. E aquel añyo mesmo o enel sigujente enel estiu a manera de escudete & en aqueste año mesmo podras los enxerir con palucho o con tasco. E despues que seran viejos los enxiertos podras los trasplantar enel vergel enlos lugares fondos & valles. E daras espaçio de vno a otro VIII° o X pies.* E deues assi ordenar que non deues plantar vn mançano chico çerca de vn grande. Mas en cada vn valle o surco vayan los mançanos todos de vn grande. Porque los mayores non beuan o no gasten los menores. E deues te fuerte guardar quelas çimas delos mançanos non sean quebradas conla mano njn mudadas. Ca sepas que non cresçerian. [**3.19.3**] E avn deues fazer tu poder quelos mançanos que trasplantaras sean criados en montañya aspera o seca & quelos trasplantes en lugar llano grueso & humjdo. Si tu quieres plantar rramas de mançano tu las meteras bien deyuso de tierra. Empero pueden estar sobre tierra çerca de III pies. E sy por aventura plantaras dos mançanos juntos enla vna fuensa o foya guarda te sobirana mente que las rrayzes del vno no se acuesten al otro. Ca sepas que gujanos los matarian, segunt que [**fol. 78v**] dize el sabio Columella. Ca mas mucho fructo dan los mançanos que son fechos de los granos delos mançanos que hombre siembra, que non fazen aquellos que hombre planta con rrayzes njn con estaca. E sy la tierra o rregion do plantaras los mançanos es seca deues los ayudar con agua; es a saber, quelos fagas rregar quando sera nesçesario.

[3.20] De cauar & atar las vjñyas & estercolar & entrecauar los arboles.

Las vjñyas & los parrales deue hombre cauar & palafangar en aqueste mes de febrero en los lugares empero que son çerca de mar. E semblant ment sy es costumbre dela proujnçia las puede hombre arar. E por semejante deue hombre ligar las vergas delos sarmjentos o parras antes que non broten. Car sepas que sy quebrantas los brotes grant dañyo se sigue.

[**3.20.2**] En aqueste mes de febrero deue hombre estercolar las olivueras & todos los otros arboles. *Mas yo digo que mas vale en octubre. Por quelos arboles conlas pluujas del octuñyo sienten el prouecho del estiercol.* El estercolar delos arboles se deue fazer en tal manera: tu deues leuar o tirar toda la tierra que es çerca delas rrayzes. E con aquella tierra tu mezclaras del estiercol segunt que te sera visto. E segunt que el arbol sera grande o chico. E despues tornaras en aquel lugar mesmo la tierra conel estiercol mezclada.

E en aqueste mes mesmo deues cauar o entrecauar los arboles & las otras plantas que auras plantadas enlos guareyts. E deues les tirar todas las rramas [**fol. 79r**] superfluas. E aquellas que son de mas & non estan bien. E tirar les has todas las rrayzes que avran metidas enla soberana parte dela tierra.

[**3.21**] De plantar rrosales, lirios, violas, açafran.

Enel dicho mes de febrero puede hombre plantar rrosales. Si qujere quelos plante con rrayzes si quier quelos siembres con simjentes. E qujeren que non sean metidos mucho fondos. La simjente delas rrosas se faze enel boton despues quelas fojas bermejas son caydas. E el boton queda enla rrama del rrosal. E torna bermejo el boton enel octoñyo quando hombre vendimja *& semeja escaramojo de çarça.* E quando son maduros & son por su punto, cognosçer lo has quelos botones o escaramojos aquellos estaran bien bermejos & claros & blandos. E su bermejura sera vn poco fosca quasi morada. La vegada los deues cojer. E deues les sacar los granos & dexar los secar. E podras los **sembrar** enel mes de febrero. Los otros granos gruessos que tienen las rrosas en medio quando han toda su flor no es dicha simjente de rrosas. [**3.21.2**] Los rrosales antigos se deuen en aqueste tiempo entrecauar con açadas chicas & con semblantes açadas destrales que son agudos a dos cabos. E deuelos hombre podar & tirar todo lo que sera seco. E assi mesmo sy son mucho rralos, puede los hombre espessar morgonando. Si tu qujeres auer rrosas tempranas cauaras en torno del rrosal quasi dos palmos. E cada dia tu lo rregaras con agua caliente dos vegadas. E avras rrosas tempranas.

[**3.21.3**] En aqueste mes deuen plantar las cabeças [**fol. 79v**] delos lirios & con grant diligençia deuen purgar & aljmpiar aquellos que ya son plantados. Por tal que non les tire hombre los ojos & queden çiegos. E avn se deue hombre guardar quelas cabeças menores non sean feridas. Ca sepas que si las apartas de la rrayz; es a saber, de la madre o dela cabota mayor & las plantas en otra parte, cada vna fara por su tiempo semblante cabota o rrayz.

Assi mesmo puedes en aqueste mes de febrero plantar violas. *Assi boscaynas como de las otras domesticas.* En aqueste mes mesmo puedes plantar las cabeças del açafran. *Empero en Cataluñya se planta el açafran enel mes de março o enel mes de agosto. E es mejor plantar.* E sy por aventura las violeras eran ya plantadas en aqueste mes de febrero las puedes cauar & entrecauar.

[3.22] De sembrar ljno.

Enel dicho mes puede hombre sembrar la simjente del ljno en tierra que sea bien estercolada & bien guareytada. E deues saber que X muigs o medidas de aquellas bastan a sembrar vn jornal de bueyes. E por tal manera el ljno sallira primo & suptil. E es mucho mejor que otro.

[3.23] De plantar cañyas, esparragos, salzes, genestas, & sembrar murtas & laureles.

Las cañyas deue hombre plantar en aqueste tiempo de febrero & fazer cañyas en atal manera que tu faras cauar las fuensas o surcos do las querras meter no mucho fondo. *Basta que ayan medio pie de fondo.* E plantaras los ojos delas cañyas en manera **[fol. 80r]** que ayan medio pie de vno a otro. E cobrir los has de tierra. E sy la proujnçia o rregion es mucho seca. Conujene que tu las plantes en algund valle humjdo o que se pueda rregar. E sy la rregion es fria, deues las plantar en lugares migançeros. Es a saber que non sean mucho humjdos njn mucho secos. Car asaz abonda que se puedan rregar dela agua dela pluuja que sallira de la villa o dela casa dela granja o de la torre que y sera. E sepas que entre las cañyas quando las avras plantadas podras sembrar simjente de esparragos & nasçeran en semble conlas cañyas. Ca sepas quelos esparragos se alegran mucho & se qujeren nudrir con semblante humor & nudrimjento que fazen las cañyas. E tajar o quemar por la manera & en aquel tiempo que hombre corta o quema las cañyas. E despues fazen a cauar & estercolizar & rregar. **[3.23.2]** E sy el cañyar o las cañyas ya plantadas seran viejas mucho, en aqueste mes de febrero las deues estercolar & aljmpiar les las rrayzes de todo aquello que y fallaras seco o podrido. E avn deues tirar todas aquellas rrayzes que non ayan ojos para brotar.

En aqueste mes de febrero deues plantar salzes & todo otro linaje de arboles que deuen sostener las parras o las çepas que desuso avemos fablado. *Assi como son salzes, polls, olmos, albers & semblantes arboles para sostener.* Semblant mente puedes plantar ginjestas. E sinon has complimjento de ginjestas que puedas plantar, alo menos podras morgonar de aquellas que y son. *E como avras* **[fol. 80v]** *muchas morgonadas podras las trasplantar en otro lugar.*

En aqueste mes puedes sembrar granos de murta & oliuas de laurel en algun lugar labrado. E faran se arboles. E sy ya son sembrados & salidos podras los entrecauar.

[3.24] Delos huertos & de sus clausuras.

Enel començamjento del mes de febrero deues començar de trancar & çerrar los tus huertos. E puedes los trancar & çerrar de bardiça o de çarças, en tal manera segunt que ya auemos dicho de suso enla primera parte del Palladio do tracta de la çerradura delos huertos. *Es a saber que tu avras vna cuerda de esparto. E enel tiempo del agosto quelas moras dela çarça son bien maduras, tu fregaras bien la cuerda conlas moras en manera que se queden bien los granos. E dexaras secar la cuerda. E enel tiempo de febrero tu la soterraras deyuso de tierra no mucho fondo en lugar humjdo o alo menos quela fagas rregar en caso que aguas de pluuja non y continuen. E en su tiempo los granos de las moras & de otras plantas espinosas que seran secadas conla cuerda saliran & brotaran. E dentro de poco tiempo daran clausura & çerramjento.*[40] E sepas que los griegos dizen que sy tomas vna gruesa rrama de çarça, & quela fagas muchos pedaços, & que metas cada pedaço en fuesas o foyos que ayan vn palmo de largo & quelo cubras con tierra en aqueste mes de febrero & quelos fagas rregar & cauar muchas vezes, [**fol. 81r**] en breue tiempo cresçeran & daran çerradura al huerto.

[**3.24.2**] En aqueste mes de febrero deues sembrar la simjente de lechugas. Por tal quelas puedas trasplantar en abril. *Empero en Cataluñya, en espeçial en Barçelona en cada vn mes del añyo puedes sembrar & plantar lechugas.* Semejante mente puedes sembrar cardos & mestuerço, çeliandre, castañyas & ajos. E vlpichs, *que son a manera de ajos.* Assi mesmo como sy los sembrauas en noujembre.

En aqueste tiempo de febrero podras sembrar sajorida. Empero que el campo de su natura sea grasso menos de estiercol. E que sea bien en lugar caliente que y aya buen abrigo & que sea çerca de mar & vale mas. E con aquesta simjente de ssajorida puedes sembrar simjente de çebollas.

[**3.24.3**] Assi mesmo puedes sembrar en aqueste mes las çebollas. E es çierto que la simjente dela çebolla se puede sembrar asy enel optuñyo como enla primauera. Si qujeres sembrar la simjente dela çebolla cada vn grano por sy, es a saber que non los conujene trasplantar, njn las fagas plantar espesas asy como se acostumbra, sepas por çierto quela çebolla se fara mucho bella & gruessa enla cabeça & no fara ssimjente. E si la fazes plantar & la trasplantas quando sera cresçida, sepas quela çebolla fara mas simjente & avra la cabeça menor. E sepas quela çebolla rrequjere tierra grasa que sea mucho fonda & bien labrada & cauada & que se pueda bien rregar & bien estercolar. E deues la sembrar [**fol. 81v**] a eras. E que el tiempo sea bien claro & sereno. E que faga viento cara medio dia o exalochs. [**3.24.4**] Si siembras la çebolla en luna menguante seran pequeñyas & cozientes. Si las plantas en luna cresçiente seran mucho mejores & mas gruesas & mas humjdas & de mejor sabor. E deues saber quelas deues plantar claras. E deuen se muchas vezes entrecauar & estercolar. E sy querras que ayan gruesas cabeças tu les deues tirar todas las fojas. E por tal manera quela humor que puyara alto alas fojas por fuerça desçendera ayuso & cresçera la cabeça. Empero aquellas çebollas que alçaras para simjente deues ayudar alas rramas do meteran la simjente como comencaran, con cañyas o con otros palos, que el viento njn otras cosas non las puedan quebrantar. Quando la simjente dela çebolla es negra, la vegada es señyal que es madura de cojer. La simjente de las coles[41] deues cojer vn poco verde, como es medio madura. E deues la secar al sol.

[**3.24.5**] En aqueste mes deues sembrar la simjente del eneldo enlos lugares frios. E sepas que aquesta simjente del eneldo ama toda rregion fria o caliente. Empero mas le plaze rregion temprada. E qujere se sembrar claro. E sy ha defallimjento de pluuja deue se rregar. E son muchos labradores que quando han sembrado la simjente del eneldo que nonla qujeren cobrir de tierra. Por tal ca dizen & piensan quelas aues nonla coman.

En aqueste mes mesmo de febrero puedes sembrar mostaza & por semejante puedes sembrar simjente de coles. Ya se sea que en cada vn tiempo del añyo se pueden sembrar. La [**fol. 82r**] simjente dela col ama tierra grassa & bien fondo cauada. Non qujeren arzilla seca njn humjda njn quieren tierra sablonosa njn arenosa, saluo sy continuadamente pasaua agua. [**3.24.6**] La col sufre todos tiempos frio & calor. Empero mas les plaze el tiempo frio. Si las plantas cara medio dia mas ligera mente cresçen. E sy las plantas en lugar quelas fiera la tramuntana tardan mucho en cresçer. Empero son mucho mejores & mas sabrosas quelas que estan a medio dia. E deues saber quelas coles aman mucho de ser plantadas en lugares montañyosos. Por que enlos planos non ha montañyas, las deues plantar por los cauallons o crestas delas eras o delos surcos. E qujeren que sean bien estercoladas & muchas vezes entrecauadas. E sy las plantas rralas fazen se mucho bellas & aprouechan bien. E sepas que sy enel tiempo del plantar ha III o IIII° fojas, sy les lanças de suso salgema bien poluorizada & çernjda sobre las plantas delas coles en manera de rroscida que cahe en jnujerno, quela vegada cozeran mas soptosa mente. E rretendran su verdura despues que seran cochas. [**3.24.7**] Dize el sabio Columella quelas coles deue hombre plantar o trasplantar quando ellas son bien grandes. Ca ya se sea que ellas se pongan mas tarde, empero se fazen mas bellas. E dize mas que sy les metes alga de mar en las rrayzes mezclada con estiercol, fazen se mucho bellas. E se tienen verdes continuada mente asy cochas como crudas. E dize que en tiempo de jnujerno las deues plantar quando el sol es bien alto, que el tiempo & el dia se comjença a escalfar. E en el tiempo del estiu deues las plantar quando el sol declina enta ponjente. Por tal quela noche les venga de suso. E deues saber [**fol. 82v**] que sy son entrecauadas muchas vezes & las cubres de tierra que se faran mucho mayores & mas bellas. E avn deues saber que vn linaje ay de coles que es dicho brasica en latino & en Ytalia. La simjente delas quales quando es bien vieja torna en simjente de nabos que asy como deuria dar simjente de coles o plantas, tornan nabos.

[**3.24.8**] En aqueste tiempo de febrero quasi enel començamjento, segunt dize el Palladio deue hombre trasplantar las plantas delos esparragos. E sy menester sera deue hombre sembrar de la su simjente. *E aquesto paresçe amj mas rrazonable de la simjente que non del trasplantar las. Ca ya en deziembre se deuen trasplantar, en espeçial en Cataluñya.* E avn dize mas el libro del Palladio que ael es visto que seria mucho bueno & prouechoso que tu tomes muchas rrayzes delos esparragos saluages E quelos pongas todas en semble en algun lugar o foyo que sea cauado fondo & pedregoso que aya y muchas piedras que tengan la tierra soleuantada. E luego daran fructo en aquel lugar mesmo. E non han menester de otra manera de conrrear njn ayuda. Empero cada añyo los deues quemar o tajar sus rramas. Por tal que muchas vezes fagan fructo. E que fagan mas bellos esparragos. E sepas que aqueste linage de esparragos es mucho sabroso & mejor quelos otros.

[**3.24.9**] Asy mesmo en aqueste tiempo puedes sembrar simjente de maluas. *Ya sea que non conujene sembrar en Cataluñya.*

La menta puedes sembrar o plantar las rrayzes en aqueste mes de febrero, empero en lugares humjdos o que se puedan rregar. E qujere la menta lugar deleytoso, non mucho caliente njn mucho frio. Njn quiere tierra grasa njn [**fol. 83r**] estercolizada.

Ffinojo puedes sembrar en aqueste mes de febrero en lugar semejante deleytoso. E que sea vn poquito pedregoso.

En aqueste mes deues sembrar o plantar espinacas. Es a saber la simjente o las plantas. E deues las plantar en tierra grasa bien cauada fondo o bien menuda menos de terrones. E deues las plantar rralas por tal que se fagan mas gruesas.

Cunella *es vna yerua que non conosçen en Cataluñya, o por aventura es nombrada en otro nombre en Cataluñya.* E dize Palladio que se puede sembrar en aqueste tiempo. E la su manera del criar es asy como de los ajos & çebollas.

Trifolium *es vna yerua que es nombrada en Cataluñya . . .* [42] E en los lugares frios siembrase en aqueste mes. E quiere lugar alegre. E que fiera y bien el sol. E que el campo do lo sembraras sea bien ljmpio & bien estercolado.

[**3.24.10**] Bledos se siembran en aqueste mes. Ya se sea que en todo el estiu los puedes sembrar. E qujeren bien tierra grasa & podrida. E que el lugar sea bien vmjdo. Quando avran IIII° o V° fojas las puedes trasplantar. E que les metas mucho estiercol fresco ala rrayz. E han deseo que muchas vegadas sean entrecauadas & estercolizadas.

[**3.24.11**] La simjente delos puerros sembraras en aqueste mes de febrero. E sy la qujeres fazer segadiz despues de dos meses quela avras sembrado la podras segar quedando enla era do lo avras sembrado. E dize Columella que el porrino **segadiz** mucho dura & se faze mejor & mas bello sy hombre lo trasplanta. Empero cada vegada quelo segaras lo deues estercolar & rregar. [**fol. 83v**] Si quieres quelos puerros ayan gruesa cabeça, los puerros que avras sembrado enla primauera tu los trasplantaras enel mes de octubre *o sy qujeres en jullio o en agosto & son mucho mejores.* E deues los trasplantar en tierra o lugar do fiera bien el sol. E que sea plano & fondo cauado & desterronado & estercolado. Si quieres que toda vegada finque o quede porrino, es a saber planta, *ya se sea que non se acostumbre de fazer en Cataluñya,* tu lo sembraras espeso. E podras lo continuada mente segar las fojas. Mas sy quieres para comer las cabeças *o crudas o cochas en porrada,* tu los deues trasplantar o sembrar rralos. E rrequjeren que muchas vezes sean entrecauados & aljmpiados de yeruas. [**3.24.12**] Quando el porrino que hombre deue trasplantar es tan grueso como el dedo, la vegada lo deues arrancar & tajar la meytat delas fojas & delas rrayzes. E deues lo **trasplantar**. E quele eches estiercol blando & fresco al pie. E deue auer espaçio de vno a otro IIII° o V° dedos. E quando començaran a echar rrayzes & començaran a tomar, la vegada tu los entrecauaras. Por tal manera que el açadon entre mas fondo que non son sus rrayzes. E leuantaras asuso la tierra conlas rrayzes & puerros en semble, por tal que deyuso delos puerros quede la tierra soleuantada & que y pueda echar grant cabeça & gruesa. Jtem sy tu plantaras en vn lugar mucha simjente de puerros atada en vn trapo. De toda la simjente se fara vn puerro fuerte grande & maraujlloso. Jtem sy quando plantaras el puerro tu menos [**fol. 84r**] de fierro meteras enla cabeça del puerro vn grano de simjente de nabo

& lo plantaras, se fara mucho bello el puerro. E sy lo continuas fer sea muy bello.

[**3.24.13**] Enula campana, *o enula, que todo es vna cosa. E es yerua que se dize asi. E ha propiedat contra dolor de vientre. E contra toda tos. E contra asma o pantax. Que sea beujdo el vjno en quela rrayz dela yerua sea cocha.* E plantase en aqueste mes. por tal manera como avemos dicho de suso de plantar las cañyas en tierra bien cauada fondo. E que sean las rrayzes poco cubiertas de tierra. E que aya espaçio de III pies de vna planta ala otra.

[**3.24.14**] En aqueste mes mesmo planta hombre el coltaç *que es dicho platano. E faze grandes fojas.* E planta hombre los ojos delas rrayzes. *Asy como faze las cañyas.* E sepas que rrequiere lugar graso & humjdo. En espeçial quelo puedas bien & muchas vezes rregar. E alegra se mucho que sea çerca fuente o rrio. E la tierra sea qual se qujera con que aya agua continuadamente. E tiene todos tiempos la foja si en tiempo de jnujerno le fazes alguna cubierta quelo guarde del frio. Asy como faze hombre alos limoneros.

En aqueste mes de febrero sembraras comjnos & batafalua en lugar que sea bien fondo cauado & estercolado. E deues lo tener en cura de estercolar. Todas otras yeruas que nazcan entrellas les fazen grand dañyo. E non qujeren que otras yeruas aya entrellas.

[3.25] De los mançanos & delos perales.

Las plantas delos perales puedes plantar en aqueste mes de febrero en los lugares frios. E en los lugares calientes puedes plantar enel mes de noujembre. [**fol. 84v**] Mas sepas que en los lugares que non son njn mucho frios njn mucho calientes, puedes plantar [los perales] enel mes de noujembre. Empero enla tierra do las plantaras que se puedan rregar. E sepas que faran mucha flor. E faran el fructo muy grande & bello. E deues saber quelas plantas [delos perales] desean & nasçen volenterosa mente en semblante tierra que desean las vjñyas. E sepas que sy [los perales] son plantadas en tierra temprada que se ellas fazen mucho mayores que otras & fazen mas fructo. [**3.25.2**] Si las peras del peral son pedregosas o con grimjons que ay falla hombre quando las come, conujene que tu trasplantes los perales en tierra blanda. Ço es que non aya piedras, njn sea pedregosa. *Ca el fructo, es a saber las peras, quasi por mayor partida rretrahen ala tierra do es plantado el peral.* Si qujeres plantar o trasplantar la planta del peral, *sy qujer sea fecha de alguna rrama o que sea nasçida por sy mesma, asy como las plantas que de grado nasçen çerca dela rrayz del peral que hombre llama bordalles,* sepas que atarde auras fructo. Mas sy por aventura tu quieres auer o guardar de la natura de algund buen peral & non qujeres que el su linaje perezca, tu avras de aquellas plantas del peral o bordalles que sean de dos o tres añyos con todas sus rrayzes, por semblante manera que hombre planta las plantas delas oliueras. E faras les grandes fuensas. E cubrir las has de tierra. E tajar las has en manera que solamente queden altas sobre tierra III o IIII° pies. E cortar les has todas las rramas. E sobre las cabeças [**fol. 85r**] quando las avras tajadas tu les pon arzilla vañada. E despues pondras sobre el arzilla vn trapo & dela molsa o ljmo *que se faze en agua, por tal manera como se faze enlos enxiertos & dexaras los cresçer. E por su tiempo faran fructo semblant del prinçipal arbol de donde aura prosçedido. E nonlos calera enxerir. E por tal manera non avran alguna amargor o sabor saluage.* E avn deues saber que sy tu siembras dela simjente o granos delas peras, que nasçeran syn dubda. E son de muy grand durada. Empero non lieuan fructo de grant tiempo. E esto es muy enojoso alos labradores en esperar tanto tiempo alos arboles syn de fructo. Ya se sea quelas plantas que nasçeran de los granos semejaran en todas cosas a los arboles de do seran leuadas las peras. [**3.25.3**] Por tal es mejor cosa que enel mes de noujenbre tu deuas plantar las plantas o bordales delos perales & queles fagas buenas foyas & grandes. E despues como seran bien rraygadas quelas enxieras de otras peras. Empero sepas quelos bordales delos perales synon son enxertados synon sola mente trasplantados faran su fructo. E han aquella mesma dolçor & ternura que aujen las peras de do partieron. Empero sepas que non se saluan luengo tiempo. Antes se podresçen por la grant ternura & humjdad que rretienen. Njn aquellas plantas non son de grant durada. E las peras que se lieuan o son enel peral enxerido de otra natura se conseruan mucho tiempo. Entre peral & peral quando los plantaras deues dexar espaçio [**fol. 85v**] de XXX pies. Los perales son de tal natura que ellos rrequieren que sean muchas vezes rregados & cauados fasta que florezcan. E sepas de çierto que non perderan rres de su flor. Empero es menester que el labrador los ayude. E que tenga cuydado delos cauar & rregar quando floriran. [**3.25.4**] E sepas que mucho les aprouechara sy vn añyo & non otro lanças estiercol alas rrayzes. E que el estiercol sea de buey. E faran muchas peras & mas gruesas & mas pesadas. E algunos echan al pie del peral çenjza dela rroscada. E dize se quelas peras son de mejor sabor.

Njngund hombre non podria nombrar njn dar a entender los diuersos linages que son delas peras njn sus nombres. Ca bien abasta que ayamos dicho como se deuen criar. Si el arbol del peral es mucho flaco, es a saber que es medio seco & non lieua fructo asy como suele, tu los deues bien cauar fondo & descobrir, queles puedas bien veer las rrayzes. E barrenaras la mas prinçipal & la mas gruesa rrayz. E meteras enel forado vna estaca rredonda de teha de pjno & que entre por fuerça enel forado. E sy nonlo quieres descobrir tanto valdra que fagas vn forado enel tronco o pie del arbol conla barrena. E que metas ay el tasco de teha de pjno o de buen rrobre. [**3.25.5**] E sy por aventura enel peral o perales se fazen gujanos. Tu meteras ala rrayz del peral muchas vegadas fiel de buey & morran todos los gujanos. Si quieres que el arbol del peral non este en flor mas adelante de tres [**fol. 86r**] dias. Mete enla rrayz del peral morcas o fezes de vjno bermejo antes que florezca. [**3.25.6**] Si las peras o el fructo del peral sera pedregoso, **aquesto es que han algunos grimjons,** tu cauaras bien fondo el peral. E de las mas baxas rrayzes tu sacaras toda la tierra & tiraras todas las piedras chicas & grandes que y fallaras. E despues tomaras otra tierra bien çernjda & ahechala de las piedras. E tornar la has en aquel lugar mesmo. E sepas que esto le aprouechara mucho que enlas peras non aura piedras sy continuada mente rregaras el arbol del peral.

Enlos meses de febrero & de março puedes enxerir el arbol del peral enla manera que de suso avemos dicho do avemos fablado de enxerir. Es a saber con tasco, fendiendo el tronco & con palucho, de yuso la corteza. El peral puedes enxerir en mjlgrano saluaje. E muchos lo enxieren en almendro o en espjno blanco segund que dize Virgilio, o en aru o en fresno o en membrellar. E algunos dizen en mjlgrano bueno & domestico. Empero deue se fender el tronco del mjlgrano & non poner enla corteza. [**3.25.7**] El enxierto del peral del qual deues enxerir antes del sol estiçi; *es a saber, antes del mes de setiembre, que es sol estiçi de jnujerno,*[43] deue ser el dicho enxierto de aquel mesmo añyo. Empero antes quelo metas deuesle tirar las fojas. E todo aquello que y sera tierno de aquel añyo presente. *Aquesto se deue entender de aquellos enxiertos* [**fol. 86v**] *que querras fazer antes del sol stiçi yemal. Es a saber antes del mes de deziembre. E antes de mediado deziembre. Ca la vegada es el sol stiçi de jnujerno. E los enxiertos delos perales avn tienen fojas & brotes tiernos. E la vegada es el sol stiçi ynuernal.* E sy querras enxerir de los enxiertos delos perales despues del sol stiçi yuernal fasta por todo febrero o março, la vegada deues auer enxiertos que esten çerrados las cabeças sobiranas do suelen meter la flor o brot los enxiertos. E deues saber que tu puedes enxerir enlos arboles de suso dichos de qual se quiere linage de peras.

[**3.25.8**] Las peras se deuen cojer en bel dia & claro & luna menguante. Es a saber de la luna XXII fasta la luna XXVII. E avn deues saber quelas peras despues que son bien asazonadas. Sy las quieres para guardar deues las coger conla mano de la segunda hora del dia fasta la qujnta hora. E de la VII ª hora fasta la X ª hora. E deues las apartar de aquellas que cahen del arbol & tienen golpe. E las peras para guardar qujeren ser enteras & mas duras que blandas & vn poco verdes. E deues las meter en algund vaso de tierra envernjzado. E que sea bien çerrada la boca del vaso. E despues sea soterrado deyuso de tierra, quela boca del vaso vaya ayuso. E sea todo bien cubierto de tierra. E el lugar do lo soterraras quiere ser tal que todos tiempos pase agua. E saluar se han mucho tiempo. [**3.25.9**] E avn sy qujeres conseruar aquellas peras que son [**fol. 87r**] duras asy de dentro como de fuera, tu las mete todas ayuntadas en vn monton. E como se començara a escalfar & ablandesçer, la vegada tu las meteras en vn vaso envernjzado & despues çerraras la boca del vaso con yeso. E soterrar lo has non mucho fondo en lugar do fiera bien el sol. E saluar se han bien. E muchos son que asayan bien saluar & guardar las peras metidas entre las pajas o entre trigo. E conserua se. Otros guardan las peras en tal manera. Ellos cojen las peras con sus peçones & metenlas dentro de vasos de tierra enuernjzados. E çierran bien las bocas con algez o con pegunta. E sotierran los vasos en lugar do les toque la serena & el sol. E cubren aquellos vasos con sablo o arena. E guardan se grant tiempo. Algunos toman las peras & meten las en vn grant vaso lleno de mjel. E es menester que non se toquen las vnas conlas otras & guardan se. Otros cojen las peras. E fienden las por medio & limpian las del coraçon & de los granos. E secanlas al sol & guardan se. [**3.25.10**] Otros fazen asi, que han agua salmorra & meten la al fuego. E quando comjença a ferujr espuman el agua con brumadera. E lieuan el agua salmorra. E dexan la rresfriar. E quando sera rresfriada metan y las peras todas enteras. E dexen las ay estar vn poco. E despues saquen las peras & dexenlas bien enxugar. E quando seran enxutas, metan las dentro de vn cantaro de tierra envernjzado & tapen le la boca [**fol. 87v**] bien con algez. E conseruan se assi por grand tiempo. Otros fazen assi, que toman las peras enteras. E meten las en agua fria salmorra. E dexan las estar ay por vn dia & vna noche. E despues meten las en agua dulçe. E dexan las ay estar por dos dias. E maduranlas bien entre las manos. E despues echan las en arrope o en vjno de pansas o en vjno dulçe. E conseruan se por grant tiempo.

[3.25.11] De fazer vjno de peras & vjnagre de peras.

Las peras meteras en vn saco bien rralo. E cascar las has vn poco. E despues pondras sobre el saco vn peso; *es a saber, alguna viga de fusta o alguna grant piedra pesada. Ca por la su pesadura faze salir liquor de las peras.* La qual liquor es asi buena a beuer como vjno. E aqueste tal vjno dura sola mente enel estiu. Ca quando comjença el ynujerno torna agro. Si qujeres fazer vinagre de peras, tu tomaras las peras de los perales saluages o que son bien asperos. E guarda que sean maduras. E ayuntar las has en vn monton todas en vno. E dexar las has asy estar por tres dias. E despues mete las en vna jarra o otro vaso. E echaras ay agua de fuente o de pluuja a tu querer & ataparas bien el vaso & dexar lo has asy estar por treynta dias. E sera fecho vinagre. E sepas que atanta **[fol. 88r] vinagre** como dende sacaras atu querer que otra tanta agua puedes tornar enel vaso que el vinagre del vaxillo non valera menos.

[3.25.12] De fazer liquor de peras.

Liquor de peras que se llama **castimonjal**. *Aquesto es que confuerta el coraçon & el estomago. E da apetito de comer. E rrefrena la voluntad de luxuria.* E se faze en tal manera: tu avras las peras que seran bien maduras. E pisalas enteras con sal gruesa. E despues que seran bien pisadas, en manera quela pulpa se departa del coraçon, toda aquella pasta meteras en cubos chicos o en vasos de tierra envernjzados. E dexar las has estar asi por tres meses. Despues aquella pasta meteras en algun saco o capaço. E este colgado por manera quela liquor pueda correr enlos vasos. La qual liquor es mucho buena sabor. E es de color blanca. E sy quieres que aya mejor sabor & color, enel tiempo que pisaras las peras conla sal, sy tu y mezclas vjno bermejo avra mejor color aquella liquor.

[3.25.13] De las mançanas.

Enlos meses de febrero & de março plantaras los mançanos. Empero sy la rregion es caliente & seca puedes los plantar en otubre & en noujembre. De los mançanos son diuersas naturas por lo qual seria viçio & superfluydat qui asy las querria **[fol. 88v]** escriujr. *Ca en vna proujnçia las vnas maneras de mançanas han vn nombre. E en otra proujnçia aquellas mesmas han otro nombre.* Mas sepas que las mançaneras comun mente aman & rrequieren tierra grasa & humjda. *Asy como son los prados.* Sy quier que se puedan rregar. E sy la tierra es **arenosa o** arzillosa conujene que sean rregadas muchas vegadas. E sy las plantas en lugar de montañya; es a saber, do faze grant frior, conujene quelos tu plantes en lugar que el sol de medio dia los pueda bien ferir. E sepas que se fazen bien & aman la tierra fria. E sy la rregion es plaziente; es a saber, que non es mucho fria njn mucho caliente tan bien se fazen bien. E toman bien. Por bien que el lugar sea aspero & pedregoso, sy quiera humjdo, con quela rregion sea temprada. Quando la tierra enla qual los plantaras es magra & seca, la vegada las mançanas son corcadas & se cahen del mançano que noy quedan. [**3.25.14**] Enel arbor del mançano puedes enxerir de todos & semblantes arbores & naturas de arbores que puedes enxerir en perales. E deues saber que el mançano desea mucho que non sea arado njn cauado. Por que los prados que non se labran njn se cauan le son mucho plazientes & conuenjentes. E deues saber quelos mançanos non desean estiercol. Empero sy son estercolados mucho, mas se alegran. E semblant ment fazen sy les metes **ala raiz** çenjza mezclada [**fol. 89r**] con poluo de tierra. E aman que sean rregados conujnjent ment. E rrequieren que sean podados. E mayor ment queles sea tirado todo lo seco. E todo lo que sera malo. *Es a saber algunas vergas que meten grant ergull.* [**3.25.15**] Atal arbol luego enuegeçe. E sepas que en su vegez sale de linaje. Es a saber que non faze semejante fructo que fazia en su juuentut.

Si las mançanas cahen del mançano fenderas por medio la su rrayz prinçipal. E en medio dela fendedura tu meteras vna piedra chica. E la vegada enel mançano se tendran las mançanas. Si tomas la fiel del lagarto verde & vntas las çimas del mançano non se podresçen las mançanas. *E ya sea que el libro non dize en qual tiempo se deue vntar, yo digo que mas vale antes que metan brots. Ya se sea que en aquel tiempo non se fallen lagartos. Es a saber en febrero por que es mas conujnjente cosa que se faga en mayo o en juñyo quando se fallan lagartos.* E sy por aventura enel mançano se faran gujanos & corcones que se suelen fazer, ayas estiercol de puerco & mezcla lo con orina de hombre o con fiel de buey o de brufol. E vnta el lugar do seran los gujanos en la mançanera. E luego morran. E sy por aventura los gujanos son en muchas partes del arbol. La vegada avras vn escupro o grafio de cobre o de alambre. E despues que vna vegada seran rraydos noy tornaran. [**3.25.16**] Si el arbor del mançano es mucho rralo que non [**fol. 89v**] tenga muchas rramas, si lo estercuelas conel estiercol **de buey**, sepas que se espesara mucho. E sy el mançano aura sobre sy muchas mançanas & las rramas seran mucho cargadas, deues las entreelegir & tirar aquellas que veras corcadas o defalljdas o viçiosas, por tal que el nudrimjento del arbol venga todo a aquellas mançanas que quedaran buenas. Segunt que ya es dicho de suso.

[**3.25.17**] Del arbor del mançano puedes enxerir en todos semblantes arboles que puedes enxerir el peral. Assi como de mançano en peral, ***en arny*, en aranyoner, en çiruelo en seruera, en priscal,** en platano o colcaz, en poll & en salze. E todo aquesto se deue fazer en febrero o en março. *E yo digo que el enxierto del mançano en Catalunya non toma en todos los arboles dichos sy non en algunos. Mas sy qujeres ensayar en todos, puedes lo fazer.*

Las mançanas que querras guardar conujene quelas coxgas con diligençia & suaue mente. E que sean puestas sobre alguna estora de vergas o de cañyas o de mjmbres. E deuen estar en casa o camara oscura que noy entre viento njn sol. E sobre aquestas estoras deues poner paja. E son algunos que sobre aquellas estoras fazen montones delas mançanas. E el vn monton es apartado del otro. E tales montones muchas vezes se deuen trasmudar & departir que el vno non se toque conel otro. Otros son que meten las pomas sobre las estoras separadas & apartadas quela vna mançana [**fol. 90r**] non toque ala otra. Otros las meten en vasos de tierra envernjzados & atapan les bien las bocas que noy entre agua con algez o semejante cosa. E guardan se bien. Otros vntan con arzilla o con greda los peçones delas mançanas. E sobre tablas de fusta estienden paja. E sobre aquella paja meten las mançanas. E despues cubren las con paja & saluan se. [**3.25.18**] Mançanas rredondas que se dizen en Ytalia orbiculata menos de trabajo se pueden saluar todo el añyo. E algunos meten las mançanas en vasos envernjzados. E tapan bien las bocas delos vasos & meten los en pozos o en çisternas & guardan se bien. Otros cojen las mançanas suaue mente conla mano. E vntan los peçones con pegunta caliente. E meten las ordenadamente sobre tablas de fusta. E sobre fojas de nogal, que meten de primero sobre las tablas de fusta. E muchos son que derraman sobre las mançanas fojas de polls o de avets. [**3.25.19**] E sy tu quieres saluar las mançanas, deues las meter por manera quelos peçones delas mançanas esten abaxo & la flor sea alta quando las ordenaras sobre la fusta. Nunca las toques synon quando las avras nesçesario para comer. De las mançanas se faze vjno & vinagre por la manera que desuso es dicho delas peras.

[3.25.20] De membrellares.

[**fol. 90v**] Muchos son que han dicho diuersos tiempos en los quales hombre deue plantar los membrellares. Empero yo Palladio digo que he visto en Ytalia çerca de Rroma quelos plantan enlos meses de febrero & de março. Si tomas las plantas delos membrellares rraygadas que tengan rrayzes & las plantas en alguna huerta, sepas que enel segundo añyo fazen fructo. E sy las plantas del membrellar seran grandes & antiguas & el lugar do las plantaras sera seco & caliente, deues los plantar enla salida de octubre & enel començamjento de noujembre. Los membrellares aman rregion o lugar frio o humjdo. E sy por aventura los plantaras en lugar temprado & que sea mas caliente que frio, es nesçesario queles ayudes con agua con que sean rregados. [**3.25.21**] E que qujeren toda rregion temprada que non sea mucho caliente njn fria. E fazen se bien enlos planos & en montañyas. Empero mas aman los lugares baxos que nonlos altos. Algunos plantan las çimas delos membrellares. E otros las plantas o rramas. E cada vno de aquestos fazen a tarde fructo. Los membrellares se deuen plantar asy rralos & lexos el vno del otro quelas gotas dela pluuja que cahen de las fojas del vno no toquen al otro. [**3.25.22**] Mientra los membrellares son chicos los deue hombre estercolar. Mas despues que son grandes, deues meter enlas rrayzes çenjza de bugada o poluo de arzilla o de greda vna vegada enel añyo. E sepas que con aquesto faran el fructo mucho mayior & mas bello. E avra mayor humor & sera luego maduro. [**fol. 91r**] E son que se desean rregar, en caso que la pluuja les fallesçiese. Enlos lugares calientes quieren se entrecauar enel mes de octubre & de noujembre. E enlos lugares frios los deues entrecauar en frebrero & en março. E sepas que sy nonlos entrecauas muchas vezes que el membrellar sera esteril & exorch. E el fructo non sera atal como deue ser. E se rrequjere que sea podado segund que yo Palladio he prouado. E deuen le ser tiradas todas las rramas secas & corcadas & maluadas & viçiosas. *E deuen les ser descabesçadas las çimas altas nueuas de aquel añyo.*

[**3.25.23**] E sy el membrellar sera enfermo. Tu deues aver morcas de olio & a tanta agua dulçe. E deues lo meter en su rrayz. E que ayas cal biua mezclada conel poluo dela arzilla & de greda. O que ayas rresina locularis mezclado con alqujtran. E que vntes la cañya del arbol & aprouechara le mucho. E avn sepas que sy tu descubres bien las rrayzes del membrellar, & enlas rrayzes tu le metes algunos membrillos maduros que sean senares III o V° o mas adelante, segunt que el arbol sera grande o chico o mediano, & quelos cubras con tierra, sepas que el membrellar se mejorara mucho & fara mejor fructo. E sy aquesto fazes cada añyo sepas que el arbor del membrellar sera guarido de todo viçio. Mas empero non durara luenga mente.

[**3.25.24**] E deues saber que los membrellares se enxieren enel mes de febrero. E enxieren se mejor enel tronco, es a saber con tasco. E non con escorça. E toman en sy todo enxierto de mjlgrano, de çiruelo, & de todos [**fol. 91v**] otros pomos o fructales que sean mejores. E sepas que quando son viejos los membrellares & tienen suco enla corteza, los deue hombre enxerir. E sy por aventura es viejo el membrellar, lo deues enxerir çerca la rrayz. Ca mejor se faze & ha mayor ayuda. E asy la corteza como la fusta dela tierra que le es de çerca queles da mayor humor.

[**3.25.25**] Los membrillos deues cojer quando son bien maduros. E pueden se guardar en tal manera. Es a saber quelos metas entre dos **tejas**.[44] E çierras las bien con lodo de dos partes. E guardar se han por grant tiempo. E avn sy tu los cuezes en vjno de arrope o en vjno de pansas ellos se guardaran grant tiempo. E avn sy quieres guardar aquellos que son mas gruesos & mayores, deues los enboluer en fojas de figuera. E muchos son los que meten los membrillos en lugar do non pueda entrar ayre njn viento & guardanse. E algunos fienden los membrillos en quatro partes con vna esquerda de cañya o de bori. E sacan de cada vna parte el coraçon & aquello que non es bien ljmpio. E metenlos en vaso envernjzado lleno de mjel. E menos de cozer saluan se. [**3.25.26**] **Otros meten los ay todos enteros** & deues saber que quando hombre los quiere saluar con mjel que hombre deue tomar & escojer los mas maduros. E otros los saluan **entre mjjo & otros** entre paja apartados vnos de otros. Otros los meten en cubas o vasos llenos de mosto o de vjno viejo. Otros los saluan en arrope en manera que todos los membrillos esten bien cubiertos. Otros los meten en vjno nueuo & tapan bien las botas. E dan al vjno muy buen olor. Otros los saluan dentro de vna jarra o vaso envernjzado de tierra [**fol. 92r**] que sea lleno de algez seco que sea mucho bien picado & çernjdo con çedaço, mas non y metan agua. E que esten apartados que vno non llegue a otro. E asy se saluaran.

[**3.25.27**] **De garroferas.**

Las garroferas deues plantar en febrero o en noujembre. E puedes las plantar dela simjente o grano delas garrofas & de plantas rraygadas. E ama mucho los lugares que son çerca de mar & lugares calientes & lugares planos. Segund que muchas vegadas avemos prouado. E sepas que enlos lugares calientes es mucho fructificante sy es continuada de rregar con agua. E avn sepas que tu puedes plantar estacas de garrofera. Que qujeren grant fuensa & fonda. E puedes las plantar en febrero, segund que algunos dizen en çiruelo o en almendro. Las garrofas puedes guardar buen tiempo & grande sy las dexas estar sobre astoras de vergas o de cañyços.

[**3.25.28**] **De morales.**

Grant amjstança han el moral & la çepa o el sarmjento. Los morales se fazen de los granos de las moras quando son bien maduras. Mas sepas quelas moras que son de grano no son buenas njn son semblantes en fructo njn en vergas alas otras que se fazen de estacas gruesas o delas çimas o rramas del moral. Empero mejores se fazen de las estacas gruesas que ayan vn pie de luengo. E que sean doladas & [**fol. 92v**] egualadas de cada vna partida. E que sean vntadas con estiercol de buey.

E deues lo fazer por tal manera que tu faras de fresco los foyos do querras plantar las estacas. E luego las meteras allj asy vntadas con estiercol de buey & con tierra mezclada con çenjza de rroscada. E tu finchiras los foyos & subiras las estacas. E non las deues cobrir mas avant de quatro **dedos**. Aquestas estacas de moral puedes plantar de mediado febrero fasta por todo março. E enlos lugares bien calientes de mediado octubre fasta mediado noujembre. E sy las quieres plantar enla primauera fazen se mucho bellas VIII° dias ala salida de março [**3.25.29**] Los morales aman mucho lugares calientes & sablonosos & que sean çerca de mar. Mas sy la tierra es arzilla pura atarde y qujeren beujr. Quj las rriega muchas vezes & que sean en lugar humjdo no les es prouechoso, ante les es nozible. Ffuert aman & desean que sean muchas vezes cauadas & estercoladas. De tres en tres añyos las deues podar. E tirar del arbol todo lo que es podrido & seco. Si querras trasplantar los morales que sean ya grandes & rraygados. Deues los trasplantar en octubre o en noujembre. E sy las plantas seran tiernas o de poco tiempo rraygadas deues las trasplantar en febrero o en março. E sepas quelos arboles delos morales o moras demandan que ayan grandes foyos & fondos & que ayan grandes espaçios de vnos a otros. Por tal [**fol. 93r**] quela sombra de vn arbol non nueza al otro njn le faga mal. [**3.25.30**] Algunos dizen que el arbol del moral se faze mucho bello sy lo barrenas enel tronco. E que el forado pase de cadavna parte. E que y metas a cada vna parte vn tasco o vn troz de madero rredondo a manera de forado. E que sea el tasco o de avet o de pjno o de lentisco que es mata. Enel tiempo de octubre deues descobrir el moral. E deues le meter al pie madres frescas de vjno viejo. Del moral puedes enxerir en figuera o en semblant arbol. Es a saber en moral. Empero deyuso dela corteza & no enel tronco. Semejante mente puedes enxerir en oliuo. Mas non aprouecha.

[3.25.31] De avellanos.

Avellanos deues plantar de las avellanas con sus cascas. E nonlas deues cobrir de tierra mas avant de grosaria de dos dedos. Empero dize el Palladio que mucho mejores se fazen de plantas rraygadas que non de avellanas sembradas. E sepas que enel mes de febrero las deues sembrar o plantar. E alegran se mucho. E se fazen fuert bellas en tierra magra humjda & fria & sablonosa. Enel mes de julio son maduras las auellanas. *E la vegada las deues coger. Mas en aqueste mes de frebrero las deues sembrar o plantar.*

[3.25.32] De albarcoques.

[**fol. 93v**] En aqueste mes de febrero planta hombre los cuexcos delos albarcoques que en latin son dichos myxa, *o crisomjla.* E plantalos hombre en vna olla de tierra o en otro vaso. E rriegalos hombre muchas vezes, fasta tanto que la planta es nasçida & cresçida. E aman lugar caliente que el sol y fiera bien. E tierra bien cauada & que aya humor conuenjent mente. *E puedes enxerir los en çiruelo o en çarça o en çiruelos que se dizen de roa, que se claman arañyeres en Aragon. E como la planta sera cresçida puedes los trasplantar en noujembre o en aqueste mes mesmo de febrero. Es a saber al cabo del añyo que avras plantados o sembrados los cuexcos.*

De diversos arboles como se deuen sembrar & plantar.

En aqueste mes de febrero puedes trasplantar persi & enxerir persi. *E no todo en semble, los enxiertos & plantas jouenes de quales se quier arboles.* E puedes sembrar los cuexcos delos priscos & duraznos. E semejante mente los puedes trasplantar sy las plantas avran dos o tres añyos & los puedes enxerir. [**3.25.33**] En aqueste tiempo de febrero puedes enxerir njspoleras. E puedes sembrar o plantar cuescos de çiruelas. E plantar plantas de aquellas. E plantas de figueras enlos lugares temprados. E avn puedes plantar **çerueras**. Jtem almendros **puedes sembrar, &** en los lugares temprados **podras enxerir los almendros**; es a saber, enel començamjento de febrero **si el lugar es temprado, mas si es frio ala çagueria del mes de febrer**. *Empero yo digo que mas vale en noujenbre* [**fol. 94r**] *quanto en Barçelona. Que ya a Naujdat comjençan floresçer los almendros.* En aqueste mes mesmo puedes plantar & enxerir los festugueres *que se llaman segunt las sinonjmas pistaçee.* E los castañyos & las esparragueras & los nogales & los avellanos. E todas aquestas cosas puedes sembrar en aqueste mes. E sy nonlos puedes enxerir, es a saber las plantas, puedes sembrar o plantar los cuescos enlos lugares que sean frios & humjdos. E pjnes.[45]

[3.26] De los puercos. Como los deue hombre pensar.

Los puercos masclos que non son castrados deues en aqueste mes mezclar conlas puercas que non son castradas. E deues las escoger que sean grandes de cuerpo & anchas. Empero mas valen los puercos rredondos que non los luengos. E rrequieren auer grant vientre & grandes piernas. E el muxo curto. E el cuello grande & grueso. E que conozcas los sus compartimjentos que son luxuriosos & jouenes de vn añyo. E pueden serujr a engendrar fasta a IIII° añyos. Las puercas deues escojer que ayan los costados largos. E que ayan grant vientre para sostener la carga delos lechones que leuaran en su vientre. Todos los otros mjembros deuen auer semblantes que el puerco masclo o berraco. [**3.26.2**] E enlas rregiones frias deues escojer los puercos que ayan los cabellos negros & espesos. E enlas rregiones tempradas escogeras quales te querras, o blancos o negros o bragados. Las [**fol. 94v**] puercas pueden bien conçebir & parir fasta VII añyos. E deuen començar pasado vn añyo. Ca enel IIII° añyo non paren njn fazen fructo. Mas enel començamjento del quinto añyo comjençan a parir.

E segunt que ya he dicho ellas comjençan a parir enel mes de febrero. Por tal que sus fijos puedan comer de la yerua tierna que sobre viene en la primauera. E queles aya durado fasta quelos trigos sean cogidos, que puedan andar por los rrestrojos. Sy tu has avjnenteza que vendas o cambies los porquezillos que seran nasçidos en febrero, mas soptosa mente se aquexaran de enpreñyarse otra vegada. *E podras auer dos vezes cada añyo de puercos*. [**3.26.3**] E en qual se quiere lugar se fazen bien. E biuen mas mayormente enlos lugares agosos do se ayunta agua de pluuja. E es mejor que enlos lugares secos. E en espeçial sy ha ay copia de arboles fructiferos. Es a saber que ay aya boscaje de arboles que lieuen fructo queles baste de vn añyo a otro. E mayior mente sy en los tales lugares se faze mucho gramen. Ca delas rrayzes del gramen & de las cañyas & delos juncos se crian mucho. E sy en tiempo de jnujerno les fallesçe la pastura, es nesçesario quelos cries con bellotas & castañyas. E las porgaduras delas yeruas & con semblantes cosas. E enel tiempo quelas puercas amamantan los lechones enla primauera, non les deues dar yeruas verdes, njn tiernas. Ca grant dañyo les faria. [**3.26.4**] E avn deues saber quelas puercas nonlas deues ençerrar todas en vno. Asy como hombre faze las [**fol. 95r**] ovejas o otro ganado. Mas deue hombre fazer algunas casetas apartadas dedentro. Enlas quales cada vna puerca pueda estar con sus lechones apartada mente. E guardar de frio aquellos. E aquestas casas *que se llaman cortes de puercos* deuen ser descubiertas. Por tal que el pastor o porquero pueda rreconosçer el numero delos lechones. E avn por tal que sy la puerca se echaua sobre alguno delos lechones & avia peligro, quele pueda ayudar & quele pueda sacar. E quelo acomjende a otra puerca a criar. E como lo aya ençerrado conla puerca, ella lo criara asy propiamente como sy era su fijo propio. E dize el sabio Columella que njnguna puerca non deue criar mas adelante de ocho lechones. [**3.26.5**] Mas yo digo segunt quelo he prouado que **vna** tenja que aya bastament de vianda nj puede criar solament VI lechones; & ya sea que puede criar mas auante. Empero sy mas avante criara, podrian fallesçer ligera mente. Si metes los puercos enlas vjñyas quando borronan & quando la vendimja es cogida fazen aqueste prouecho que buscan las rrayzes del gramen & entrecauan la vjñya.

[3.27] Del vjno de murta.

Vino de murta se faze en aqueste mes de febrero. El qual se faze en tal manera que tu meteras en algunt vaso de fusta X sisters o quarteres de vjno viejo. E dentro del vjno meteras çinco libras delos granos dela murta. E cada dia muchas vezes tu lo menearas & lo mezclaras con vn tocho fasta XXII dias. [**fol. 95v**] E despues colaras aquel vjno por vna toualla de palma. E mezclaras conel dicho vjno colado çinco libras de mjel bien mezclada & clara que se pueda bien mezclar. E avras buen vjno de murta.

[3.28] Del sarmjento, o parra que vale tanto como faze atriaca.

Sarmjento o çepa triagada. Es a saber que ha tal virtut como el atriach ha atal virtut o propiedat que el su vjno o el su vinagre o las sus vuas o la çenjza de sus sarmjentos vale & aprouecha ala mordedura o fibladura de todas bestias venjnosas. E faze se asi: tu avras aquel sarmjento que querras plantar. E ala cabeça mas gruesa tu le fenderas por medio fasta dos dedos de traues, tirando el coraçon de cada parte. E meteras dentro dela fendedura del atriach. E **apretar** lo has estrecha mente. E plantaras aquella cabeça del sarmjento deyuso de tierra. Otros lo fazen asy que meten la cabeça del sarmjento llena de atriach dentro de vna çebolla marina. E plantanlo todo en semble. Otros meten del atriach enlas rrayzes del sarmjento & ha aquella mesma virtud. Empero deues saber quelos otros sarmjentos que tu querras plantar de aquel sarmjento enel qual avras puesto el atriach non avra aquella virtut njn propiedat assi como ha el sarmjento o çepa prinçipal de do los avras tajado. E avn te digo mas adelante que quando la çepa o el sarmjento [**fol. 96r**] enel qual avras puesto el atriach envegeçera, si qujeres que aya aquella mesma virtut, conujene quele continues de meter a cabo de algunos añyos de la atriach. *Ca assi como el sarmjento enuegesçe, asy mesmo la humor & virtut dela atriach se escampa en diuersas partidas dela çepa. E non ha aquella virtut que auja enel començamjento.*

[3.29] De las vuas que non fagan grano de vrujo.

Fuerte es bella cosa de fazer vuas que non ayan algun grano de **vinaça**. E quelas pueda hombre comer menos de enbargo alguno. Asy como sy era todo vna vua. E segunt quelos griegos lo han mostrado se faze por tal manera: tu auras el sarmjento que querras plantar. E fenderlo has por medio. Atantọ sola mente como se deura soterrar deyuso de tierra. E de cada vna parte tu tiraras suptil mente el coraçon con algunt fierro o tocho. E despues tu ayuntaras las dos partes que auras fechas del sarmjento. [**3.29.2**] E boluer las has en paper. E despues con juncos tu las estreñyeras fuerte mente & plantaras aquel tal sarmjento en tierra humjda. E fara vuas menos de granos de vrujo. E sy lo qujeres fazer mas seguramente & non ayas dubda que el sarmjento non biua tu meteras aquel tal sarmjento bien estrecho & ligado conel paper & con los juncos dentro de vna çebolla marina. Por benefiçio dela qual todas las cosas plantadas biuen & toman grant cresçimjento. [**3.29.3**] Otros lo fazen en otra manera. Ellos escogen [**fol. 96v**] enla çepa vn buen sarmjento o verga fructificante. E podan la vn poco larga. Es a saber a dos o tres nudos. E nonlo parten por medio. Mas barrenanla suptil mente con barrena **o otro artifiçio**. E sacan el coraçon de aquel sarmjento por la parte susana fasta el pie del sarmjento o dela çepa prinçipal. E ljmpian la bien que non quede cosa del coraçon, njn de la barrenadura. E despues atan el dicho sarmjento con vna cañya por manera que este derecha en manera que non se pueda caher. E finchen aquel forado que avran fecho conla barrena de vn liquor que es dicha en griego caponcare naycon.[46] *Aquesta liquor no he fallada expuesta en sinonjmas njn en otros libros de gramatica. Njn el libro del Palladio nonla declara en otra manera. Mas he fallado en vn libro del Palladio arromançado que aquesto es opio que es suco de cascallo o papauer. El qual hombre seca al sol. E despues tuestanlo sobre vna pieça de fierro caliente. E torna rroyo. E dize se que es bueno al fluxo del vientre. E alas llaguas de los estentinos. E otras muchas virtudes.*[47] *En espeçial aquesta. Que sy lo metes dentro del sarmjento foradado quele fara fazer vuas syn granos de orujo.* Empero aquel succo *del papauer* faze a destemprar con agua dulçe que sea vn poco corriente. E de VIII° a VIII° dias faze a rrenouelar. Es [**fol. 97r**] a saber que de VIII° a VIII° dias deues tornar a meter en el sarmjento foradado fasta tanto que eche brotes nueuos en los nudos o yemas. Aquesto mesmo se puede fazer enlos mjlgranos por semblante manera que se faze del sarmjento. E avn enlos çerezos. E faran mjlgranas & çerezas syn cuescos segunt que dizen los griegos. E todo aquesto se deue fazer enel mes de febrero.

[3.30] Del sarmjento, o parra que plora mucho.

Las çepas o sarmjentos que ploran mucho quando las podan, en tanto que plorando pierden su virtut & su fructo, los griegos mandan que hombre les faga vn forado o tajo enel tronco. E sy aquesto non les vale, mandan quela mas gruesa rrayz que ayan sea tajada & avra rremedio. E despues deue auer morcas de olio, menos que no y aya sal. E sean cochas o ferujdas fasta tanto que tornen ala mytat & dexalas rresfriar. E vnta la plaga que auras fecha enel sarmjento o çepa. E despues deyuso delas rrayzes tu deues echar fuerte vinagre. E aprouechara a la çepa.

[3.31] De vjno de murta como se faze por otra manera.

Los griegos mandan fazer vjno de murta por tal manera: tu avras los granos de murta que sean bien maduros. E secar los has ala sombra. E despues que seran secos tu los picaras. E tomaras VIII° onças. E meter las has en vn bel trapo de ljno [**fol. 97v**] dentro la bota que sera plena de vjno. E taparas la cubeta o bota. E como y avra estado muchos dias tu sacaras de la cubeta el trapo con los granos dela murta. E vsaras de aquel vjno. [**3.31.2**] Otros toman los granos que sean cogidos syn pluuja. E que sean bien maduros. E quelas murtas sean bien criadas en lugar o tierra seca. E pisen bien los granos. E despues aprieten los. E dela licor que dende sale metan en cada vna ampolla de vn quarter VIII° cucharetas. E sepas que aqueste vjno vale mucho a personas que deuen vsar de medeçinas sçipticas & conforta el estomago. E a aquellos que escupen sangre o lançan sangre. E vale a fluxo de sangre & a toda dissinteria.

[3.32] Que las vuas ayan qual sabor querras.

Si quieres quelas vuas del sarmjento ayan sabor de absçinçi o de rrosas o de violas, o que por sy mesmo nazca tal & con tal sabor, tu avras el suco delas cosas suso dichas. E asy de otros sabores. Tu meteras en vna olla o en algun vaso medio de tierra vno delos sarmjentos dela çepa. E cobriras el dicho sarmjento con tierra. E sobre aquella tierra tu echaras el suco del absçinçi o delas rrosas o violas. O de semblantes cosas. E es menester que sea grant quantidat quasi otro tanto como la tierra. E a manera qujen faze lixia dexaras lo estar fasta tanto quel sarmjento sea brotado. E sy quieres, fasta tanto que sea rraygado. E la vegada [**fol. 98r**] podras lo tajar dela çepa. E plantar las por semejante manera que plantan los otros sarmjentos.

[3.33] Del sarmjento, o parra que faga vuas blancas & negras.

Los griegos dixieron que es cosa posible de fazer que vn mesmo sarmjento o çepa lieue vuas blancas & negras. E muestran lo fazer por tal manera: tu avras dos çepas o sarmjentos que sean el vno çerca del otro.

E que el vno sea blanco & el otro negro. E enel tiempo que podaras las çepas tu les tiraras todos los sarmjentos sy non vno a cada vno. Despues tu suptil mente partiras o fenderas por medio cada vno delos sarmjentos. E tiraras la mytad de cada vno. E la otra mytad ayuntaras, es a saber de cada vno el vno al otro. E faras por tal manera quelos nudos del vn sarmjento vengan iguales conlos nudos del otro sarmjento. E quando los avras asy igualados, tu los cubriras de paper saluant que dexaras lugar alos nudos pordo puedan lançar sus yemas. E despues sobre el paper tu estreñyeras los dichos dos sarmjentos con juncos ***o con otras** fuertes ligaduras*. E sobre aquellas ligaduras cara delas partes fendidas tu y meteras tierra **blanda** *a manera de pasta de ollas o de otra arzilla. E sy quieres aya y mezcladas boñygas de buey.* E de tres en tres dias tu rregaras con agua las çepas fasta tanto que comjençen a echar. E de aquellas yemas saldran vuas blancas & negras. E delos sarmjentos que saliran podras plantar çepas o parras que faran semblantes vuas.

[3.34] De las horas de aqueste mes de febrero.

[**fol. 98v**] Aqueste mes de febrero se concuerda & se eguala en las oras conel mes de noujembre. Segunt que asi es fecha mençion. La tu sombra propia avra enla primera ora XXVII pies delos tuyos propios.
La segunda ora aura XVII pies.
La III[a] ora avra XIII pies.
La IIII[a] ora, X pies.
La V[a] ora, IX pies.
La VI[a] ora, VII pies.
La VII[a] ora, VIII[o] pies.
La VIII[a] ora, X pies.
La IX[a] ora, XIII pies.
La X[a] ora, XVII pies.
La XI[a] ora, XXVII pies.

MARÇO

[**4.16; fol. 99r**] Aqueste mes de março es egual al mes de octubre enlas oras. La primera ora avra la tu sombra delos tus pies propios XXV pies.
La II[a], XV pies.
La III[a], XI pies.
La IIII[a], VIII[o] pies.
La V[a], VI pies.

La VI ª, V pies.
La VII ª, VI pies.
La VIII ª, **VIII º** pies.
La IX ª, XI pies.
La X ª, XV pies.
La XI ª, XXV pies.

[**4.0**] De podar & enxerir & morgonar las vjñyas.
De purgar & alimpiar los prados & rromper & labrar los campos.
De sembrar panjzo & mjllo, con toda su disçiplina.
De sembrar los garuanços.
De sembrar cañyamo.
De sembrar pesoles o aruejas.
De descobrir & cauar los majuelos nueuos delas vjñyas. E ligar los majuelos con palos. E de rreparar las vjñyas viejas. E las çepas **enfermas**.
De las olíueras. Como se deuen rregar con morcas & fezes de olio. E de otra cura & manera.
De sembrar algunas simjentes. E de fazer rrosas. E de estercolar los trigos.
De los huertos. E de los cardones con toda la su manera de conrrear.
De vlpich, *que es ajo saluage*. E de ajos & çebollas. E de cunella, de aneldo, de mostaza, de coles, de maluas, de annoratea, de orenga & oregano,[48] de lechugas, de **vleda**, de puerro, de **taperes** & alcaparras,[49] de coltaç, de sajorida, de mastuerço, de albudeques, de rrauanos, de melones, de cogombros, de esparragos & de sus rrayzes.
De la rruda, de çeliandre & culantro,[50] de calabaças, de bledos, *de serpoll & poliol*, de batafalua, & de comjnos.
De mjlgranas. E de fazer vjno de aquellas. De ponçerer, de nispoler, de figueras & de otros fructos con su disçiplina. Segunt que se conujene alos otros meses.
De comprar bueyes & vacas.
De domar los bueyes saluajes jouenes.
De yeguas, cauallos & sus fijos.
[**fol. 100r**] De mulos & mulas & asnos.
De abejas.

[4.1] De podar & enxerir & morgonar las vjñyas.

En aqueste mes de março en los lugares frios deues podar las vjñyas. Ya se sea que de aquesta materia ayamos largamente fablado enel mes de febrero. E aqueste podar de aqueste mes puedes continuar fasta tanto que los nudos dela çepa comjençen a echar yemas. E en aqueste mes puedes enxerir las çepas o parras, quando las çepas comjençan a lançar el agua espesa, quando son cortadas. E non enel tiempo que echan la liquor agualosa. Empero deues guardar quela çepa o sarmjento que querras enxerir sea firme. E que conozcas que es abundante & bastante a criar a sy mesma & al enxierto. E que non aya en sy alguna cosa seca o viçiosa quela faga secar. La vegada deues escoger los enxiertos que sean firmes & rrezios & rredondos de ojos & de nudos. [**4.1.2**] E a cada vn enxierto bastan III nudos. El enxierto del sarmjento deues tajar o rraher de dos partes atanto como serian dos dedos, en tal manera que ala parte de fuera quede todos tiempos salua la corteza. Algunos non llegan pont al coraçon del enxierto, mas rrahen o tajan el sarmjento del enxierto fasta al coraçon, en tal manera que el enxierto poco a poco pueda entrar dentro en la fendedura dela çepa. E quela corteza del enxierto sea bien igualada & ayuntada conla corteza [**fol. 100v**] dela çepa. E deues saber que el nudo mas alto del enxierto deue venjr bien junto conla çepa. E aquel nudo deue sallir ala parte de fuera. E deues lo bien apretar & atar con mjmbres rremojados. E desuso deues meter lodo mezclado con paja. E avn lo deues cobrir de alguna cobertura que el sol njn el viento nonles pueda fazer dañyo, que non puedan tomar. Aquestos enxiertos se secan muchas vezes por grant calor. [**4.1.3**] Por que en tiempo de calentura conujene que enla tarde tu fagas echar agua sobre la atadura, por tal que el agua aquella les faga grant ayuda contra la calor del sol. Quando vendra quelos enxiertos començaran de echar & la su rrama sera cresçida, conujene que a cada vn enxierto tu metas vna cañya & que fagas los brotes del enxierto por tal que non puedan ser quebrados por viento despues. Empero sy los brots seran duros & firmes, deues quebrar los juncos & atamjentos conlos quales los aujas atados con la cañya, portal que el atamjento que es duro non taje los brots que son tiernos. [**4.1.4**] Otros tienen tal manera enel enxerir delas çepas. Es a saber quelas tajan entre dos tierras. E meten y los enxiertos segund la manera desuso dicha, fendiendo la çepa. E quando la han bien apretada & lançada tierra bañyada o lodo mezclado con paja, cubrenlo de tierra & fazen grant ayuda alos enxiertos. Muchos dizen & es verdat que mucho mas vale enxerir las çepas çerca de tierra que non alto. Ca sepas que con grant dificultat se toman [**fol. 101r**] & biuen aquellos que son alto. E deues saber que enlos lugares frios puedes morgonar las çepas fasta mediado el mes de març̧o, sy qujer a surco o a tallo abierto, sys quiere con claueras segunt que ya es dicho desuso de la manera del morgonar. *Despues enxieren con barrena. Es a saber que barrenan la çepa, segunt que es grueso en dos o tres partes. E en cada vn forado* *meten vn enxierto de sarmjento & cubren lo de tierra. E el enxierto deue ser rraydo de todas partes que non quede de la corteza.*

[4.2] De purgar & alimpiar los prados & rromper & labrar los campos.

Agora deues alimpiar & netear los prados enlos lugares frios. E enlos lugares do acostumbra de neuar o helar. En aqueste tiempo de março deues rromper & labrar las cuestas & montañyas que son grasas. En aqueste mes mesmo deues rromper & labrar los campos que son humjdos mucho & abundantes de aguas. E avn deues tornar a labrar las rropturas que avras fechas enla primauera & avn enel mes de enero.

[4.3] De sembrar panjzo & mjllo, con toda su disçiplina.

En los lugares calientes & secos sembraras en aqueste mes panjzo & mjllo. E rrequieren tierra ligera quasi arenosa syn terrones. E sepas que non solamente en tierra sablonosa, antes avn en tierra [arenjsca] se fazen mucho bien. Assi empero que el ayre del lugar sea humjdo & la tierra sea en rregadio. E sepas que non se alçan de tierra arzillosa njn seca. E qujeren que **[fol. 101v]** muchas vezes sean ljmpiados de las yeruas. V° sisteres bastan a sembrar vn jornal de bueyes.

[4.4] De sembrar los garuanços.

Los garuanços *son de dos naturas. Es a saber blancos & negros o bermejos.* E deuen se sembrar en aqueste mes de março. E qujeren tierra grasa o quele sea humjda. Es a saber que ay plueua. E desean tierra ligera & syn terrones. E antes quelos siembres deues los rremojar en agua por vn dia. E nasçeran mas tost. Vn jornal de bueyes pueden sembrar de III muygs o medidas de Ytalia. E segunt que dizen los griegos sy rremojaras vn dia antes que siembres los garuanços en agua caliente o tibia, valen mas los garuanços & se fazen mayores & mas gruesos. Mucho aman los garuanços los lugares que son çerca de mar. E son mas **tempranos** que sy los siembras en optuñyo. [**4.5**] Asy mesmo sembraras en aqueste mes cañyamo fins ala mytat de março por semblante rrazon que ya desuso avemos declarada enel mes de febrero.

[4.6] De sembrar pesoles o aruejas.

En aqueste mes mesmo puedes sembrar çiçera, que es semblante a çiçercula enla color, saluante que es vn poco mas negra. *Aquestos dos legumbres yo non los he fallado que sean conosçidos en Cataluñya. Mas en algunas sinonjmas he fallado çiçercula ser tomada por pesoles.* E puede los sembrar a surcos, vno & despues otro con que la tierra sea labrada vna vegada sola mente o dos. E de III o IIII° muygs podras sembrar vn jornal de bueyes.

[4.7] De descobrir & cauar los majuelos nueuos delas vjñyas. E ligar los majuelos con palos.

[**fol. 102r**] En aqueste mes mesmo de março deues descobrir & entrecauar los majuelos nueuos dela vjñya. E deues lo asy continuar fasta el mes de octubre. Non solamente por arrancar las yeruas, antes avn por tal quela tierra vañyada por la pluuja non estrenga mucho los brots tiernos delos majuelos. Car grant dañyo fazen alas vjñyas. [**4.7.2**] Enlos lugares frios deues en aqueste tiempo cauar las vjñyas. E deues atar los sarmjentos enlos arboles o cañyas. Empero los brots tiernos delos majuelos deues atar con ataduras blandas. Ca sy los atauas con ataduras que fuesen duras cortarien los brots tiernos. A las grandes çepas deues meter o fincar palo grueso. E alas çepas menores deues ayudar con palo aspero que sea mas delgado. E por tal quela sombra delos aspres o palos non enpezca alas çepas, deuelos fincar ala parte dela trasmuntana. E que sean fincados lueñye dela çepa, por espaçio de vna mano & de medio pie, portal quela çepa se pueda cauar en torno.

[4.7.3] De rreparar las vjñyas viejas & las çepas enfermas.

Algunos son que tajan bien alto sobre tierra las çepas viejas. E cuydan rreparar la vjñya. Mas aquesto es cosa jnvtil & de poco prouecho. Ca sepas que el sol & la rrosada & la pluuja fazen ligera mente podresçer la çepa por rrazon dela grant pluuja que cahera alto enla çepa. Por quela vjñya vieja se deue rreparar en tal manera. Es a [**fol. 102v**] saber, quela çepa sea fondo abierta, fasta tanto quele veas los nudos delas rrayzes. Despues alto sobre el nudo dela rrayz tu la tajaras. E cobrir la has con tierra & estiercol, por tal que non tema la calor del sol, njn el frio del jnujerno. E aquesto se deue fazer de vjñya vieja que sea mucho alta sobre tierra. E quelas çepas sean de buena natura. E con tal manera las çepas meten brots & yemas a manera de majuelos nueuos. E asy la criaras por semblante manera conla que se deue criar el majuelo nueuo. E sy por aventura las çepas dela vjñya vieja seran de mala natura, mucho vale mas que sean enxeridas de otros majuelos o sarmjentos de buena natura. E todas las dichas cosas; es a saber, el tajar entre dos tierras & el enxerir se deuen fazer es a saber en lugares o rregiones calientes enel començamjento de março. E sy los lugares son frios, deuen ser fechas mediado el mes de março.

[**4.7.4**] E sy por aventura algunas çepas avra enla tu vjñya que sean enfermas; es a saber, que se sequen, o seles cahe la vendimja, tu las deues descobrir & cauar en torno. E ala rrayz tu les echaras orjna de hombre que sea vieja o estadiza de muchos dias. E avn sy quieres avras çenjza de sarmjentos o çenjza de rrobre. E mezclar la has con vinagre & meter la has de yuso delas rrayzes delas çepas enfermas & cobraran su virtut. E sy qujeres, corta aquellas çepas enfermas entre dos tierras. E echa y mucho estiercol. E los brotes que lançara, tira los todos saluante vno o dos. Es a saber aquellos que tu veras mas gruesos & mas fuertes.

[**fol. 103r; 4.7.5**] Quando alguna çepa sera ferida de açada o de otro fierro, sy la ferida es çerca de tierra tu cauaras en torno dela çepa. E avras estiercol de ouejas o de cabras & mezclalo con tierra & agua. E vntale bien la ferida. E fazle buen emplastro & sanara. E sy por aventura la ferida sera enlas rrayzes dela çepa, la vegada tu semblante ment cauaras bien en torno dela çepa. E cobriras la ferida conla tierra & conel estiercol.

[4.8] De las oliueras. Como se deuen rregar con morcas & fezes de olio. E de otra cura & manera.

En aqueste mes mesmo de março deues aver cura de las oliueras que son enfermas & non fazen fructo. Es a saber, que tu las deues descobrir. E lançales alas rrayzes morcas de olio en que non aya sal. Alas grandes oliueras deues echar VI mesuras, **& alas mijançeras IIII mesuras**, & alas otras segunt que te querras. E algunos ala rrayz echan paja, otros orina vieja o estadiza de hombre. *En tal manera que tu deues ayuntar* ***en algun vaxillo*** *la orjna tuya propia & de muchos hombres. E quando tendras buena quantidat,* tu la leuaras çerca dela oliuera que non fara fructo. E faras lodo; es a saber, quela mezclaras con tierra a manera de mortero. E ayuntaras aquel lodo al tronco dela oliuera todo en torno. E despues cobriras de tierra aquel lodo. E aquesto aprouechara mucho alas oliueras que son en lugar seco. [**4.8.2**] Quando la oliuera es esteril que non faze fructo, tu barrenaras el su tronquo con barrena dela parte dela trasmuntana cara medio dia. E avras dos pedaços de rramas de oliuera que sean bien fructificantes. E meteras la [**fol. 103v**] vna de la parte dela tramuntana. E otra dela parte de medio dia. E fincar las has bien, tanto como podran entrar, por que muestren que sean atan gruesos, o mas, que non el forado dela barrena. E tajaras delas estacas todo aquello que sobrara & non cabera enel forado, en manera que todo quede egual. Otros meten enel forado dela barrena vna piedra o algunt cuñyo de rrobre o de tea de pino. E tajalos tanto como pueda caber enel forado. E despues tapa bien con tierra bañyada mezclada con paja. Otros son que fincan enla rrayz prinçipal dela oliuera algunt cuñyo, o palo de pjno o de rrobre. E aquesto fazen quando la oliuera mete ergull de rramas, & non ha cura de fazer fructo.

De sembrar algunas simjentes. E de fazer rrosas. E de estercolar los trigos.

Algunos son que en aqueste mes de março acostumbran de entrecauar & estercolar los trigos. En aqueste mes mesmo deues sembrar todos los fructos o pomos de arboles de los quales avemos fecha mençion enel mes de febrero, que se dizen en latin bacce, seu bacarum. *Assi como son oliuas de lor, granos de murta & semejantes fructos. E asy mesmo enel començamjento de aqueste mes faze a estercolar los rrosales.*

[4.9] **De los huertos. E de los cardones con toda la su manera de conrrear.**

En aqueste mes de março deues començar de labrar & **conrrear** los huertos. E deues sembrar el cardon. E desea tierra bien estercolada [**fol. 104r**] & bien cauada & syn terrones. Ya se sea que en tierra grassa se fazen mas bellos. E sy lo siembras en tierra firme; es a saber, que non sea tierra mucho cauada fondo, ayudar les ha mucho quelos topos nonles podran nozer. Ca non cauaran la tierra asy ligera mente. [**4.9.2**] Los cardones deues sembrar en luna cresçiente. E en era que sea ya aparejada. E deues los sembrar fondo por manera que el vn grano sea lueñye del otro medio pie. E guarda quelos granos o simjente delos cardones non sean plantados al rreues. Ca los cardones nasçerian coruos & delgados & duros. E nonlos deues sembrar fondo. Ca basta que tu tomes cada grano o simjente delos cardones con tres dedos. E quelos pongas deyuso de tierra, fasta tanto quelos dedos entren deyuso de tierra, sola mente los primeros nudos delos dedos. E despues que lançes y vna poca de tierra. E tendras los açerca que yeruas non nazcan çerca de aquellos, fasta tanto quela planta del cardon sea rrefirmada. Enel tiempo del estiu sean rregados. [**4.9.3**] Sy qujeres que non ayan espjnas, tu quebrantaras el agullon que fallaras enla simjente. E sy rremojares la simjente delos cardones por tres dias en olio de lor, o nardjno, o en apio, o en balsamo, o en suco de rrosas, o en olio de almastech, & despues esprimjras bien la simjente & la dexaras secar & la sembraras, auran atal sabor como la liquor en que sera rremojada la simjente. Cada vn añyo & cada dia les deues tirar los brots, por tal que el brot prinçipal non valga menos & los brots esten escampados. E deuen se arrancar con vna partida dela rrayz. E aquellos que deues [**fol. 104v**] alçar para la lauor deues ljmpiar de todos los brots. E despues deues los cobrir con tiestos de ollas o con otras cosas. Ca sepas que el sol & la pluuja les fazen grand dañyo & los mata. [**4.9.4**] E contra los topos aprouecha mucho que ayas muchos gatos que esten en medio dela era do seran sembrados. E avn aprouechan mucho paniquezas domesticas. E algunos meten en los forados delos topos almagra o arzilla bermeja destemprada con suco de cogombros amargos. Algunos fazen muchos forados fondos en torno del forado prinçipal do estan los topos **por tal que ayan mjedo dela claror o calor del sol**. Algunos paran lazos de çerdas de bestias, conlos quales toman los topos.

[**4.9.5**] En aqueste mes de març0 sembraras vlpich *que es del linaje delos ajos*. E avn sembraras ajos & çebollas. E cunella enlos lugares frios, & aneldo & mostaza. E avn este mes puedes sembrar simjente de verças. E puedes plantar verças, & maluas se pueden sembrar, & puedes trasplantar las plantas dela orenga. E lechugas & bledos & çebollas & caparras se pueden sembrar, & colcaç & sajorida & mestuerço & jndibia & rrauanos, que son buenos enel estiu.

[**4.9.6**] Melones deues sembrar rralos que aya espaçio de dos pies del vno al otro. E quela tierra sea bien cauada fondo. E sy la tierra sera arenosa valen mas. E qujeren tierra bien estercolada. Si tomaras la simjente delos melones, & por tres dias la rremojaras en leche, & despues la secaras & la plantas, sepas quelos melones seran muy buenos & de buena sabor. E sy por muchos dias fazes estar la simjente delos melones [**fol. 105r**] entre fojas de rrosas secas avran la sabor dellas.

[**4.9.7**] Los cogombros sembraras rralos. E quelos surcos ayan vn **palmo** de fondo & de ancho **tres** pies. E de surco a surco dexaras espaçio de VIII° pies, en manera que puedan estender sus rramas. E deues saber que non los deues entrecauar, njn estercolar. Ante se alegran que aya yeruas açerca dellos. E sy metes la simjente delos pepinos en leche de ovejas ante quela siembres nasçeran los cogombros blancos & largos & tiernos. Si meteras vn vaso con agua deyuso de algun cogombro mjentra cresçe, & que sea luent dos palmos o mas auant, toda vegada cresçera, en tanto que sea conel agua. [**4.9.8**] Si qujeres quelos cogombros nazcan menos de grano o simjente, rremojaras la su simjente en olio de saujna. E despues la fregaras ante quela siembres con vna yerua que se dize culex, la qual deue ser bien molida. E que sea fregada la simjente. Algunos toman la flor del cogombro conla cabeça dela su verga do se tiene. E meten la dentro de vna cañya foradada que non aya nudos, es a saber que todos los nudos sean foradados. E sepas quelos cogombros seran tan grandes como la cañya sera. Si metes olio çerca del cogombro, sepas que por mjedo del olio se doblega & se encorua ansy como vn anzuelo. E deues saber que toda ora que truena se buelue **& tremola assi como si oviese mjedo.** [**4.9.9**] Si metes su flor con su cabo de la verga do se tiene dentro de algunt vaso de tierra & lo atapas, & dexas cresçer el cogombro, tomara toda atal forma como el vaso avra, o toda atal figura de hombre o de bestia como sera figurada enel vaso. Todas aquestas cosas escriujo que eran verdaderas vn philosofo que auja nombre Virgilio Marçial. Columella, philosofo, [**fol. 105v**] dize que enel mes de setiembre que el llama equjnocçio auptunal, que auja çarças gruesas, o cañyas fierlas que fuesen tajadas çerca de tierra. E soterradas en estiercol plantadas & criadas en lugar caliente & de grant abrigo. E que el coraçon sea sacado delas çarças & delas cañyas fierlas con algunt texo & non con fierro. E dedentro dela concaujdad sera metido estiercol. E dentro conel estiercol sembraras simjente de cogombros, que non se secaran por frio. Antes duraran fasta el ynujerno.

[**4.9.10**] En aqueste mes puedes sembrar simjente de esparragos, mediado marco en lugar humjdo & bien cauado fondo & graso. E que sea bien estercolado. E deues los sembrar por tal manera: tu cauaras vna tabla de tierra bien fondo. E despues aplanaras la bien que sea bien plana. E con vna cuerda o ljñya tu las señyalaras a rrallas, en manera que de vna rralla a la otra aya II pies. Despues en medio delas rrallas tu faras fuesas fuert pequeñyas conel dedo. E en cada fuesa tu meteras II o III granos de esparragos. E cobriras los con tierra **con la mano**, en manera que aya poca tierra desuso. E deue auer del vn foyo al otro medio pie. E despues cobriras los foyos & la tierra de estiercol. E deues los ljmpiar de yeruas. E enel jnujerno deuelos cobrir de paja. E despues, que sea tirada enla primauera. E yo digo que a dos añyos faran esparragos. Mas sepas que es mucho expediente que tomes las rrayzes delos esparragos, que leuaran fructo mas tost. [**4.9.11**] E puedes la fazer por tal manera: tu tomaras de la simjente delos esparragos, tanto como podras tomar conlos tres dedos. E quasi mediante febrero [**fol. 106r**] tu la sembraras en vn foyo. El qual foyo tu lo avras fecho cauar muy fondo. E faras ygualar la tierra del foyo la qual sea mezclada conel estiercol mucho. E es menester que non cubras mucho la simjente delos esparragos. E deues guardar que el lugar de sy mesmo sea humjdo. E sy querras por semejante manera podras fazer muchos foyos, & sembrar dela lauor en cada vn foyo, asy como he dicho. E sepas que en su tiempo la simjente delos esparragos que avras sembrada en foyos germjnara & grillara & se tomara en semble. E se ayuntaran todas las rrayzes en vna. La qual llama hombre fongia. Despues empero que por dos añyos tu avras bien rregada

& estercolada aquesta fongia, & rrayz de esparragos, tu trasplantaras enel mes de setiembre. E faze a tresplantar en lugar estercolado & humjdo & de grant abrigo. E sepas que aquella fongia o rrayz, enla primauera dara esparragos. E digo te que aquesta tal manera es de grant durada, mas de grant tardança es, & de grant trabajo, esperar tres añyos auer esparragos. *Por que yo, Ferrer Sayol, tengo por mejor manera la primera de plantar en tabla dos o tres granos de esparragos. Ca enel segundo añyo podras auer esparragos, segunt que yo he prouado.* E avn te digo que puedes plantar o sembrar la lauor delos esparragos en surcos que sean fondo cauados & la tierra bien estercolada. E sy el surco es seco, puedes los sembrar baxo en medio del surco. E sy el surco es humjdo, sembraras la lauor alto en las crestas delos surcos. Ca sepas quelos esparragos & sus rrayzes qujeren que el agua pase solament, [**fol. 106v**] mas que non sy aduerma njn se quede. [**4.9.12**] Los esparragos que la fongia leuara primeros deues quebrar & cojer mjentra son tiernos, por tal quela rrayz, o fongia, tome mayor fuerça & nodrimjento. E sepas que non se deuen arrancar **en el primer añyo mas enlos otros añyos,** por tal que faga lugar alos ojos, o esparragos por venjr. E sepas que sy deste añyo auant los qujebras, & nonles arrancas las rrayzes, que suelen abundar de fazer esparragos. Ço es que los ojos se quebraran & se çerraran que non faran esparragos.[51] E deues cojer para comer aquellos esparragos que se faran enla primauera. E deues guardar aquellos que se fazen enel optuñyo, es a saber aquellos que querras alçar para lauor. E despues cortaras sus rramas quando se començaran a secar. E despues faras entrecauar las fongias o rrayzes delos esparragos. E faras meter sobrellas mucho estiercol & mucha çenjza.

[**4.9.13**] En aqueste mes de marco sembraras la simjente de la rruda en los lugares de grant abrigo o rreses. E sepas que solamente desea que sea cubierta ligeramente con çenjza. E desea lugares altos, que se non pueda aturar agua njn humor. Si qujeres plantar rruda con las capças do esta la simjente, ffer lo puedes con que la simjente y sia. E puedes plantar cada vna capça por sy conla mano. E sy la simjente es salida, siembrala asy como otra simjente. E cubre la ligera mente conel rrestiello. Empero deues saber quelas plantas que nasçeran dela simjente que sera plantada conlas cabças en semble seran mucho mas rrezias & de mayor vigor que nonlas otras. Mas sepas que nasçeran [**fol. 107r**] mas tarde. E sepas que sy tomas delos rramos dela rruda a manera de esquex, & que conlos rramos, o esquexos se tenga vna partida dela corteza dela planta vieja, & plantas aquel esquex enla primauera, & los rregares muchas vegadas, ellos biuran asy como sy eran plantados con rrayzes. E sy trasplantas toda la planta vieja, sepas que luego se muere. [**4.9.14**] E algunos toman los brots dela rruda & fincanlos en vna faua foradada **o en un bulbo**. E metenla deyuso de tierra. E conla humjdat dela faua **o del bulbo** los rramos dela rruda toman & biuen. E dizen avn que mejor biue, diziendo mal o trayçiones quando la plantan. E metiendo ala rrayz dela rruda tierra o pols, o poluo de ladrillos picados, que y biue mucho maraujllosa mente. Empero dizen que mucho maraujllosa mente toman & biuen aquellas plantas que son sembradas & que non sean trasplantadas. E avn deues saber quela planta dela rruda ha grant plazer en sombra de figuera. E non se quiere entrecauar, mas quelas yeruas que se fazen en torno dellas que sean arrancadas conlas manos. E sepas que non qujere que muger jnmunda; es a saber, que aya de su tiempo, la toque. Ca grant dañyo le faze, mayor mente sy la toca desde el mes de marco entro a octubre.[52]

[**4.9.15**] En aqueste mes de marco sembraras çeliandre. E ama tierra grassa. Empero tanbien nasçe en tierra [magra]. E la simjente del çeliandre vale mas quando es mas vieja. E desea que aya humor de agua. E puedes sembrar el çeliandre con toda otra simjente de verças o de espinacas.

[**4.9.16**] Las calabaças sembraras en aqueste mes de marco. Aman tierra grasa & bien estercolada & humjda, o que se puedan rregar a [**fol. 107v**] menudo. Aquesto faze bien saber que la simjente delas calabaças que esta çerca dela cabeça o del copoll dela calabaça fara las calabaças luengas & primas, & la simjente que esta en medio dela calabaça fara las calabaças gruesas, & la simjente que esta enel fondo dela calabaça fara la calabaça ampla & rredonda, si plantas la simjente cabeça ayuso; es a saber que tenga la cabeça prinçipal baxo en tierra. Quando las calabaças cresçen les deues ayudar con tochos o con cañyas, que el viento nonles pueda nozer njn quebrar. Aquellas calabaças que querras alçar para fazer simjente dexaras estar con su planta fasta el jnujerno. E despues deues las arrancar & colgar al sol o al fumo. Ca en otra manera la simjente se podresçeria.

[**4.9.17**] En aqueste mes de marco sembraras los blats en qual se qujer tierra, sea grasa o magra, solamente sea bien cauada. E non desean ser estercolados njn entrecauados. Antes deues saber que pues vna vegada es nasçido que siempre durara; es a saber, quela su simjente es tanta que nonla podras desusar que no y nazca.

En aqueste mes mesmo sembraras el serpillum, que qujere dezir poliol. E puedes lo sembrar del grano o tresplantar de planta. E vale mas quando es viejo, ca sera mas bello el poliol, o sy lo plantas çerca de alberca, o de fuente, o çerca de pozo. Empero que este alto enlos margenes.

En aqueste mes de março puedes sembrar matafalua & comjnos. [**fol. 108r**] E sepas que se fazen mejor en lugar humjdo & bien estercolado, es a saber quela tierra do los sembraras sea bien estercolada. E que sea rregada.

[**4.10**] **De mjlgranas.**

En los lugares temprados puedes sembrar los mjngranos en aqueste mes de março o en abril; enlos lugares que son calientes & secos empero, deues los plantar enel mes de noujembre. Aqueste arbol mjlgrano ama mucho & se tiene por contento de tierra arzillosa & magra. Empero tan bien se faze en tierra grassa. Aquella rregion es ael plazentera & apta la qual es natural mente caliente. *Asy como el rregno de Valençia.* E puedes los plantar de las vergas o plantas que se fazen ala rrayz dela madre, es a saber, de otro mjlgrano. E ya se sea que en muchas maneras se pueda plantar, empero atal manera deues obseruar, es a saber, que tu cortaras vna rrama de aquel mjlgrano que te querras, que sea asy gruesa como el braço. E larga que aya vna braça. E egualaras cada vn cabo dela rrama. E a manera de arco tu fincaras cada vn cabo dela rrama en tierra; es a saber, dentro dela fuensa o clauera que ya avra fecha o cauada fondo. Empero vntaras toda la rrama en cada vn cabo con estiercol de puerco. En otra manera lo puedes fazer: que ayas vna rrama de mjlgrano aguda al vn cabo. E que por fuerça lo fagas entrar deyuso de tierra. [**4.10.2**] E avn vale mas sy la planta tiene rrayzes que aya [**fol. 108v**] tomadas conla madre & la plantas. E sepas que sy metes enla cabeça dela planta quando la plantaras tres piedras chiquitas, las mjlgranas non se abriran quando seran maduras. E guarda bien quelas vergas o rramas que plantaras que sean bien purgadas & alimpiadas. E dizen que sy son rregadas continuadamente que se fazen agras. E deues saber quelos mjlgranos plantados en lugar seco fazen muchas mas mjlgranas & mas plazientes & mejores. Empero sy qujeres que sean gruesas, conujene que y ayuntes alguna humjdat, es a saber quelo fagas rregar en tiempo de grant secura. [**4.10.3**] E quelos fagas entrecauar enel optoñyo & enla primauera. E sy por auentura los mjlgranos son mucho agros, conujene que ayas vn poco de silfium, *que es dicha asa fetida.* E dize lo Palladio que sea mezclada con vjno. E que sea derramada de suso delas çimas delos mjlgranos. E las mjlgranas perderan aquella agrura. O en otra manera, es a saber que tu descubras las rrayzes delos mjlgranos. E que enla rrayz prinçipal fagas vn forado barrenado & que y metas vna estaca de tea de pjno, o que metas enlas rrayzes alga marina, conla qual alga algunos mezclan estiercol de asno o de puerco. E sy por aventura al mjlgrano se le caeran las fojas o flores, ayas orina vieja estantiza de muchos dias, & que sea de hombre. E mezclada otra tanta agua. E tres vegadas enel añyo, es a saber de IIII° en IIII° meses, tu meteras en la rrayz del mjlgrano vna ampolla de aquella orjna mezclada [**fol. 109r**] con agua & tener se han las flores. E avn mas, puedes meter alas rrayzes morcas o fezes de olio en que non aya sal, & tener se han las flores. Otros meten alas rrayzes alga de mar. E rriegan el mjlgrano dos vezes enel mes, & tener se ha la flor. E avn si quando el mjlgrano floresçe, sy tu le fazes vn çercol de plomo & estreñyes bien conel çercol la cañya del mjlgrano, quedara la flor. Otros çiñyen el pie o cañya del mjlgrano con despoja de culebra, & las flores non se cahen. [**4.10.4**] E sy por aventura las mjlgranas se abren o esuaden, mete en la rrayz del mjlgrano vna piedra & non se abriran, o planta açerca del mjlgrano çebolla marjna, & non se abriran las mjlgranas. Si tu torçeras los peçones delas mjlgranas quando estan colgadas enel mjlgrano, sepas que se saluaran todo el añyo. E sy enel mjlgrano se faran gujanos, meteras enla rrayz fiel de brufol o de buey. Luego morran los gujanos. E avn, sy quieres auer vn clauo de cobre & toca los gujanos, que luego morran & non se faran mas adelante. O sy querras, ayas orjna de asno & mezclala con estiercol de puerco. E vnta el lugar do seran los gujanos. Si tu lanças çerca del mjngrano çenjza con lexia, sepas que el se fara muy bello. E fara mejor fructo & mas abundante mente. [**4.10.5**] Dize vn filosofo, Marçial, que sy quieres quelos granos delas mjlgranas sean blancos que tomes arzilla de aquella de que se fazen las jarras blancas. E que mezcles la quarta parte de aljeps. E quelo metas a la [**fol. 109v**] rrayz del mjlgrano, & quelo continues por tres añyos. E cada añyo sea rrenouado en aqueste mes de marpo. Ca sepas de çierto que los granos delas mjlgranas seran blancos. E avn dize aquel mesmo philosofo, que sy tomas vna olla conujnjente de tierra, & la sotierras en tierra çerca del mjlgrano, & metes dentro dela olla la flor do deue auer mjlgrana en semble conla cabeça dela rrama do se tiene la flor, & ligas bien la rrama a algunt palo en manera que non se mueua njn se pueda salljr dela olla, & despues tapa bien la olla, por manera que pluuja non pueda tocar la flor, & asy cubierta dexas estar la olla conla flor fasta en octoñyo, sepas quela mjlgrana que se faze de la flor sera assi grande como la olla, o alo menos sera mucho grande & bella. [**4.10.6**] Mas auant dize el dicho Marçial que sy tomas de la leche, o suco dela letrera mayior que se dize titimal, & otro tanto suco dela verdolaga, & ante quelos mjlgranos comjençen a echar fojas vntas el tronquo o cañya del mjlgrano, leuara muchas mjlgranas de çierto. E sepas que el mjlgrano se puede enxerir por tal manera: es a saber, que tu avras dos mjlgranos, que sean el vno çerca del otro. E tomaras de cada vno vn rramo, mas nonlo tajaras. Mas partir lo has por medio cada vno. E tiraras las cabeças. E la vna parte o mjtat de cada vno, es a saber, tanto como avras fendido o medio partido, despues ayuntaras aquellos rramos en vno. Es a saber que cada vno tenga el coraçon conel arbol & atarlo has bien. *E guarda que cada vna meytat aya **IIII o VI** nudos do pueda brotar. E fazen bien tener açerca que todos los otros brots delas rramas sean* [**fol. 110r**] *tirados, sinon sola mente de aquellos nudos que seran en semble ayuntados, sy qujer sean dos o muchos.* Sola mente puede se enxerir en sy mesmo. Es a saber, en semejante arbol de mjngrano. E non en otro arbol. E deuese enxerir en la çagueria de març̧o. *Empero yo Ferrer Sayol digo que se puede enxerir en abril o en mayo. E avn fasta mediado juñjo, por como lo he prouado.* E deues saber que enel mjlgrano ha fuerte poca vmjdat, porque conujene que quando querras enxerir al mjlgrano quele cortes el tronquo. E quelo fiendas por medio. E que soptosa mente metas el enxierto. El qual non deues tajar del arbol fasta tanto que non te conuenga, synon tajar el enxierto & meter enla fendedura. *E yo Ferrer Sayol digo que por tal manera de mjll enxiertos non biujrian diez. Ca por fuerça se ha adelgazar en cortar & acurtar los enxiertos. E por poco que se adelgaze se pierde la su humor. Por que vale mas el otro enxerir que yo he visto fazer & fecho & prouado. El qual se faze por tal manera, es a saber enxerir a palucho. Tu tajaras el mjlgrano que querras enxerir que non aya rrama alguna, sy quiera sea viejo, sy quiera sea jouen & sy qujer grueso o delgado. E tajar lo has alto o baxo como te querras. E tajando egualaras con cuchillo bien tajante el cabo que auras tajado. E en aquella fendedura tu meteras el enxierto. E otros enxieren a escudet por tal manera: en derecho del nudo que te sera bien difiçil de cognosçer, pues el arbol sea viejo, tu quitaras vn pedaço dela corteza a manera de escudete agudo a dos cabos segunt aquesta forma . . .* [53] *E tant tost quelo avras tirado dela rrama, tu lo meteras en la fendedura que auras fecho enel mjlgrano que querras enxerir, como mas* [**fol. 110v**] *soptosa mente podras. E estreñye lo bien con juncos. E por semblant manera lo puedes fazer de muchos enxiertos, alto o baxo, por grueso que sea & por delgado que sea. Ca en vna verga se pueden fazer muchos enxiertos de diuersas naturas. Empero deues guardar que la rrama o verga que querras enxerir, que ayas los enxiertos de semblante verga, o alo menos mas gruesa. E semejante mente sy el mjlgrano que querras enxerir es grueso, es menester que ayas enxiertos de rrama gruesa. Ca mejor se concuerdan. E por tal manera non errarias, con que sean bien estrechos & sean tenjdos açerca que los otros brotes que echara el tronquo enxerido le sean muchas vezes tirados, synon aquellos quelos enxiertos echaran. E deuen se guardar de mojar fasta XX dias, quelos puedes desligar, & **cresçeran maraujllosamente**.*

[**4.10.7**] Algunos dizen que sy tiras los peçones delas mjlgranas, & las cuelgas ordenadamente menos de peçones, que se guardan mucho bien. Otros dizen que se saluan sy tomas todas las mjlgranas enteras & las metes en agua de mar o en orinas. E que esten y por tres dias. E despues quelas fagas secar al sol de dia, que non es menester que queden de noche ala serena. E despues que seran secadas, tu las colgaras en lugar frio. E como querras vsar o comer, tu las faras rremojar vn dia o dos en agua dulçe. E seran semblantes a mjlgranas nueuas o tiernas. [**4.10.8**] Si las metes entre paja, & quela vna non llegue ala otra & esten cubiertas con paja, mucho se guardan. Jtem sy tomas vna corteza de algunt arbol, *asy como de suro o de semblant arbor,* & ayuntala bien asi & tanto como podras. [**fol. 111r**] Despues tu cogeras las mjlgranas conlos peçones luengos. E ygualaras o faras bien agudas las cabeças delos peçones. E todos al vn costado dela corteza o suro tu los fincaras en manera quelas mjlgranas esten firmadas ala vna parte del suro. Despues faras vna fuensa fonda en tierra a tan luenga como el suro. E soterraras aquel dentro dela fuensa, en manera quelos cabos delos peçones que son fincados esten verdes en la parte de alto, en manera quelas mjlgranas esten firmadas. E es menester que non toquen las mjlgranas ala parte deyuso, sy non que cuelguen & non se toquen vnas a otras. E es çierto que se saluaran largo tiempo. Pues que el suro sea bien soterrado & cubierto de tierra, en manera que agua non pueda tocar alas mjlgranas. E avn deues saber quelas mjlgranas se saluaran sy les fazes capa o cubierta de arzilla, *la qual faras asy: tu picaras la arzilla, & mezclaras y agua. E vañyaras y las mjlgranas. E dexar las has enxugar. E despues tornar las has a vañyar en aquella arzilla & enxugar las has. E aquesto faras II o III vegadas.* E despues quelas avras bien cubiertas & seran bien enxutas, tu las meteras a colgar en lugar frio. E saluar se han. [**4.10.9**] Jtem sepas que sy tomas vna olla o grant jarra de tierra, & que y metas arena fasta la mjtat, & cojeras las mjlgranas conlos peçones largos, & despues avras cañyas, o vergas de sauco, & dentro las canyas o vergas tu meteras los peçones delas mjlgranas, & fincaras aquellas cañyas o vergas enel arena dentro dela olla o jarra, & meteras [**fol. 111v**] la jarra ala serena que este soterrada deyuso de tierra & bien cubierta que non y entre agua, & saluar se han. Empero las mjlgranas non se deuen acostar las vnas alas otras, sy non que esten apartadas. E que por espaçio de tres dias non se acuesten al arena. E semblant mente puedes soterrar la olla o jarra de baxo de cubierto, que asy mesmo se saluaran. Mas mas çiertamente & mas segura se saluan las mjlgranas sy son cogidas con luengos peçones. [**4.10.10**] En otra manera las puedes saluar: tu avras vna grant olla o jarra. E meteras en ella agua fasta la mjtad. E por los peçones tu colgaras las mjlgranas dentro enla jarra, en manera que non toquen enel agua. E çerraras bien la jarra que no y entre viento njn agua quelas pueda corromper. Otra manera de saluar las mjlgranas: tu meteras las mjlgranas dentro de vna cuba que este media de çeuada. E guarda que non se toquen las vnas alas otras. E çierra bien la cuba. E saluar se han.

El vjno de mjlgranas se faze asi: tu ljmpiaras bien los granos dela mjlgrana. E meter los has dentro de vn capaço de palma. E cascaras los granos dentro del capaço. E cogeras el vjno que dende salira. E despues cozer lo has a fuego manso fasta tanto que mengue la mjtat. E despues que sera rresfriado, metelo en vasos de vidrio o de tierra envernjzados, los quales taparas bien con algez, & saluar se han. Otros toman el vjno delas mjlgranas & non lo cuezen. Mas por cada vn sistern meten vna libra de mjel. E metenlo en vasos envernjzados. E conseruase bien.

[4.10.11] De ponçerer.

[fol. 112r] Por muchas maneras planta hombre el arbol del ponçirer. Es a saber del grano & con rramo & con estaca & con vna grant rrama. E sepas que aqueste arbor ponçirer ama mucho tierra ligera que no sea mucho espesa njn fuerte. E quela rregion o el lugar sea caliente. E que aya agua & humor continuadamente. Si qujeres sembrar los granos del ponçirer, tu faras por aquesta manera: tu cauaras la tierra bien fondo de dos pies. E mezclaras y çenjza. E faras las eras fuerte cortas por manera que el agua egualmente pueda correr. E faras fuensas de vn palmo en fondo, tantas como te querras en cada vna era, & en cada vna fuensa tu meteras tres granos de ponçis. E meteras los cabos agudos delos granos faza la tierra todos ayuntados. E cobrir los has de tierra. E rregaras los cada dia vna vegada. E sepas que mas soptosa mente cresçeran sy algunas vegadas los rregaras con agua caliente. **[4.10.12]** E despues que seran nasçidos tendras los açerca quelas yeruas que seran nasçidas çerca dellos sean arrancadas *& entrecauadas despues*. Empero quando avran tres añyos podras los trasplantar. Si qujeres plantar el rramo del ponçirer, non lo deues meter mas fondo de vn pie. Ca si lo metes fondo, podresçer se ha. Si qujeres plantar la rrama, tu tajaras la rrama del ponçirer. Asy gruessa como medio braço, & larga de vn cobdo en alto. E enla çima tu dexaras los brots o rramas que y seran, y seran tiradas todas las espjnas & brots que seran **deyuso** de cada vna parte. Mas los brots que seran alto queden sanos, por tal que enel tiempo por **[fol. 112v]** venjr puedan en aquellos brots echar flor & fagan fructo. **[4.10.13]** E sy qujeres en aquesto ser diligente, tu avras fiel de brufol o de buey. E vntaras los rramos dela rrama, o los cubriras de alga de mar o de arzilla bien pastada.

E cobriras todas las çimas o rramos. E por tal manera metas la rrama en lugar que sea bien fondo labrado fasta a las rramas dela çima. En otra manera podras plantar ponçirer de estaca menos de rramo o rramas. Tu tajaras vna estaca de ponçirer que puede ser mas delgada & mas corta que non la desuso dicha. E puedes la plantar por semejante manera. Empero aquesta tal estaca qujere que queden dos palmos sobre la tierra. E non qujere mayor espaçio o en trabajo quela otra. E sepas que aqueste arbol ponçirer non qujere que otro arbor se acueste a el, sy ya non es de su natura. [**4.10.14**] E desea mucho lugares & rregiones calientes & que se puedan rregar. E que sean çerca de mar. E que puedan aver agua muchas vegadas. Empero sy el lugar o la rregion sera fria, es menester que lo plantes çerca de alguna rregion que el sol de medio dia lo fiera, & le tenga la cara buelta. E es nesçesario que en tiempo de jnujerno tu le fagas casa o cabañya de paja o de otra semejante cosa quelo defienda de la frialdat. E enel estiu que sea descubierto. [**4.10.15**] Las rramas, & la syn rramos dela qual desuso avemos fablado se planten enlos lugares frios enel mes de julio & de agosto. E enlos lugares calientes enel optuñyo. E despues que seran plantados deuen se rregar continuadamente. El Palladio faze testimonio que el lo ha prouado que los ponçireres que el plantaua enla manera de suso dicha que dieron mucho fructo & bello. E sepas que el ponçirer se [**fol. 113r**] alegra mucho si çerca del plantas calabaças **o encara si quemas las ramas delas calabaças** & aquella çenjza metes delas calabaças quemadas alas rrayzes del ponçirer & fazer le ha grant prouecho. E faze mucho fructo & bello. [**4.10.16**] E qujeren que muchas vezes sean cauados & asi faran el fructo mayor. E non quieren que hombre les toque rrama njn brots sinon muy tarde aquello que trobaras seco o viejo.

E deues saber que el ponçirer se deue enxerir en los lugares calientes enel mes de abril. E enlos frios enel mes de mayio. E si qujeres enxerir alto, deues lo enxerir deyuso dela corteza. Mas si lo quieres enxerir con tasco, que el tronquo sea fendido enla manera comun delos otros arboles. Conujene que fiendas el enxierto çerca de sus rrayzes. E avn deues saber que los puedes enxerir de ponçirer en peral & en moral. Empero es nesçesario que como avras fecho los enxiertos quelos cubras con vna olla o otra cobertura que el sol njn el viento nonle pueda nozer. E dize Marçial, philosofo, que el vio en Siria ponçires que en todos tiempos avian pomas & fructo. Aquesto mesmo confirma el Palladio que el lo vio enel terretorio de Napolls & en fondes & en Çerdeñya. E enlos lugares calientes do avia humor & agua conujnjente mente enlos ponçemers avia todo en semble pomas maduras conuenjent mente. E otras que eran verdes. E otras çerca de madurar. E otras que eran salidas de flor. Ca natura mediant les ayudaua. [**4.10.17**] Si tomas la simjente del ponçemer agro & la rremojas por III dias en agua [**fol. 113v**] mezclada con mjel & en leche de ovejas, & despues los sembraras por la manera que ya he dicha, sepas quel coraçon del ponçemer tornara dulçe. Otros fazen asi: que enel mes de febrero foradan baxo el tronquo del ponçemer agro con barrena. Empero el forado non deue traspassar de todo. *Mas basta que passe mas avante dela mjtat.* E dexen salir por aquel forado alguna humor, fasta tanto quelos ponçemers sean bien conformados. E despues çierren el forado con lodo de tierra. E por tal manera los ponçemers con el coraçon agro tornan dulçes.

[**4.10.18**] Enel ponçemer puedes conseruar los ponçems por vn añyo. Empero mejor se conseruan si los çierras en algun vaso colgando del ponçemer. Si coges los ponçems de noche que non faga luna, con sus rramos & fojas, & los metes apartados el vno del otro, sepas que se saluaran grant tiempo. Otros toman los ponçems maduros & çierran los en sendos vasos de tierra, tapando bien aquellos con lodo o con yesso & saluanse. Otros los meten dentro de fusta de çedro. E cubren los con estiercol de establo o con paja. E saluanse.

[**4.10.19**] **De nispoler.**

El nispolero se alegra & se faze bien enlos lugares calientes. Empero que se puedan rregar. E enlos lugares frios se fazen bien. Empero enlos lugares sablonosos que sean, & arzilla grasa que sea mezclada con arena o arzilla mezclada con piedras. E puedes lo plantar de estaca en aqueste mes de març o o en noujembre. Empero que la tierra sea bien cauada fonda [**fol. 114r**] & bien estercolada. E deues vntar el vn cabo & el otro dela estaca con estiercol. *E en espeçial de bueyes.* E sepas que aqueste linaje de arbol se faze muy tarde. E rrequiere que sea trasplantado & muchas vezes entrecauado. E sy es plantado en lugar seco quiere que sea rregado de agua temprada mente. E sy qujeres, tu puedes sembrar de los granos delas njspolas. Empero muy tarde se fazen.

[**4.10.20**] Si enel nispolero se fazen gujanos, deues los aljmpiar con grafio de arambre o de cobre. E deues despues vntar los lugares do seran los gujanos con morcas de olio o con orina vieja estadiza de hombre, o con cal bjua. Mas por dubda que el arbol non pueda menos valer, mas temprada mente lo faras con agua en la qual sean cochos lupins o tramuzes. E sy por aventura el nispolero non fara tanto fructo como deue, o sera esteril, aue çenjza de sarmjentos. E descubre bien las rrayzes del arbol. E meteras y çenjza. E leuara fructo abundante mente. [**4.10.21**] Si las formigas fazen mal enel arbor, tu avras arzilla bermeja, otros dizen almagra, destemprada con vinagre. E vntaras el arbor. E meter ne has al pie çerca las rrayzes & morran las formjgas. Si el arbol del nispoler non qujere njn puede rretener el su fructo, o dexa caher las nispolas, tu tajaras vn troz dela su rrayz. E foradaras el tronquo o cañya del arbor. E meteras dentro del forado aquel pedaço dela rrayz que auras tajado en manera que sea bien firmado **& non caheran**. El nispolero se puede enxerir en sy mesmo. Es a saber, que vn njspolero se puede enxerir en otro njspolero. E del nispolero puedes enxerir en peral, & en mançano [**fol. 114v**] *& en aru, o en çiruelo negral se faze mejor que en otro arbor.* Empero deues guardar quelos enxiertos tomes de aquellos que son en medio del arbor. Ca si los tomas delas çimas non valen cosa. Ca non fazen fructo. E avn deues saber que enel arbor o madero del nispolero deues enxerir con tasquo, fendiendo el tronquo, & non con palucho entre la fusta & la corteza. Car sepas que tanto es magro aqueste arbol nispolero & menos de suco que los enxiertos non prenderian njn biujrjan.

[**4.10.22**] Las nispolas que tu querras saluar, es nesçesario quelas cojas que avn non sean maduras. E sepas que estando enel njspolero se saluan bien. E avn sy las cojes verdes & las metes en cantaros o en ollas envernizadas. E quelas fagas colgar cada vna por sy que non se toquen vnas a otras. Jtem quelas metas entre vinaça, que es dicha pusca credira. E deuen se cojer en dia sereno & claro. E pasado hora de medio dia. E saluanse si las metes entre paja que esten cubiertas. Empero que non se toquen. Assi mesmo se saluaran sy las coges conlos brots & las cuelgas. E avn las puedes saluar si las cojes medio maduras & las fazes rremojar por V dias en agua salada, & despues las metes en arrop, en manera que y puedan nadar. En mjel se conseruaran si son cogidas verdes. Es a saber, no mucho maduras quelas de suso dichas.

[4.10.23] De figueras.

[**fol. 115r**] La planta dela figuera que ya es rraygada, si el lugar es caliente, deues la trasplantar enel mes de noujembre. E si el lugar es temprado, deuesla trasplantar enel mes de febrero. E si el lugar es frio enel mes de março o de abril. Empero si plantaras grant rrama con muchas rramas o brots, o sy la plantaras vn brot, deues escojer de aquellos que ya comjençan aver la corteza delos cabos verdes. Es a saber que ayan verdor. E puedes los plantar enla salida de abril. E deues meter muchas piedras enla fuensa o foyo do plantaras la planta dela figuera çerca dela rrayz. E deues y meter estiercol mezclado con tierra. Si el lugar o la rregion do plantaras la figuera es mucho fria, tu deues aver cañutos de cañas que sean çerrados de si mesmos el vn cabo. E a manera de dedales, tu los enuestiras en cada vn cabo o brot. Por manera quela elada non pueda quemar los cabos o ojos dela figuera. [**4.10.24**] Si querras plantar esquex de figuera, guarda aquel que aya tres rramos. E que sea de dos añyos o de tres. E que este cara dela parte de medio dia. E plantaras el esquex o rrama bien fonda. En manera que cada vno delos tres rramos sean departidos los vnos delos otros. E que aya mucha tierra entre el vn rramo & el otro, **& a manera que cada vn rramo semeja planta**. Si querras plantar vna rrama sola, que non aya otras rramas, tu la fenderas ala parte deyuso por medio. E enla fendedura tu meteras vna piedra. E plantaras la rrama. *E sepas que faze grant prouecho ala figuera, quelos figos non se abran. E son mucho mejores.* Yo Palladio digo que [**fol. 115v**] plante en Ytalia en lugar bien cauado grandes plantas de figueras de mediante febrero fasta mediado març̧o. E en aquello mesmo fizieron abundanç̧ia de fructo, en tanto que non era de creer. [**4.10.25**] Las rramas que querras plantar deues escojer que sean llenas de nudos. Ca sepas quelas rramas que son mucho lisas & menos de nudos, que son esteriles & sin fructo. Si tu plantaras de primero la rrama dela figuera en tierra bien cauada, & despues que sera rraygada tu la trasplantaras en otra fuensa o foyo, sepas que fara los figos mucho maraujllosos. Algunos dizen que qujen parte la ç̧ebolla marina & la ligua bien estrecho con juncos ala rrayz dela planta dela figuera quando la plantaras, en manera quela rrayz este en medio de la ç̧ebolla marjna, que ayuda maraujllosamente ala figuera. E le faze fazer figos maraujllosos. La figuera ama grandes fuensas & fondas. E que aya grant espaç̧io de vna a otra. E ama tierra dura & magra & seca. E fara el fructo mas sabroso. [**4.10.26**] E abunda mejor en lugares asperos & pedregosos. Empero en qual lugar te querras la puedes plantar. Ca bien se fazen en todo lugar. E aquellas figueras que se fazen en lugares montañyosos & frios, por tal como han poca leche, por la rrazon de su sicç̧itat, no pueden mucho durar. Los figos que rresemblan a verdor son mas buenos & de mejor sabor. Aquellos figos que se crian enlos campos & en lugares calientes duran mucho mas. E en tiempo de secura non mueren. Antes fazen el fructo mucho mas gruesso & mejor. [**4.10.27**] E sepas que yo non podria rrecontar todos los linajes [**fol. 116r**] njn todas las naturas delos figos. Mas deuete bastar que tu sepas la manera que es egual en plantar & labrar todo linage de figueras. E solamente deues saber esta differenç̧ia: que de todas las naturas delos figos que hombre escoge para secar son mejores los figos blancos. Ca mejor se saluan que non los otros. E enlos lugares que son frios, mucho deues plantar & criar aquellas figueras que fazen los figos o flores—*asy como son albercochs, cocorelles, dorcuries & verdales & semblantes* —que vienen tempranos.

Por tal que antes del tiempo delas pluujas; es a saber, antes del optuñyo puedas **coger el fructo, & en los lugares calientes deues** plantar & criar aquellas figueras tardanas, *asy como son de burjaçot, yuernjzcas de Çaragoça, martinencas & de semblantes* que vienen en optoñyo. Qual se quier planta o natura de figueras quiere & rrequjere que sea muchas vegadas cauada enel tiempo de optuñyo. E sepas que grand prouecho les faze si les metes estiercol de çerca. E en espeçial estiercol de aves. Asy como son de galljnas & semblantes. E deues cortar & tirar todo aquello que fallaras seco o podrido o mal nasçido. Es a saber algunos brots que nasçen enlos lugares que non deuen. E deues le tirar & podar aquello que sube mucho alto, por tal que ella se extienda baxo por los costados & que non suba alto.

[**4.10.28**] E los lugares que son humjdos mucho, si plantaras figueras sepas quelos figos auran mal sabor quasi agros o fumosos. E semblant aresclo. Empero sy [**fol. 116v**] tu le tajas algunas delas rrayzes que son en torno. E metes al pie o rrayz dela figuera çenjza, sepas que los figos perderan aquella mala sabor. Algunos plantan cabrafigueras en medio delas figueras, por tal que non conuenga colgar en cada vna delas figueras delos cabrafigos. E deues saber que enel mes de juñjo *antes de sant iohan* quando comjença el sol estiçi del estiu en los lugares do no avras plantados cabrafigos, tu deues colgar delos mas gruesos cabrafigos ensartados en vn filo *a manera de paternostres* & fazer vna gujrlanda. E sy por aventura non puedes **auer** de los cabrafigos, cuelga enla figuera vna verga de broyda que es dicha en latin abrotano. E synon fallas de la broyda, ayas de aquellas bocogues que se fazen enlas fojas delos olmos *que son llenas de moscallons. E cuelgalas en la figuera. E de allj salliran los moscallons que y son,*[54] *& posaran enlos figos que seran en la figuera. E picaran los ojos delos figos, cuydando se asconder de dentro. E la vegada por el forado quelos moscallons avran fecho enel figo, saldra alguna vapor o humor que estara dentro ençerrada, la qual sy non salia faria el figo podresçer & caher de la figuera antes de tiempo. E aquesto rrequieren mucho vna natura de figos que habundan mucho enlas partidas de Vesuldia & enel obispado de Girona, que llaman dorturies.* Algunos meten enla rrayz dela figuera cuernos de carneros & sotierran los. E fazen mucho a turar los figos. Otros [**fol. 117r**] acuchillan las figueras enlos lugares do se fazen nudos o berrugas, portal que salga la humor que ay esta congelada. E tenerse han los figos. [**4.10.29**] Si qujeres que en las figueras non se crien gujanos njn ayan piojos, quando plantaras la planta dela figuera tu meteras al rreues vna rrama de aneldo con fojas. E sy non puedes fallar aneldo, ayas vna rrama de lantisclo o de mata a rreues. Es a saber quelas rramas vayan ayuso & non habran.

Si enel arbol dela figuera se faran gujanos, tu deues aquellos gujanos matar & destripar enel arbol con garfios o ganchos de arambre & noy tornaran. Otros meten alas rrayzes dela figuera morcas de olio. Otros y meten orina de hombre estantiza o vieja que aya muchos dias que este ayuntada. E las rrayzes dela figuera la vegada fazen bien descobrir, que saques de la tierra que es en torno dellas, en manera quelas rrayzes parezcan bien. Otros meten sobre los lugares do son los gujanos cal bjua, mezclada con olio quele dizen laca. Otros solamente y echan cal bjua & mueren los gujanos. Si las formjgas fazen dañyo ala figuera, toma dela almagra bermeja que es dicha en latin rrubica. E mezclala con alqujtran. E mete en torno del tronquo dela figuera. Es a saber quele fagas vna gujrlanda. E sepas que non sy acostaran. Otros dizen que sy has vn pez que el Palladio nombra toratamer. *El qual no es conosçido por nombre en Catalunya.* E lo cuelgas enla figuera, que non dexara açercar las formjgas. [**4.10.30**] Si la figuera por su enfermedat dexara caher los figos, algunos meten arzilla [**fol. 117v**] bermeja o almagra con agua mezclada. Otros toman morcas de olio menos de sal mezcladas con agua. E vntan el arbol todo. Otros cuelgan enla figuera vn cranch de rrio o de agua dulçe con vn rramo de rruda, & rretienen los figos. Otros meten ala rrayz dela figuera alga de mar, o vn faxo de paja delos luppins o atramuzes. Otros barrenan la rrayz dela figuera & meten y vn clauo & rretienen los figos. Otros con destral o otra ferramjenta acuchillan o qujebran el cuero del tronquo dela figuera, en manera que salga aquella mala humor. E aquesto fazen muchas vezes. Si qujeres quela figuera faga mucho fructo & grueso, es a saber quelos figos sean muchos & sabrosos, enel començamjento quando brotaran tu les tiraras todas las cabeças delos brots. E sy todas las cabeças delos brots no qujeres o non puedes tirar de toda la figuera, alo menos tiraras todos los brots o cabeças que seran del medio lugar dela figuera asuso. [**4.10.31**] Si la figuera es de natura que faga los figos tempranos & quieres quelos faga tardanos, tu le tiraras todos los figos que fara al començamjento quando seran asy gruesos como vna faua. Si qujeres quelos figos maduren temprano, tu avras succo de çebolla luenga—*otros dizen de escaloñyas* —& mezclalo con pebre & con olio. E vnta los figos quando començaran de grandesçer.

E enel mes de abril deues enxerir las figueras entre el madero & la corteza con palucho. E algunos las enxieren en aqueste mesmo tiempo con tasco, fendiendo el tronquo. Empero que el tronquo sea bien jouen, que non sea [**fol. 118r**] mucho gruesso. E deue se fazer luego, que el viento non pueda entrar enla fendedura. [**4.10.32**] E luego faze a cobrir de tierra, por que es mucho segura cosa a aquel que querra enxerir fendiendo el tronquo que enxiera çerca la tierra, por tal como mejor toma. *Por tal que el ayre njn el viento non fagan dañyo enla fendedura.* E faze bien a ligar & a estreñyer. Algunos enxieren las figueras enel mes de juñyo enla corteza. *E aquesta manera es mucho mejor.* Los enxiertos deues escoger que sean de vn añyo solo. Ca sepas que sy los tomas que ayan mas de vn añyo o menos, que non fructiffican. Antes son esteriles & non toman bien. Enel mes de abril, en espeçial enlos lugares secos, podras enxerir las figueras con escudet. Empero mejor se faze mediado julio. Enel mes de octubre puedes morgonar las figueras. E si quieres puedes plantar de grandes rramas. De enxiertos de figuera puedes enxerir en cabrafiguera & en moral & en platano que es colcat; si te querras, de la corteza dela figuera que aya ojo, si qujere de los brots, que cada vno toma bien.

[**4.10.33**] Si qujeres conseruar figos verdes & frescos, tu los meteras dentro de algunt baxillo enel qual aya mjel en manera que el vno non toque al otro. E avn los podras saluar sy los metes cada vno por sy en vna calabaça verde por tal manera: tu avras calabaças verdes o tiernas. E en cada vna calabaça tu faras muchos foyos, por manera que en cada foyo pueda caber vn figo tierno non mucho maduro. Despues tu tomaras las calabaças conlos figos & meter las has dentro de algunt vaso de fusta o de tierra o en alguna arca. E despues colgar lo has en alguna casa do nonle pueda tocar fuego njn fumo. E saluar se han [**fol. 118v**] los figos enlas calabaças verdes dentro del dicho vaso o arca. Otros son que cogen los figos medio maduros con sus brots. E meten los en algunt vaso de tierra apartados que el vno non toque al otro, & atapan bien aquel vaso. E dexan lo nadar dentro de vna cuba llena de vjno. E saluan se los figos. [**4.10.34**] Dize Marçial, philosofo, quelos figos **secos** se conseruan en muchas maneras. Mas deues bastar quelos conserues enla manera que se conseruan en Campanja. E fazen lo por tal manera: ellos toman los figos & abren los por medio en dos partes & metenlos sobre cañyzos de cañyas o de vergas. E ponenlos al sol & dexanlos ay estar fasta a ora de medio dia. E despues tiran los figos del sol que estan avn blandos. E meten los en cueuanos grandes. E despues meten los cueuanos dentro de vn forno caliente quando han sacado el pan. E deyuso delos cueuanos meten piedras, por tal que non se quemen. E atapan el fforno. E dexanlos allj secar. E despues que son asaz secos, sacan los del forno & delos cueuanos. E meten los en ollas envernjzadas o vasos semblantes quando son los figos calientes, enbueltos entre fojas de figueras & estreñyen los bien. E aprietan los figos dentro delos ditos vasos & tapanlos bien ala boca. E saluan se. [**4.10.35**] E sy por aventura por grant abundançia de pluujas tu non puedes estender al sol los figos, tu estenderas los cañyzos deyuso de algunt porche o lugar cubierto. E pornas el cañyzo alto de tierra vn pie. E meteras sobre aquel cañyzo los figos. E deyuso del cañyzo tu echaras çenjza caliente. E los figos que seran medio partidos, quando seran secos conujnjente mente de vna parte, es a saber de [**fol. 119r**] la parte de fuera, tu las bolueras de la parte de dentro. Es a saber dela parte dela pulpa. E despues que seran secos de cada parte tu los doblaras, es a saber que la pulpa del vno ayuntaras conla pulpa del otro. *E a aquestos figos dizen en Catalunya figos dobles.* E meteras las **en senallas** o çestillas bien prietas & estreñydas que non se puedan meter **arnas**. Algunos toman los figos tiernos medio maduros & qujebran los. E parten los en dos partes cada figo. E sobre los cañyzos dexanlos secar al sol. E de noche meten los so cubierto. E quando son secos asaz, conseruanlos & saluan se bien.

[**4.10.36**] E enlos lugares do non ha abundançia de figos, deues fazer en aqueste tiempo de março morgones de las rramas delas figueras fasta tanto que ayan metidas muchas rrayzes & quelas puedas trasplantar. E deue se fazer en aqueste tiempo quando comjençan a finchar los cabos. Si quieres que vna mesma figuera faga figos de diuersos colores, tu avras dos rramas pequeñyas de vna figuera blanca & otra de figuera negra. E con fuerte ligadura tu las apretaras. E que sean las dos bien estreñydas & entrelazadas, portal que forçadamente quasi en semble egual mente ayan a echar sus brots. E sotierra las fondo fasta los ojos & les echa estiercol. E sean rregadas muchas vezes. E quando començaran a echar sus brots tu los ayuntaras & los ligaras los dos ojos en semble. E la vegada los brots asy ayuntados avran dos colores entremezclados. E faran fructo entremezclado. *E yo Ferrer Sayol digo quelos brots fazen otra vegada a tajar, por manera que otra vegada broten. E conla leche que echaran se puedan bien apegar & aferrar todas* [**fol. 119v**] *en semble. E aquesto tantas vegadas en vn añyo o en muchos, fasta que parezca que todas en semble sean vna planta. E deuen se meter las rramas aquellas todas dentro de vn cuerno de buey quelas tenga bien estrechas. E cada rrama o planta dara obra en su planta segunt su natura. E el fructo sera maraujlloso & diuerso de todos los otros. E valen mucho mas sy cada rrama es fendida deyuso ala rrayz. E que enla fendedura sea metida vna piedra pequeñya & vn poco de coral.*

[4.10.37] De otros fructos con su disçiplina.

Agora en aqueste mes de março puedes plantar & enxerir mançanos & perales. E puedes enxerir membrellares & çiruelos & seruales que es dicho sorba. Puedes plantar moral en medio de março. E avn sepas que puedes enxerir juscatea que qujere dezir festuguer, *ya se sea que en Catalunya non ay njnguno. Empero yo que he començado a rromançar nueuamente aqueste libro de Palladio he fallado leyendo en otros libros autenticos que sy tomas de los enxiertos del almendro antes que comjençe a brotar, aquesto es, enel mes de deziembre o de enero, & aquellos enxiertos metes con tasquo en verdugo o planta de lentisclo o mata, fendiendo el tronquo dela mata, que toman los enxiertos del almendro enla mata & que fazen festuchs. E creo que semblante faria qujen los enxeria entre el madero & la corteza en su tiempo, es a saber en julio, quando las almendras son granadas. Empero yo digo que non lo he prouado, sinon solamente quelo he* [**fol. 120r**] *fallado en escripto. E quien lo puede prouar non y puede mucho perder sy lo ensaya.* Jtem sepas que enlos lugares frios en aqueste mes de março puedes sembrar los piñyones. E faran arboles pjnos que son mucho fructifficantes.

[4.11] De comprar bueyes & vacas.

En aqueste mes de março deues comprar aquellos bueyes que avras nesçesarios, o los deuras escojer & apartar de aquellos del tu hato. E deues los mejor escoger en aqueste tiempo que non en otro tiempo, por tal que non son gruessos njn engordesçidos. E por rres non se puede ençelar cautela o magañya[55] de aquel quelos vee, njn pueden çelar sus propios viçios. Aquesto es si se pueden domar o no, njn pueden çelar sy avran fuerça o si seran maliçiosos.

[**4.11.2**] Aquestos señyales deues considerar & guardar enlos bueyes quando los compraras. E quando los escogeras de la tu cabañya. Es a saber, que sean masclos . . . [56]

[**4.11.7**] . . . & calientes en tiempo del estiu. E sean en lugares frios. E que y aya sombras. E mayor mente lugares montañyosos. Por tal que mejor se puedan fartar de las rramas delos arboles & de la yerua que nasçe entre los arboles. Ya se sea que çerca los rrios & por los lugares solazosos ayan grant plazer. Los terneros mjentra son tiernos se crian mejor. E fallan mayor deleyte çerca de aguas pocas. Assi como son arroyos pequeñyos, que el sol pueda escalentar el agua, o çerca de aguas de balsas. [**4.11.8**] Aqueste ganado de bueyes sufre buen frio ligera mente. E menos de affan & peligro puede estar enla serena que non los cale meter so cubierto. Empero es nesçesario que ayan grandes corrales & anchos por rrazon quelas vacas preñyadas non sufran enojo njn estrechura. Los establos delos [**fol. 120v**] bueyes son a ellos mucho prouechosos si son enpedrados o enpahimentados de piedras gruesas & de piedras pequeñyas de rriera. E que y sea echada mucha arena. E que y aya algund lugar baxo, por tal quelos pixados suyos y puedan decorrer.

E aya la puerta enta medio dia, por tal que el viento del çierço & frios nonlos pueda nozer.

[4.12] De domar los bueyes saluajes jouenes.

Quando los bueyes son de hedat de tres añyos los deues domar & ablandjr. Ca sepas que despues que oujesen V° añyos non los podrias domar, ca la hedat les contrastaria. E luego quelos avras presos o apartados delas vacas, luego los deues domar. E deues saber que mucho les ayuda al domar sy muchas vezes los manea hombre o los palpa o los frega conlas manos luego como son presos mjentra son tiernos & jouenes. E avn deues saber que tales bueyes jouenes quieren auer establo & espaçios. E enel establo non deue auer alguna estrechura, por tal que quando los querras sacar del establo & saliran con fuerça que non se fieran, o que non den algunt golpe que los agraue, por la qual rrazon se espantarien & se farian mas saluages. **[4.12.2]** E el establo deue auer palos o tablas de fust que sean bien firmados en tierra a traues del establo. E sean sobre tierra VII palmos enlos quales los bueyes sean bien ligados. E quando querras meter los bueyes enel establo por ligar aquellos o domar, guarda que el dia sea bello & claro & faga bel sol. E sy por aventura los bueyes seran asy brauos o fieros que non se dexaran manear njn domar, conujene **[fol. 121r]** que vn dia natural esten asi ligados sin comer & menos de beuer. Despues el vaquero o aquel quelos querra domar con blandas palabras falagando los los deue domar & dar a comer. Asy empero queles venga conel comer por delante & de cara. E que non les trayga el comer de parte de çaga njn alos costados, mas toda vegada de parte delante. E es nesçesario que quando les daras de comer queles toques conlas manos las narizes & los costados. E despues quelos avras asy tractados o maneados, quelos rruxes con vjno fuerte sobre los costados o en la cara. Empero guardese el vaquerizo o aquel quelos querra domar que el buey nonlo pueda ferir conlos cuernos o con los pies de tras. Ca sepas que sy aqueste viçio asayauan los bueyes enel començamjento, de ferir conlos cuernos o con los pies de tras, toda vegada obseruarian aquel viçio. **[4.12.3]** Despues empero que seran domados & avran perdida su feredad, es menester que el vaquerizo les deua fregar la boca & el paladar con sal. E que gela meta dentro dela boca enla garganta. Despues tu avras vn pedaço de gordura o seuo de buey o de carnero o de cabron o de semblantes bestias. E tajar lo has menudo & meter lo has enla caldera. E echaras ay vjno bueno & fino & poner lo has sobre el fuego. E faras que se desfaga el seuo dentro del vjno atanto como avran nesçesario los bueyes. E segund los bueyes asy ay meteras seuo & vjno. E despues avras vn cuerno & finchir lo has de aquel vjno & del seuo desfecho. E abriras la boca del buey & meteras de dentro dela boca el cabo del cuerno pleno de vjno. E alçar le has la cabeça. E fer le has beuer [**fol. 121v**] el vjno del cuerno. El qual non deue ser njn mucho frio njn mucho caliente. E sepas que aquesta medesçina los ablandesçe mucho & los faze domar. Algunos son quelos doman por tal manera que ayuntan o juñyen el vno conel otro & ligan los en vn carro que non lieue carga. E mueuen le ligera mente dos o tres vegadas. Despues ponen sobre aquel carro alguna carga pequeñya. E despues mayor carga. En tal manera que se vezan a leuar cosas pesantes & fexugas. Otros lo fazen por tal manera que es mucho mejor, es a saber, para aquellos bueyes que querras alçar para labrar. E fazen hombre asy: ellos fazen labrar bien vn campo grande muchas vegadas. E aquesto por tal que el buey nueuo non aya grant trabajo de abrir & rromper la tierra. [**4.12.4**] E vñyen lo & ayuntan lo con otro buey viejo acostumbrado de arar. E el vaquero o el labrador faze los arar o labrar cada dia vn pedaço de aquel campo & luego los echa de fuera. E por tal manera el buey viejo acostumbra o muestra de arar al nueuo. E sy por aventura el buey nueuo enel començamjento que començaran a labrar se echa en tierra que non quiera labrar, non es menester que sea ferido njn tocado con verga njn con aguijon. Mas es nesçesario que quando el se ha echado en tierra, que el labrador o vaquero le ate & ligue los pies en manera que non se pueda leuantar njn estar de pies njn andar. E non le de a comer njn a beuer. Antes lo dexe estar por vn dia o por dos enel campo. E por tal manera pierda aquel viçio.

Delas propiedades & naturas delos cauallos.

[**fol. 122r**] *Aristotil dize que el cauallo non ha fiel. E ama mucho agua trebola para beuer. E muchas vegadas quando el agua es mucho clara conlos pies se esfuerça de enturbiarla. E ha grant plazer que pueda nadar en agua.*[57] *Plinjo dize quelos cauallos han grant entendimjento. Car fallase que algunos fazian cobrir las cabeças alos cauallos. E açercauan el cauallo ala yegua su madre. E saltauala assi conla cabeça cubierta. E despues, descubierta la cabeça, conosçia que avia saltado a su madre propia & sobtosa mente se dexaua caher de algunt lugar alto & muria. E otros que non querian comer & murian.*[58] *Dize Aristotil que el cauallo & la yegua ayuntando sus bocas & vsmando el vno al otro se prouocan a luxuria. E dize que el cauallo non salta a su madre. Antes sy suphisticada mente & con maestria de cobrir la cabeça o en algunt lugar escuro ha saltado a su madre, luego se derrueca & se dexa morir asi como desuso.*[59] *Solinjo dize que prouada cosa es que los cauallos han asy mesmo judiçio & rrazon. E saca enxemplo del* *cauallo de Alexandre, Buçifal, que despues que aquel quelo pensaua lo avia ensellado, non consentia que otro enel caualgase sy non Alexandre. Semejante enxiemplo recuenta del cauallo de Gaius Çesar, que en njngunt tiempo sufrio que otro enel caualgase, si no Gayus Çesar. Antes acaesçio que el rrey de* **Sithia** *vençio enel campo a Gayus Çesar. E quando el rrey se* [**fol. 122v**] *acosto para despojar a Gayus, el cauallo conlos dientes & con los pies se dexo yr a el & lo acoçeo. E avn dize mas que ha grant afecçion & amor a su señor. E muestran lo quando lo veen en peligro que muchas vezes lloran & echan lagrimas. E avn lo muestra por el cauallo de Nicodemo, fijo del rrey de Persia que despues que fue muerto su señyor non qujso comer. Antes se dexo morir.*[60] *E dize Ysidro que el cauallo sola mente con lagrimas amuestra la afecçion del dolor de su señyor.*[61] *Plinjo dize que el cauallo es bestia muy fiel alos hombres, asy como el perro. E ha grant presagio o adiujnamjento de las batallas, quales deuen vençer o ser vençidos. Quando pierden su señyor ploran.*[62] *Ysidro dize semejante quelos cauallos en su tristeza o en su alegria muestran enlas batallas quales vençeran o seran vençidos.*[63] *Aristotil dize quelos cauallos aman mucho su generaçion & sus fijos, en tanto que sy alguna yegua avra fijo & morra la yegua, quela vegada otra cria el potrico dela yegua muerta. E algunas deuegadas los ensaya de criar yegua esteril o que non tendra leche & con tanto el potrico muere.*[64] *Enel* **Libro dela natura delas cosas** *se lee quelos cauallos se alegran mucho del son dela bozina & dela trompeta. E de ser enel campo de las batallas. La su luxuria esta enlos rreñyons. E quien los rrae o tira los pelos delos rreñyones pierden toda su luxuria.*[65] *Solino dize quelos cauallos han conosçençia de los enemigos de sus señyores, en tanto que mordiendo & conlos pies los enfiestan.*[66] *Ysidro dize quelos cauallos se alegran enlos campos de las batallas. E sienten* [**fol. 123r**] *odorando la batalla, ardimente toman enel sono dela trompeta enla batalla & de palabra sola son escomoujdos & ligeros & volenterosos a correr. E han grant dolor como son vençidos. E han grant alegria quando son vençedores. Dize avn Ysidro que hombre deue guardar enel cauallo que sea ardit de coraçon que faga son alegre delos pies. E quelos braços tremolen. E aquesto muestra señal de grant fortaleza.*[67] *Aristotil dize que sy la yegua preñyada olia fumo de candela de seuo ençendida que luego abortaria el fijo.*[68] *Zenon, philosofo, enel* **Libro de natura delas cosas** *dize que sy la yegua preñyada olia el seuo de los rreñyones dela vaca, luego aborta el preñyado.*[69] *Plinjo dize que si ligaras al cuello del cauallo los dientes del lobo, non se aguara njn sentira trabajo quele fagas sostener.*[70] *Diascorides dize que el estiercol del cauallo crudo o quemado vieda & estreñye fluxo de sangre.*[71]

[4.13] **De yeguas, cauallos & sus fijos.**

Los cauallos o garañyones en la fin de aqueste mes, si son bien gruesos & bien fartos deuen mezclar & soltar a las yeguas que son bellas & generosas. E despues que avra el cauallo caualgado las yeguas, deues tornar el cauallo o garañyon enel establo. E deues saber que todos los cauallos non han ygual fuerça o virtut. Antes deues saber que segunt la virtut & fuerça o jouentut del cauallo, asy le deues dexar caualgar las yeguas. Es a saber, que sy el cauallo es fuerte & jouen, puedes le dexar caualgar muchas yeguas. E sy es flaco o [**fol. 123v**] viejo deues le dexar pocas yeguas. E sepas que por fuerte & jouen que el cauallo sea non le deues dexar caualgar mas avant de doze o quinze yeguas. Quanto a los otros, segun su fuerça.

[**4.13.2**] En espeçial deues guardar que el cauallo aya quatro cosas prinçipal mente. La primera que aya buena talla o forma. La segunda que aya buena color el su pelo o cabello. La terçera que sea de buenas costumbres. *Es a saber que non sea falso njn dresçador njn mordedor njn semblantes viçios.* La quarta que sea bello & bien formado en sus mjembros. Enla forma del cauallo deues guardar que sea grande & luengo de cuerpo. E que el aya forma & buenos huesos. E segunt la grandeza del cuerpo que sea alto de tierra. E que aya los costados luengos. E las ancas sean grandes & rredondas, los pechos sean anchos & bien paresçientes & todo el cuerpo del cauallo deue ser venado & espeso. Es a saber, lleno de nudos & de rramas o musclos. Los pies deuen ser secos & firmes & conlas vñyas fuertes. E quelos aya bien touos o cauados ala parte de dentro. E que sea alto calçado. Es a saber que aya la vñya non solamente grande estesa, sy non que sea alta faza el hinojo. La fermosura del cauallo es atal, es a saber, que aya la cabeça chica. E quela aya bien seca, es a saber, quela piel o cuero que ha enla cabeça sea bien delgada. E que sea bien çerca & ayuntada conlos huesos dela cabeça, *en manera que quasy* ***non*** *se puedan partir.* E aya las orejas chicas, es a saber curtas & derechas & bien ardidas. E aya los ojos bien grandes & las narizes bien abiertas. E aya las crines del cuello & dela cola bien luengas. E aya las vñyas rredondas & sustançiosas [**fol. 124r**] & firmes & fuertes. *Las costumbres . . .* [72] *o bondades del cauallo deuen ser tales que sea ardit en su coraçon. E que sea alegre al son de sus pies quando andara. E que sus braços delanteros, o las piernas de çaga le tremolen. E aquesto es grant señyal de fortaleza, quando los mjembros del cauallo o de otra bestia semejante ment & natural mente le tremolan. E que sea deliquoso, en manera que sola mente al sonar delas espuelas se mueua ligera mente con plazer. E despues que sea escomoujdo que non se sosiegue ligera mente. Los moujmjentos & voluntad del cauallo puedes* *conosçer en las orejas. E la virtut o fuerça del cauallo conosçeras enel temblamjento de sus mjembros.* [**4.13.3**] Los colores del cauallo que son mas aprouados & loados & por mejores son aquestos, es a saber, barg clar, & color de oro, *que dizen en Españya soros.* E color que dizen en Ytalia alunco, *que non es entendido en nuestro lenguaje.* E color rrosado, *que es quasi blanco mezclado con pelos bermejos.* E color çeruuno, *que es quasi color de çieruo.* E color que se dize en Ytalia mjteo, *que es color a manera de purpura & quasi de viola, segunt que dize Papias.*[73] E color que es dicha gilbo, *que es color medianera entre dos colores, es a saber, entre bermejo & soro.* E color blanco *que es dicho saujno.* E color que es dicho scuculato. *El qual color es de purpura o propia mente color de* ***flor de bruel o*** *viola, ado son mezcladas algunas gotas blancas.* E color blanca gotada de gotas negras o bermejas. E color blanca menos de otra mezcla. E [**fol. 124v**] color negro espesso, es a saber que non aya rres entremezclado. Despues de aquestos colores desuso dichos, deues escoger los sigujentes que son buenos, despues empero de los primeros: aquesto es, color vayo & bruno, es a saber que sea mezclado con negro & con color vayo. *E aqueste color mezclado se dize bruno o rrodado.* De semejante valor es color que se dize escumoso que non ha propio color. E color bragado, es a saber que aya vn quarto o dos o tres negros o bermejos o soros. E vn quarto o dos o tres blancos. Los cauallos que son de qual se quier color delos de suso dichos acostumbran de ser buenos. Empero en cauallos deue hombre escojer que sea de vn color sola mente, & non de muchos colores. Los otros deues esqujuar & rrepudiar, si ya non eran sobre buenos, en manera que su bondat & sus meritos tirasen toda la culpa del color.

[**4.13.4**] Semejante mente deues escoger las yeguas, es a saber en sus colores, **& que ayan grant cuerpo & grant vientre**. Empero deues guardar en bestias que sean de grant presçio, mas enlas otras yeguas comunes que non son de grant valor pueden aturar todo el añyo en pastura conlos garañyons que se puedan mezclar & enpreñyar en aquel tiempo que se querra a su voluntat. La natura delas yeguas es tal que lieuan el preñyado doze meses. E en doze meses los potricos.

E enlos garañyones deues tener tal manera que deuen ser apartados vnos de otros por espaçio de tiempo, por tal que conla furor que han non se [**fol. 125r**] consuman & non se gasten & maten. **Las pasturas que** aqueste bestiar de cauallos & de yeguas han menester deues criar que sean bien gordos; es a saber, que aya mucha yerua & habundante, & en tiempo de jnujerno que y aya abrigo. E que y fiera el sol. Enel estiu es menester que ayan lugares frios & sombrosos que non y toque el sol. E deues guardar quelas yeguas non pazcan sus fijos en lugares blandos & muelles, es a saber en tierra lodosa & llena de peçinas, sy non en lugares asperos & pedregosos. E aquesto por tal quelas vñyas delos potricos sean mas fuertes & mas firmes.

[**4.13.5**] E sy por aventura alguna yegua non querra consentir que el garañyon la enpreñye, ayas çebolla marina & picala bien. E mete gela dentro de su natura. E sepas que se escalentara en fecho de luxuria, & enpreñyar se ha. E despues que seran enpreñyadas las yeguas guarda que non les fagas fuerça njn violençia, njn las çierres en lugar estrecho que y puedan ferir del vientre, njn en lugar que se puedan fazer dañyo, njn les fagas pasar fambre, njn set, njn frio. Las yeguas nobles & bellas & buenas deues asi guardar que cada añyo non fagan fijos njn potricos. Mas vn añyo las deues mezclar conlos garañyones quelas enpreñyen, & non otro añyo. Por tal que mas copiosamente puedan criar sus potricos. E que sus personas non valgan menos, sy non que mejor puedan abundar [**fol. 125v**] en leche. Las otras yeguas comunes, es a saber que non son generosas njn grandes njn de grant valor, cada añyo las podras dexar enpreñyar. [**4.13.6**] E conujene que el garañyon antes que lo mezcles conlas yeguas que aya conplidos IIII° añyos. E sea enel començamjento del V° añyo de su hedat. E la yegua pueda començar de conçebir despues que aura complidos dos añyos. Ca despues que ha X añyos, los potricos que nasceran de la yegua seran fuerte flacos & perezosos, menos de todo bien.

Los fijos que nasçeran de las yeguas nonlos deues manear njn tocar conlas manos, ca sepas que grant dañyo les faze quien los toca & menea muchas vezes. Tanto como podras los guardaras del frio. E enlos potricos guardaras las señyals segunt que desuso lo avemos mostrado enlos padres & madres suyas & aquesto segunt la hedat que avran, asy cognosçeras sy son fuertes o ardites o alegres. Ca sepas que en su juuentut comjençan mostrar sus meritos, es a saber, bondat o maliçia que deuran auer quando seran en su tiempo. [**4.13.7**] En aqueste mes de março deues començar de domar los potros despues que ayan complidos dos añyos. E deues apartar & escojer los grandes & gruesos & largos & espesos de braones. E que sean calentiuos conel costado vn poco coruo. E tengan los genjtiuos o botones chicos & eguales que non tenga el vno mayor que el otro. E que [**fol. 126r**] aya todas las otras cosas de suso dichas en sus padres. E en espeçial sean enellos guardadas las costumbres que desuso avemos dichas. Es a saber que por sobra de folgar o rreposar fuerte ligeramente se mueuan. E despues que ligera mente non se qujeran asegurar. E aquesto es loable señyal en todo buen cauallo.

[**4.13.8**] El tiempo & la hedat delos cauallos & de las otras bestias de carga podras conosçer por estas señyals: deues saber que quando el potro ha dos añyos & medio, los dos dientes medianos dela parte de suso se le cahen. E quando ha IIII° añyos muda los clauos dela parte de suso que se dizen canjnos. *E en Cataluñya les dizen ffaua.* Quando comjençan aver VI añyos los colmjllos sele cahen de la parte de alto. E dentro del VI° añyo egualan se todos los dientes que han mudados. E enel VII° añyo todos sus dientes cumplen su canal. E todos son de egual medida. E de aqueste tiempo de VII añyos avant, pues quelos ayan complidos, es jnposible & cosa dificil de conosçer la hedat dellos. Empero deues saber quelos cauallos que son viejos & han grant hedat, las sus galtas se amagresçen & se fazen a manera de canal. E las çejas se enblanquesçen que tornan blancas. **E los dientes de adelante,** asy los de alto como los de baxo, se muestran mucho luengas.

En aqueste mes de março deues castrar o sanar todas bestias masclos & fembras que castrar & sanar se deuan, asy como carneros, cabrones, puercos, mulos, asnos & puercas. E espeçial mente cauallos.

[4.14] De mulos & mulas & asnos.

[**fol. 126v**] Si tu querras aver mulos o mulas. Conujene que tu ayas yegua que sea grande de cuerpo. E aya buenos huesos & firme & de buena talla. E en escoger la yegua non deues aver cura que sea ligera, sy non que sea fuerte. E que sea de hedat de IIII° añyos. E puede sofrir de enpreñyar se fasta que aya X añyos pasados. E deues mezclar conla yegua vn asno que sea grande & fuerte & jouen de III o de IIII° añyos. E sy por aventura el asno non rrequiere la yegua, por tal como non es semblante de su natura, deues fazer estar la yegua delante del asno tanto espaçio de tiempo fasta tanto que conozcas que el asno ha voluntat de yazer con la yegua, es a saber, que sea escomoujdo por luxuria. E ala vegada tu deues amagar la yegua por que non yagua conella. E despues la yegua por caso semejante sera escalentada en luxuria. E cada vno consentira de mezclarse el vno conel otro, ya se sea que non sean de vna natura o condiçion. *Non contrastante quela yegua sea de natura cauallar, & el asno sea de natura vil & perezosa.* [**4.14.2**] E sy por aventura el asno mordera la yegua mjentra la furor le durara, la vegada conujene que tu fagas algunos dias trabajar al asno, faziendole labrar o traher carga o otras cosas. E deues saber que sy el cauallo o rroçin se mezcla o enpreñya al asna, que el fijo que parira sera mulo. Semejante mente sy el asno saluage caualga o enpreñya [**fol. 127r**] al asna, engendra mulo. Mas de aqueste linage de mulos non ha mejores njn que valgan mas que aquellos que el asno engendra dela yegua. Empero deues saber quelos mejores asnos que pueden ser para garañyons son aquellos que son engendrados de asno saluaje & de asna, los quales sepas que engendran fijos asy como mulos que son mucho buenos & ligeros & mucho fuertes, mas que non los otros que son engendrados por asnos domesticos. *De los asnos saluages non se fallan en Catalunya.* [**4.14.3**] Los asnos garañyons que querras apartar para enpreñyar o caualgar las yeguas deuen ser tales que ayan el cuerpo ancho & firme con buenos braones conlos mjembros fuertes & estrechos. E que aya el color negro o morzillo, *que qujere dezir quasi negro* mas no del todo, o que sea bermejo que dize hombre rroyo. E sy por aventura el garañyon tiene pelos de diuersas colores enlas orejas o en las çejas, sepas de çierto quelos fijos que engendrara avran diuersos colores segunt de aquellos pelos. E avn deues saber que el asno garañyon non deue auer menos de III añyos, njn mas avant de X añyos. [**4.14.4**] Quando la mula avra complido vn añyo deues la tirar ala madre & apartar la della. E deues la fazer pasçer & nudrir en lugares asperos & pedregosos o montanyosos, por tal quela aspereza del camjnar nonle sea estrañya njn aborrezca los malos camjnos. Quando los avra acostumbrados, los asnos comunes o menores—es a saber, que non son garañyons —deues dexar para labrar los campos. E sean [**fol. 127v**] nodridos o pasturados como te querras. Ca sepas que non se dan mucho nin valen mucho menos sy son malpensados a manera de personas negligentes & perezosas.

[**4.15**] De abejas.

A las abejas suele venjr en aqueste mes vna enfermedat. E aquesto por tal ca en tiempo del jnujerno han comjdo la flor del titimal o dela letrera o del olmo, que son flores mucho amargas. E nasçen mucho tempranas, antes dela primauera. E por tal como las abejas son estadas mucho deseosas de flores enel jnujerno pasado, con grant afecçion comen de las dichas flores & han dissinteria, o fluxo de vientre. E luego mueren, sy non le ayudas con aqueste rremedio luego. Tu avras granos de mjlgrana dulçe & esclafaras los & mezclar los has con vjno blanco que sea dulçe. E meter los has en lugar quelas abejas puedan comer, o avras pasas de vuas blancas o negras, & flores de maluas & vjno fuerte. O si qujeres, tomaras todas aquestas cosas de suso dichas, es a saber, la mjlgrana & las pasas & la flor dela malua. E todo en semble mezclar lo has. E medio cochas con buen vjno fuerte, poner lo has en vasos de fuste a rresfriar. E quando seran rresfriadas dexaras comer alas abejas & sanaran del fluxo del vientre. Jtem toma del rromero & cozer lo has en agua mezclada con mjel que es dicha mulsa. E despues que sera rresfriado meter lo has sobre tablas o vasos de tierra, en lugar quelas abejas dello puedan comer. E tomaran del suco que es cosa mucho prouechosa para el fluxo dellas. *Empero yo* [**fol. 128r**] *digo que si tomas de la flor del rromero*

& la cuezes conla mjel menos de agua, quasi como qujen qujere fazer rromaujnat, & lo mëtas en lugar quelas abejas lo puedan comer, queles fara grant prouecho. [**4.15.2**] E sy por aventura veras o sentiras las abejas mucho flacas, es a saber que non mostraran fuerça njn vigor, antes seran asy como sy durmjan, que non faran sueno njn rroydo, & veras que muchas vezes lançan fuera sus casas cuerpos de abejas muertas, la vegada tu avras mjel cocha & mezclaras conla mjel poluora de galas, o de rrosas. E con cañyutos de cañyas tu lo meteras de dentro delas casas delas abejas. E los cañyutos delas cañyas conujene que sean por medio partidos por luengo a manera de canales, por tal quelas abejas puedan tomar de aquella mjel mezclada conlas poluoras. Empero mucho es nesçesario que antes & de primero, tu abras las casas delas abejas que con cuchillo bien tajante o otra ferramjenta tu tires de los panares que seran dentro dela casa toda aquella partida que fallara ser seca o vazia o podrida que non y avra mjel. Car es señyal quelas abejas que son en aquella casa non son bastantes a complir los panares que han començados. E deues los tajar con ferramjentas bien tajantes, por tal quela parte delos panares que quedaran non se mueuan njn se consumezcan. Ca sy se moujan, conuendria alas abejas de mudar su domjçilio & su casa propia desamparar.

[**4.15.3**] Muchas vezes toman dañyo las abejas por la grand abundançia que han. Ca sy el añyo es abundante mucho de flores, non han cura sy non sola mente de fazer mjel & non han cura en [**fol. 128v**] rres de fazer fijos. Por la qual rrazon se pierden & vienen a menos, por tal que non son de grant durada. E de aquesto syn dubda se sigue grant dañyo alas gentes. Por que es nesçesario que quando tu veras grant abundançia de mjel & veras grant abundançia de flores, & todo añyo sera fertil & abundoso, que tu de tres en tres dias deuas çerrar los forados por los quales entran & salen las abejas. E sepas que sy lo fazes que en aquel espaçio o jnterualo de tres dias, las abejas vsaran & comeran mesurada mente de la superfluydat dela mjel que avran & tendran en auer o fazer fijos.

[**4.15.4**] E deues saber que enla salida de aqueste mes de marҫo & quasi enel començamjento de abril, deues aljmpiar & purgar las casas o colmenas de las abejas. E deues echar de fuera todas las suziedades & cosas secas & podridas que ay fallaras por causa delas pluujas & dela jnuernada queles ha fecho grant dañyo, & avn todos los gujanos o tiñyas o telarañyas & arañyas. Ca todas aquestas cosas han acostumbrado de corronper & gastar los panares & la mjel. E avn deues sacar todos los papallones. Ca de la su fienta han acostumbrado de criar o engendrar gujanos que fazen grant dañyo alas abejas. E despues que tu avras aquesto fecho tu avras estiercol o boñygas de buey secas & poner las has sobre las brasas del fuego. E perfumaras todas las colmenas. Ca mucho les aprouecha, & es sana cosa para las abejas. Aqueste aljmpiar de las colmenas enla manera desuso dicha deues continuar muchas vezes fasta al tiempo del optuñyo. E sepas que el que [**fol. 129r**] guardara o aljmpiara las colmenas aquel dia non deue auer vsado con muger, njn avn el dia pasado. Antes qujeren que sea hombre casto & mesurado, es a saber, que non sea embriago, njn sea vañyado aquel dia en vañyo, njn aya comjdo viandas agras njn cozientes *assi como ajos o çebollas,* njn de mala olor, njn salsas cozientes.

ABRIL

[**5.8.1**] Aqueste mes & setiembre son eguales enlas oras.

La primera ora del dia avra la tu sombra de los tus propios XXIIII° pies.

La IIª, XIIII pies.
La IIIª, X pies.
La IIIIª, VII pies.
La Vª, V° pies.
La VIª, IIII° pies.
La VIIª, V° pies.
La VIIIª, VII pies.
La IXª, X pies.
La Xª, XIIII pies.
La XIª, XXIIII° pies.

[**fol. 129v; 5.0**] Aquj comjença el mes de abril, es a saber aquello que en aqueste mes deues obrar segunt agricultura o labrança. E comjençan los capitulos.

E primero . . . [74]

En qual manera deues sembrar **medica,** *que es simjente de alfalfas, que es yerua que acostumbran en rregno de Valençia.*

De enxerir olíueras & vllastres.

De cauar vjñyas & campos.

De enxerir çepas o sarmjentos.

De rromper los campos & boscages que son humjdos & gruessos.

De los huertos, & de aquello que en ellos deues sembrar & plantar. E primera mente de verças, & de apio, de armuelles, de cotimo, *que es alfabega,*[75] de melones, de cogombros, de puerros, de çebollas, de çeliandre, de tapas, de serpoll *o poliol,* de colcaç, *que es mediçinal, que es dicha colocasia. Algunos dizen que colcaç es platano.* De lechugas, de bledos, de albudeques, de calabaças & de menta.

De los arboles fructifferos que deues tener enel huerto.

Primera mente gingoleros, que son açufayfos. E otros [**fol. 130r**] fructifficantes de manera de cada vno & de su natura diremos adelante segunt que conuendra en cada vn mes.

De olio violado.

De los bestiares, como se deuen tondir & senyalar & criar los terneros o vedelles.

De las abejas. Como las deues çercar & limpiar sus casas.

[5.1] En qual manera deues sembrar medica.

En aqueste mes de abril, en las eras que avras ya cauadas & aplanadas, segunt que ya desuso avemos fecho mençion, sembraras la simjente dela **medica** que es dicha **en rregno de Valençia** alfalfez. E despues que vna vegada la ayas sembrado non la cale sembrar por X añyos. E sepas que cada vn añyo la puedes segar o cortar seys o siete vezes. E sepas que el alfalfez estercuela & engrasa el campo o la tierra si es flaca. E rrepara las bestias magras & flacas & cura & sana las bestias enfermas. E sepas que vn jornal de bueyes basta complidamente a tres cauallos. E sepas que sendas ozizes bastan a sembrar vna tabla que aya V° pies de ancho & X pies de luengo. [**5.1.2**] E es nesçesario que luego que sea sembrado que sea cubierta la simjente con rrastrillo que aya dientes de fierro. E non con otra ferramjenta sinon con rrastrillos. Mas con de fusta puedes arrancar la yerua que se fara enla tabla, por tal que el alfalfez mjentra que sera tierno non sea quebrantado njn gastado por el fierro, ca non aprouecharia. [**5.1.3**] La primera vegada que lo tajaras sea bien tarde. Es a saber, [**fol. 130v**] que antes quelo coxgas la primera vegada quelos dexes granar, por manera que quando lo cogeras, que de su simjente cayga enla era o tierra enla qual estara sembrado. Las otras vegadas lo podras segar o coger asi temprano como te querras. E lo puedes dar a todas bestias gruessas. Empero enel començamjento les deues dar tempradamente, por tal como la yerua es tierna, sepas que fincha & cria mucha sangre. E asi como segaras la era del alfalfez, assi conujene quela fagas rregar. E asy sea rregada por algunos dias antes que non comjençe a granar. E faras lo entrecauar o ljmpiar de otras yeruas. E en tal manera podras auer cada vn añyo VI segaduras. E durara por X añyos en vn mesmo lugar, que non te calera sembrar njn mudar.

[5.2] De enxerir oliueras & vllastres.

En aqueste mes en lugares temprados, es a saber que non son mucho frios njn mucho calientes, podras enxerir las oliueras. Es a saber, que sean enxeridas en la escorça con palucho por semblante manera que avemos dicho de los mançanos. Empero muchas vegadas acaesçe que quando la oliuera **borda** que auras enxerido, o por aventura sera quemada, o enla rrayz se faran muchas vergas o rramas que fazen morir el enxierto, tu podras en aquesto proueer, & por tal manera que çerca la rrayz del arbol faras vna grant fuesa. E de dentro dela fuesa tu soterraras de aquellas vergas, & cobrir las has de tierra fasta ala mjtat dela fuesa. E la otra mjtat de alto fincara vazia. [**5.2.2**] En aquellas vergas mesmas, en aquel añyo mesmo—o enel otro sigujente & valdra mas—tu faras los enxiertos por manera de escudet, ca con palucho mucho serian delgadas las vergas. [**fol. 131r**] E cubriras los enxiertos de tierra cada añyo, añyadiendo sobre ellos tierra fasta tanto quelos enxiertos ayan bien preso & sean bien firmes. E la vegada los podras trasplantar, & sepas que por tal manera. Pues la enxertadura sua sea cubierta de tierra, rres nonle puede vedar de cresçer njn de aprouechar. E sy quedaua descubierta, sepas quela maliçia & esterelidat dela natura de la oliuera borda la tiraria a si mesma. E non fructificaria. [**5.2.3**] Algunos son que enxieren la oliuera ala rrayz. E quando veen que el enxierto ha tomado o es refirmado, con vn pedaço dela rrayz tajanlo & trasplantanlo asy como otras plantas. Los griegos dizen que enlos lugares frios se deuen enxerir las oliueras del dia de Santa Maria de Março fasta V° dias de julio. Empero que enlos lugares calientes & temprados se deuen enxerir antes.

Las vjñyas que son enlos lugares frios se deuen en aqueste tiempo cauar antes de X dias del mes de abril. Si algunas çepas eran fincadas que non fuesen estadas enxeridas enel mes de março, deuen se enxerir en aqueste mes de abril. [**5.2.4**] Las simjentes que son estadas sembradas se deuen estercolar & limpiar de yeruas o entrecauar. Enlos lugares secos; es a saber, que non se pueden rregar, deues sembrar mjllo & panjzo. Los campos que son grassos & rretienen mucha agua & son mucho habundantes de yeruas se deuen en aqueste tiempo labrar, por tal quela yerua noy pueda granar njn dexar la su symjente.

[5.3] De los huertos.

[**fol. 131v**] En los huertos podras sembrar ala çagueria de aqueste mes de abril fasta tanto quela primauera sea pasada vna simjente de coles que es dicha brasica. *Dizen algunos que es vna simjente de coles que non la conujene trasplantar. E que son coles verdes.*

E avn puedes sembrar asy apio en lugares frios. E en qual tierra te querras con que se puedan rregar temprada mente, ya se sea que asi mesmo ha acostumbrado de nasçer en lugares secos. E en cada vn mes dela primauera fasta al optunyo. E deues saber que en aqueste linaje de apio es vna yerua que es dicha en latin lipon silenon o fabbaria. Empero es mucho mas dura & mas aspera que non es el apio verdadero. En aqueste mesmo linage es vn apio que es dicho en latin eleosilenon, es a saber, apio domestico. El qual nasçe çerca delas balsas o çerca de los rregadios. E ha las fojas & el asta mas tiernas quelos otros apios. El apio saluaje nasçe entre las rrocas & es dicho en medeçina petrossilinum. E todas aquestas maneras de apios puedes tu aver en tu huerto sy has diligençia. Si qujeres aver grandes plantas de apios, tu tomaras de la simjente del apio atanta como podras tomar con tres dedos. E enboluer lo has en vn pedaço de trapo de lino delgado & vsado. E soterraras la en vn foyo que non sea fondo. E sepas que toda la simjente se ayuntara en vna rrayz o rrama, la qual sera mas bella quelas otras. E sy quieres que las fojas sean crespas, antes quelas metas enel foyo o antes quelas siembres cascar las has vn poco, & seran crespas. E aquesto mesmo faran si quando nasçeran les [**fol. 132r**] pones de suso algunos palos o piedras o semejantes cosas pesantes. E semblant ment faran las fojas crespas sy las pisas quando nasçeran. La simjente del apio do mas vieja es mejor nasçe & mas ayna. E la nueua nasçe mas tarde.

[**5.3.3**] En aqueste tiempo fasta la fin de julio o en optuñyo puedes sembrar armuelles, mas quieren abundançia de agua. E tant tost como es sembrada la simiente luego se quieren cobrir de tierra. E deuen se bien estercolar & aljmpiar de otras yeruas. E sy bien son sembrados non se qujeren trasplantar. Empero quien los trasplanta, que sean rralos & bien estercolados & rregados & se fazen mucho bellos. E con cuchillo los deues tajar & coger ca non çessan de brotar & cresçer.

[**5.3.4**] Agora es tiempo de sembrar alfadega *que es dicha en medeçina cotimum, uel ozimum.* Si luego como la avras sembrado la rriegas con agua caliente luego nasçera. E sepas que Marçial, philosofo, rrecuenta vna maraujlla que agora faze las flores asi como purpura & despues blancas & despues color de rrosa. E si de la su simjente sera muchas vezes sembrada dize que se mudara en poliol que es dicho serpilium & despues en simebrium. *La qual yerua non es fallada entre nos otros en Cataluñya, njn y ha tal alfabega.*

[**5.3.5**] En aqueste mes trasplantaras melones & albudeques, cogombros & puerros. E puedes sembrar poliol & taperes, colcaç, lechugas, çebollas, çeliandre, calabaças, menta en rrayz o en planta, jnçiba, que es dicha çicorea *& algunos dizen que es jndibia,* & se puede trasplantar.

[5.4] De los gingoleros, que son açufayfos.

[**fol. 132v**] Los gingoleros o açufeyfos que son dichos en latin zizifum, plantaras o sembraras en aqueste tiempo de abril enlos lugares **calientes & enlos** frios en tiempo de mayo o de juñjo. Empero ama mucho los lugares calientes & de abrigo, por que sean defendidos del frio. E puedes sembrar de los cuexcos, & puede se trasplantar toda la rrabaça o planta nueua. E cresçe muy tarde. E sy la plantaras enel mes de março has la de plantar en tierra muelle. E sy sembraras los cuescos, plantalos en fuensa o foyo que non sea mucho fondo mas avant de vn palmo. E las cabeças agudas delos cuescos vayan ayuso fincadas en tierra. E deyuso los cuescos & desuso dellos deues meter estiercol & çenjza. E deues los defender de toda yerua que nasçera açerca dellos, es a saber que sean muchas vegadas aljmpiados conla mano en cada vn foyo o fuensa. E non deues meter mas avant de tres cuescos. [**5.4.2**] E quando seran nasçidos & tan gruessos como el pulgar, trasplantar los has en otra fuensa o foyo mayor, o en otro lugar que sea bien cauado & labrado. Mucho aman o rrequieren tierra magra & ligera. E enel jnujerno rrequjeren ayuntamjento de muchas piedras çerca dela rrayz o rrabaça suya. E enel estiu quieren quelas piedras les sean tiradas. [**5.4.3**] E sy el arbol o la cañya o las rramas del açufeyfo son tristes, que non tienen aquella verdura que deuen, con vn fierro que aya dientes *assi como almohaça* le podras tirar grant parte dela corteza, o avras [**fol. 133r**] boñygas de buey, & meter gelas has enel pie o rrayz temprada mente & muchas vezes, & tornara en su estamjento. El fructo del açufeyfo o gingolero; es a saber, los gingoles, si son cogidos maduros se pueden conseruar si los meten en algunt lugar o vaso de tierra envernjçado & bien tapado & lo pongas en lugar seco. E avn se saluaran mejor si los gingoles frescos & maduros rruxaras con vjno viejo, & guardar los ha de rrugas. E se pueden saluar si como son maduros los tajas & los coges con rramas en que se tienen & las cuelgas. E avn se saluaran si con sus fojas mesmas enbolujdas los cuelgas *en lugar que el sol non las toque.*

[5.4.4] De otros arboles fructifferos.

En aqueste mes en los lugares temprados plantaras mjlgranos enla manera que desuso es dicha. E por consigujente los podras enxerir. En aqueste tiempo mesmo puedes enxerir priscal en la manera que se enxiere la figuera, es a saber en la escorça con escudet, segunt que despues dire quando fablare del enxerir delos arboles. En aqueste mes en los lugares calientes se puede enxerir el ponçemer segunt que desuso es fecha mençion. [**5.4.5**] Enlos lugares frios puedes enxerir figueras segunt que ya es dicho desuso. E asy puedes las figueras enxerir en escorça con escudet. En aqueste tiempo puedes trasplantar las palmeras en lugares calientes & de abrigo. E dizen les [**fol. 133v**] çefalones, es a saber, margallons. En aqueste mes mesmo puedes enxerir los seruales. E puedes los enxerir **enel mismo arbol o** en codoñyer & en espeçial blanco,[76] es a saber arañyoner.

[5.5] De olio violado & de vjno violado.

Olio violado se faze asi: a cada vna libra de olio tu mezclaras vna onça de violas ljmpiadas & mundadas. E dentro de algun vaso de vidrio bien tapado meter lo has en lugar descubierto quele pueda bien tocar el sol & la serena. E **el vjno** violado faras assi: toma V° libras de violas ljmpias & apuradas & guarda que no y aya del rros dela noche pasada. E meter las has en X sisterns de vjno viejo bueno & puro. *Cada vn sistern pesa VIII° dragmas & media segunt los pesos de medeçina. E creo que aquestos sisterns pueden ser medida asy como vn quarter de Barçelona.* E meteras y X libras de mjel & dexar lo has assi por XXX dias. E podras ne vsar.

[5.6] De los bestiares, como se deuen tondir & senyalar & criar los terneros o vedelles.

En aqueste tiempo suelen nasçer los terneros. E es nesçesario quelas vacas madres suyas sean bien proueydas de comer, por que puedan mejor abundar en leche. E a los terneros daras a comer farina de mjgo mezclada con leche a manera quj da saluado que sea rrosado con agua, la qual farjna faras [**fol. 134r**] de mijo torrado & bien molido. En los lugares calientes en aqueste mes de abril t[o]ndras las ovejas & los carneros. E assi mesmo se deuen señyalar los corderos. En aqueste mes deues mezclar los carneros conlas ovejas para enpreñyar, por tal que enel jnujerno venjdero se fallen los corderos mas fuertes & firmes.

[5.7] De las abejas.

Los colmenares deues ordenar en aqueste tiempo en lugares conuenjbles. E deues saber que sy las abejas pueden continuada mente pasçer en lugar do aya agua & si muchas vezes y vienen, señyal çierto es que deuen fazer mucha mjel. E sy vienen atarde, señyal es que non fazen mucha mjel. [**5.7.2**] E avn deues saber que sy en alguna agua vienen a beuer muchas vezes muchas abejas & non sabes de çierto do son sus enxambres o casas, & quieres saber do seran, tu auras arzilla bermeja o almagra destemprada con agua & vernas al rrio o ala fuente do acostumbran a venjr las muchas abejas, & con vn rramo que sea bañyado enel arzilla o almagra tu enrroçaras o escamparas de aquella agua sobre las abejas. E tant tost tendran las alas señyaladas dela agua bermeja. E sepas quelas abejas non çesan natural mente de andar & tornar & ternas mjentes sy tornan ayna o sy tardan. E en tal manera conosçeras sy tienen çerca o lueñye sus casas o enxambres. E sy por aventura tardaran mucho en tornar, sepas que sus casas son lueñye. E sy las [**fol. 134v; 5.7.3**] querras rretener avras vn cañyuto de cañya que sea abierto al costado. E finchir lo has de mjel o de arrope. E tan tost las abejas vernan ala mjel & entraran dentro del cañyuto. E quando veras que seran muchas, la vegada conel pulgar tu ataparas el forado. E antes que te partas de aquel lugar tu dexaras bolar vna abeja sola ment, & aquella segujr la has a ver do bolara, tan soptosa mente como podras, enta aquella parte do bolara. E sy por aventura ella buela tan lueñye quela pierdas de vista, luego tu dexaras salir otra abeja. E por aquesta manera tu dexaras bolar todas las abejas fasta tanto que tu ayas fallado todos los enxambres delas abejas. [**5.7.4**] **Algunos son que fazen** por tal manera que çerca del agua do acostumbran de beuer meten algunt vaso chico con mjel. E despues que algunas han comjdo, luego trahen en aquel lugar todas las otras. E quando y seran muchas ayuntadas, quando se tornaran todas en semble, tu las segujras & podras saber o ver en que lugar tienen sus enxambres.

[**5.7.5**] E sy por aventura sus enxambres seran dentro de vna rroca, la vegada avras fumo ala puerta dela rroca & todas saliran. E como seran todas salidas de fuera la vegada tu las esparziras con grant rroydo *que faras con calderas o baçines o con piedras o conlas manos.* E con tal rroydo ellas seran espantadas & tan tost se posaran o se asentaran en algunt arbol o en alguna rrama. E faran vn ayuntamjento a manera de vna colgada. E podras las tomar faza el sol puesto. [**fol. 135r**] E meten las en la colmena que ternas aparejada. E si por aventura las abejas se meteran en alguna rrama de arbol, que non se avran fecho vna segunt he dicho, la vegada ayas vna sierra bien tajante & aserraras la rrama desuso & deyuso & tomaras la parte enla qual seran ayuntadas las abejas. E cobrir las has con vnos bellos manteles & ljmpios & lieualas a do te plazera. E compartir las ha entre las colmenas que querras segunt que seran muchas o pocas. [**5.7.6**] E avn deues saber que por la mañana deuen buscar las abejas, por tal que dentro de aquel dia ayas complida toda la obra. E deues saber que muchas vegadas acaesçe que enta la tarde las abejas non tornan al agua. Las colmenas do meteras nueuos enxambres de abejas deues perfumar con vna yerua que es dicha en latin **citriago,** *la qual non fallo que sea nombrada por otro nombre cognosçido*, o las perfumaras con otras yeruas que ayan suaue olor & plaziente. E rregaras las casas con vna poca de mjel destemprada con agua. E sy sera el tiempo de primauera & el colmenar que querras ordenar sera çerca de fuente, deues les ordenar sus colmenas, es a saber quelas vnas non sean lexos delas otras. E deues saber que sy el lugar es atal que ay acostumbran de venjr muchas vezes muchas abejas de otros lugares para poblar las casas vazias. Empero deues proueer que ladrones non se puedan leuar aquellas o furtar.

[**5.7.7**] En aqueste mes mesmo de abril aljmpiaras las colmenas delas abejas de toda suziedat. E de los papallons que y sean fallados & sean muertos. Aquestos papallons acostumbran de nasçer o criar mayor mente quando las maluas [**fol. 135v**] floresçen. E por tal manera puedes matar los papallons: tu avras vn vaso de arambre que sea alto o luengo & estrecho atal. E enla tarde tu meteras lumbre ençendida enel fondon del vaso. E meter lo has entre las colmenas delas abejas. E sepas que todos aquellos papallons vendran ala lumbre. E por la estrechura del vaso non podran bolar. E cremar se han todos forçada mente. *Aquesta natura de papallons aman mucho la lumbre. E fazen grant dañyo a vestiduras & alas pieles & alas peñyas de grises & a todas las otras & a todo trapo de lana. E en espeçial engendran muchas arnas & tiñyas enlas casas delas abejas.*

MAYO

[**6.18**] Las oras de mayo son eguales conlas oras del mes de agosto.

La primera ora del dia aura la tu sombra de los tus pies propios XXIII pies.

La segunda, XIII pies.
La III^{a}, IX pies.
La IIII^{a}, VI pies.
La V^{a}, IIII° pies.
La VI^{a}, III pies.
La VII^{a}, IIII° pies.
La VIII^{a}, VI pies.
La IX^{a}, IX pies.
[**fol. 136r**] La X^{a}, XIII pies.
La XI^{a}, XXIII pies.

[**6.0**] Aquj comjençan los capitulos de aquello que hombre deue obrar en el mes de mayo segunt rregla de agricultura.

De sembrar mijo.

De panjzo.

De las otras symjentes que son estadas sembradas que floresçen en aqueste mes.

De segar el feno.

De tirar [los sarmjentos nueuos]

De despampanar las vjñyas. E de descabeçar los tallos tiernos & los **pampols**.

De labrar los campos nueuos.

De entrecauar las vjñyas & otros arboles.

De sacar piedras para fazer cal.

De entrecauar los sembrados.

De podar las oliueras.

De arar los campos do son sembrados los lupins[77] para estercolar.

[**fol. 136v**]

De los huertos. E delos espaçios que deuen auer.[78]

De apio.

De çeliandre.

De melones, calabaças, cogonbros & cardons.

De rruda.

De los mançanos.[79]

De la flor del mjlgrano.

De enxerir priscal.[80]

De ponçemer.

De figuera.

Del gingolero, que es açufeyfo.

De la palmera.

De vacas & de bueyes.

De las ovejas trasqujlar.

Del queso.

De abejas.

De paujmjentos de terrados.

De fazer adobes.

De vjno rrosado.

De olio de lirio.

De olio rrosado.

De mjel rrosada.

De rrosas verdes a conseruar.

[6.1] De sembrar mijo. De panjzo. De las otras symjentes que son estadas sembradas que floresçen en aqueste mes. De segar el feno.

[**fol. 137r**] El panjzo & el mijo sembraras en aqueste mes de mayo enlos lugares frios & humjdos, segund la manera que ya he mostrada. En aqueste mes las simjentes que ya son sembradas, como trigos, çeuadas, auenas & semejantes simjentes floresçen, por que non deuen ser tocadas njn maneadas por el labrador. E sepas quelos trigos & çeuadas que son singulares simjentes floresçen & tardan de floresçer VIII° dias. E de allj avante tardan XL dias a granar o engrossir. E non çesan despues que avran echada la flor fasta al tiempo que seran maduros & colorados para segar. Las otras simjentes doblas, asy como son fauas, aruejas, *lentejas, garuanços* & otros legumbres tardan a floresçer XL dias, & granar todo en semble. [**6.1.2**] En aqueste mes deues segar el feno antes que non sea seco. O sy por aventura despues que auras segado sobreuenja pluuja o agua, nonlo deues boluer njn tocar por enxugar fasta tanto quela parte susana sea bien enxuta & sea bien seca.

[6.2] De tirar los sarmjentos nueuos. De despampanar las vjñyas. E de descabeçar los tallos tiernos & los pampols.

Agora deues considerar quales delos sarmjentos nueuos deurian quedar enlas çepas delas vjñyas nueuas. Deues le dexar [**fol. 137v**] pocos sarmjentos, mas los que sean los mas firmes & mas rrezios. E avn les deues poner adiutorios, *es a saber cañyas o palos con que sean ligados por mjedo que el viento no los quebrante*, fasta tanto que sean bien rrefirmados al sarmjento o çepa nueua. Quando brotara nole deues dexar mas avant de dos o tres sarmjentos. E que sean ligados con alguna cañya quelos sostenga por dubdo del viento. Ca sy el viento trencaua o quebraua algunas delas rramas, en caso que non fuesen ligadas que alo menos queden las otras. E por aquesto he dicho que solamente queden dos o tres & bastale. Ca sy mas avant le dexauas, la virtut dela çepa tierna no podria abastar a nodrirlas. [**6.2.2**] En aqueste mes de mayo deues despanpanar las vjñyas en tal manera que tu les tiraras las cabeças tiernas delos sarmjentos conlos dedos *& non con fierro, ca grand dañyo faria al sarmjento*. E en tal manera pues sean escabeçados los sarmjentos. E faran mas bel fructo & mayor. E seran mas antes maduros & mejores.

[6.3] De labrar los campos nueuos.

En aqueste mes de mayio deues labrar los campos que son mucho grasos & llenos de yeruas. Empero sy querras labrar algun campo de nueuo, es a saber que nunca sea estado labrado, la vegada tu consideraras si el campo es en lugar seco o humjdo. E si es boscage o silua o es con mucho gramen o sy es lleno de rramas o de arboles que non fazen fructo [**fol. 138r**] *assi como çiruelos bordales, de perales o de semblantes* o si ay falguera o cañyota, que es dicha en latin filix. E sepas que si el lugar es mucho humjdo & rretiene en sy el agua dela pluuja tu le deues fazer çequjas o grandes cauas a cada vna parte. E en tal manera podras secar la humor del campo si las çequjas seran grandes & bien abiertas. Las çequjas faras por tal manera que tu faras en torno del campo surcos por traues fondos de tres pies. E dentro delas çequjas o surcos meteras piedras menudas semejantes de aquellas que se fallan en los rrios, fasta quelas çequjas sean medias de las piedras menudas. E sobre aquellas piedras tornaras la tierra que de antes avras sacada fasta tanto que sea ygual como de antes. [**6.3.2**] Empero faras quelos cabos delas çequjas ala vna parte sean abiertas, en manera que se puedan escorrir vna en otra çequja, que vaya por luengo del campo. E por tal manera la vmor del campo çesara & fructifficara. E sy por aventura non podras auer de aquellas piedras menudas, alo menos que y metas sarmjentos dentro delas çequjas o semblantes vergas o rramas & cobrir las has con tierra. E ssi el campo sera bosque la vegada tu arrancaras todos los arboles. E sy quedaran que sean bien rralos. [**6.3.3**] E sy el campo sera pedregoso, con compañyas faras ayuntar todas las piedras. E podras fazer çerramjento o defensamjento al campo. Si enel campo avra juncos o gramen o cañyuela o falguera, tu faras muchas vezes arar el campo. E çesaran las malas yeruas. [**fol. 138v**] E avn sy ay sembraras fauas muchas vezes el campo se aljmpiara de las yeruas malas & sy ay sembraras luppjns. E quando seran vn poco grandes los faras segar. E si aquesto querras continuar dentro de poco tiempo las malas yeruas seran extirpadas & muertas.

[6.4] De entrecauar las vjñyas & otros arboles. De sacar piedras para fazer cal. De entrecauar los sembrados. De podar las oliueras. De arar los campos do son sembrados los lupins para estercolar.

En aqueste tiempo los arboles & las vjñyas que son estadas cauadas o descubiertas deuran ser entrecauadas, & cobrir las rrayzes. En aqueste tiempo mjentra los arboles del boscaje son bien fullados deues cortar la leñya que avras menester para fazer cal. E vn hombre que sea bien braçero & fuerte deue cortar en vn dia de silua o monte bien espeso tanto como sembradura de vn muig de trigo. *Aquesta mesura atal es jncierta. Ca diuersas proujnçias han diuersas medidas de mujgts. Mas puede ser fasta media quartera.* E sy el bosch o monte non es tan espeso njn tan alto, antes sera rralo, podran cortar en vn dia sembradura de II mujgts. *E sy sera el bosch mucho mas claro podran cortar o çercar mas tierra tallant. Ca como mas rralo sera mas tierra buscara o andara.* [**6.4.2**] En aqueste tiempo se deuen cauar o labrar continuada mente los majuelos & los campos que se deuen sembrar enel optoñyo. En los lugares que son mucho frios & ay acostumbra de [**fol. 139r**] elar & pluujosos, deues podar las oliueras. Es a saber, queles tires todas las rramas secas que el frio o la elada avra quemadas. E algunas yeruas que alas vegadas nasçen en medio del arbol. E vna yerua que es dicha musco, que alas vegadas nasçe enla rrayz o enel arbol. *E es semblante de vna yerua fuerte espessa que nasçe continuadament enlas fuentes.* E sy alguno querra sembrar [lupins], fara bien estercolar el campo,[81] & en aqueste mes de mayo fazer lo ha labrar.

[6.5] De los huertos.

Los huertos que se deuen sembrar en optoñyo & se deuen plantar de arboles en aqueste tiempo de mayio se deuen cauar fondo & muchas vezes. En aqueste mes de mayio puedes sembrar apio, çeliandre, melones, calabaças, cardons & rrauanetes. E puedes plantar rruda & puerros. Empero que sean rregados continuada mente.

[6.6] De los mançanos & de otros arboles fructifferos.

Agora comjençan a floresçer los mjlgranos en los lugares calientes. E dize Columella, vn grant philosofo en fecho de lauor, que sy tomas vna rrama de mjlgrano en que aya vna flor *de aquellos es a saber que se deuen tener—& podras lo conosçer, que aya la cabeça que se tiene conel brot o rrama mas gruesa & mas firme que non otra, ca las otras flores que nasçen conla cabesça gruesa primera & tienen delgada la cabesça, aquel que se tiene conel rramo* ***comunamente*** *noy aturan, antes se cahen* —& tu faras vna fuesa çerca del mjlgrano, & [**fol. 139v**] soterraras y la dicha rrama, & ligaras bien la dicha rrama firme, en manera que non se pueda desoterrar, & despues meteras dentro de vna olla aquel rramo do sera la flor conla flor en semble, & taparas bien la olla que noy pueda entrar pluuja njn sol, & sepas que la mjlgrana enel optoñyo sera tan grande como la olla. En aqueste mes podras enxerir los priscales & los ponçemeros segund la rregla que desuso es dicha. E enlos lugares frios podras en aqueste tiempo plantar & enxerir sy ya son plantados los gingoleros o açufeyfos, & las figueras. E puedes plantar las palmeras.

[**6.7**] **De vacas & de bueyes.**

Agora deuen ser castrados o sanados los terneros, segunt que dize Mago, philosofo, mjentra son enla hedat tierna. E faze se en tal manera: tu avras vna cañya, & fiende la—*sy la puedes auer; sy non, algun palo*— & fender lo has por medio. E meteras y los genjtiuos o botones del ternero en la luna menguante. E estreñyras bien & tiraras la cañya o palo. E faras aquel a largar. E con la mano tu lo apretaras & lo rretorçeras, es a saber aquello que va deyuso a su poco a poco. E aquesto mesmo se puede fazer en optoñyo. Otros son que castran los terneros por tal manera: ellos toman dos vergas de estañyo fechas en manera de tesoras. E ligan el vedel a vn grand poste. E toman & tiran fuerte mente con aquellas vergas los genjtiuos del ternero. [**6.7.2**] E con vna nauaja o cuchillo bien tajante [**fol. 140r**] sacan de la bolsa çerca dela terçera parte delos ginjtiuos, et quarta parte dela sustançia delos ginjtiuos. E dexan que queden enlas cabeças delos nerujos quelos sostengan. E por tal manera çesa que non sale mucha sangre. E avn sirue que non pierde toda su fuerça, ante son mas vigorosos. E del todo non pierden la voluntat delas femellas. Antes es çierto que pueden enpreñyar & tornar a ellas, mas non son tan fuertes njn tan saluages como los otros toros. E son muchos que luego quelos han castrado en tal manera como aquesta los dexan yazer o ayuntar alas vacas. E aquesto non se deue fazer. Ca puesto que por el tornar alas vacas non muriese, empero çierto es que podria perder mucha sangre de que podria morir. E deues saber que la llaga o tajo que avras fecho de la bolsa delos ginjtiuos deues vntar con çenjza de sarmjentos mezclada conla espuma del argent que sea supita mente mezclado al ternero que sera de nueuo castrado. [**6.7.3**] E nonle deue ser dado a beuer de tres dias, njn le deue ser dado a comer synon poco. E la su vianda sean çimas o rramas de arboles tiernas & blandas & dulçes. E yeruas verdes de grex de rroçio del çielo o de algund rrio, es a saber, yeruas rrosadas. E despues de tres dias avras alqujtran o de sarmjentos çenjza, & vn poco de olio. E mezclaras lo todo en vno. E vntaras la llaga dela bolsa de [**fol. 140v**] los ginjtiuos.

E deues saber que otra manera de castrar terneros ay que es mejor que aquesta ante dicha, la qual es fecha por tal manera: [**6.7.4**] tu ligaras los terneros & lançar los has en tierra. E con alguna rregla de fust tu le tomaras los ginjtiuos. E apretaras los bien, quela sustançia que es dentro dela piel o bolsa venga toda de baxo. E avras vn cuchillo bien tajante. E sea bien bermejo de fuego o quemante. E çerca dela rregla, quasi quj quiere rreglar, en vna vegada; es a saber, que supitamente sea pasado el cuchillo quemante. E sepas que en tal manera el cuchillo menos de dañyo tajara o quemara la piel delos botones. E la çerrara, que non y calrra otra medjçina. E fara çesar que no salljra sangre. Antes sera luego sanado.

[6.8] De las ovejas trasqujlar.

Agora es el tiempo de trasqujlar las ovejas & carneros enlos lugares que son temprados, es a saber que non faga grandes frios njn calores. Empero despues que seran trasqujllados es menester que sean vntados con su vnguente. Tu tomaras delos luppins verdes, & sean cochos en agua. E quando seran bien cochos tu los pretaras bien entre dos tablas. E conseruaras aquel suco que salira. E avras fezes de vjno viejo & morcas de olio, de cada vno egual mente & mezclar lo has todo. E de aquel vnguente tu vntaras las ovejas o carneros. **[6.8.2]** E despues de tres dias, si la mar es çerca, tu leuaras las ovejas o carneros ala mar. E conel agua **[fol. 141r]** dela mar tu las fregaras o las lauaras bien. E si la mar no es çerca, auras agua de pluuja & cozer la has con vna poca de sal. E de aquella agua laua las ovejas o carneros & dexar los has asi estar al sol & al viento & ala serena. E sepas de çierto quela oveja o el carnero que en tal manera sera pensado en todo aquel añyo non avra sarna, & fara la lana mayor, mucha & fina mas quelas otras.

[6.9] Del queso.

En aqueste tiempo & mes te deues entremeter de fazer quesos. E primera mente deues **procurar** & aver el quajo, conque la leche se congela & toma & torna espessa. E sepas que el quajo, aqueste se faze de muchas maneras. Ca muchos que non han yerua quallera toman los corderos o cabritos assi como son nasçidos. E matan los. E aquella leche que fallan ayuntada en la boca del vientre toman la & secan la. E meten la [en] leche que sea vn poco caliente o tibia. E luego la faze tomar & ayuntar. **Otros meten aquella parada que fallan en el vientre del potrico & secanla & fazen poluora & meten la en la leche & luego es congelada.** Otros y meten dela yerua colrera, que es flor de cardo saluaje. E majan la & destiempran la con vna poca de leche. E meten la enla olla o vaso do sera la leche. E luego es presa si sera çerca alguna calentura. E aquesta es la mejor manera. Assi mesmo dizen que la faze congelar la leche dela figuera. E despues que sera congelada la leche & presa, tu la sacaras de aquel vaso & pretaras la bien. E sy es grande quantidat meteras la en otros vasos. E meteras de suso de aquellos alguna cosa pesada quelas priete & faga salljr toda el agua del serigot. E despues que sera bien **[fol. 141v]** escorrida tu la meteras en otros vasos que sean de semblant forma que querras fazer quesos. E semblant ment los pretaras bien & meter les has alguna cosa pesante desuso quelos faga enxugar bien. E desuso delos quesos tu lançaras sal molida o torrada. E pretar los has fuerte mente que no y quede del agua o serigot. [**6.9.2**] Despues de algunos dias tu los meteras desuso delos cañyços. Empero que el vno non toque al otro. E el lugar do los meteras sea çerrado que noy pueda entrar viento njn sol, por tal que saluando su ternura poco a poco se puedan secar, menos que non pierdan su grex. Los viçios delos malos quesos son aquestos: es a saber, que sy son mucho secos & enxutos que non ayan su gordura. Jtem que sy son brescats o tienen muchos forados de dentro. E aquesto viene quando no son bien pretados. E avn quando ay mucha sal, o sy es estado quemado por el sol. Algunos son que quando qujeren comer los quesos frescos, han piñyons ljmpiados & pican los. E destiempran los con leche & comen lo todo en semble. E el queso ha buena sabor delos piñyons. [**6.9.3**] E algunos son que y meten tomjllo o frigola, es a saber, quela pican. E enxetan la con leche. E colanlo por vn bel trapo de ljno & muchas vezes & mezclanlo con la leche. E el queso rretiene la sabor del tomjllo. E semblant ment lo podras fazer con pebre *& gingebre & canela* & de otra espeçia que te querras, car aquella sabor rretendra el queso, assi fresco como seco. *E assi has como se deuen fazer los quesos & conseruar se, & como avran sabor & olor de qual cosa tu querras.*

[6.10] De abejas.

[**fol. 142r**] En aqueste mes comjençan a cresçer las enxambres delas abejas. E deues saber que dentro delas casas delas abejas bien ala çagueria enlos panares mas postrimeros se acostumbran de fazer algunas abejas fuerte gruesas. E muchas son que cuydan que son sus rreyes & nonlo son. Aquestas tales abejas gruesas llaman los griegos oestros. E mandan quelos maten todos. Ca non fazen synon turbar las abejas de su rreposo. E fazen los examenar. Asy mesmo comjençan los papallons que engendran las arnas & las tiñyas enlas casas delas abejas, los quales deuen ser persegujdos & muertos por la manera que he mostrada enel mes de abril.

[6.11] De paujmjentos de terrados.

A la fin del mes de mayio se deuen fazer los paujmjentos enlos solares & terrados. E Palladio dize que enlas rregiones mucho frias algunos delos paujmjentos, quando los toma la primera elada, todos se meten ayuso a manera de leuadura, & luego son perdidos. *Mas eneste libro se demuestra vna manera de fazer los paujmjentos que tengan ala pluuja, la qual manera nos otros en Cataluñya dezimos volta grassa.* E muestran la fazer en tal manera: tu avras dos ordenes de tablas de fusta; es a saber, las vnas por luengo & las otras por traues. E sobre las tablas [**fol. 142v**] ayas paja o cañyas con boua. E sobre aquesto tu meteras piedras puñyales, assi gruesas como el puñyo. E meter las has espesas & a rrencle que todas se tengan vnas con otras. [**6.11.2**] E de suso las piedras meteras mortero fecho de buena cal & buena arena, & gruesa de groseza de vn pie. E aqueste mortero demjentre que sera fresco & blando, con vna tabla tu lo pretaras bien, pisandolo & calcando de suso dela post, por manera que el mortero entre bien entre las piedras fasta la paja o boua. E aquesto faras continuadamente antes que sea seco el mortero. Assi mesmo, antes que el mortero sea seco, tu meteras por los costados & sobre aquel mortero canales que averan dos pies de luengo & quatro palmos de ancho, *que nos otros dezimos teulas.* E aquestas teulas faras ajustar & juñyr las vnas con las otras en aquesta manera: tu tempraras cal biua con olio. E de aquesto tu vntaras todas las junturas delas teulas. E luego se afferraran conel mortero que sera blando. E quasi sera fecho vn cuerpo jnseparable como sera todo seco. E non dexara pasar njnguna pluuja njn agua njn otra humor. [**6.11.3**] E despues ssi te querras, avras teulas o rrajolas picadas mezcladas con buen mortero o argamasa de algebz de seys dedos. E meter lo has sobre todo. E con vergas fazer lo has bien batir & muchas vezes cada dia, por tal que non se fagan fendeduras. Despues si te querras, avras rrajolas anchas & otras tablas de marmol o otras semblantes piedras, & podras enpaujmentar. [**fol. 143r**] E sepas que atal obra non la podra pasar alguna pluuja njn otro liquor. *Empero yo entiendo, qual se qujere delas cosas de suso dichas, & no todas en semble son bastantes a fazer vn paujmjento que tenga a pluuja. Mas en las grandes fuerças & castillos es nesçesario de fazer les voltas & las otras obras de suso dichas, por tal como han de sofrir grandes piedras & cargas de fusta & de otros bastimentos deffensables que son nesçesarios a deffender las fuerças. E conujene quelas vuades & voltas sean firmes. E avn entiendo yo que semejante paujmjento o quasi es prouechoso & nesçesario a fazer vn paujmjento de çisterna o çafarejo para tener agua.*

[**6.12**] De fazer adobes.

En aqueste mes se deuen fazer los adobes de arzilla blanca & bermeja. E valen mas en aqueste tiempo que non fazen enel estiu. Ca sepas quelos adobes que se fazen enel estiu supita mente el sol les quema la cara de suso, & son tostados & secos de suso, mas non son tostados egual mente dedentro. Antes y quedan los humores en medio. Por la qual rrazon se fienden & se les fazen fendeduras. Aquestos adobes se fazen por tal manera: el arzilla sea bien picada & purgada & alimpiada de piedras. E mezclaras y paja bien menuda & luenga mente mezclada conel arzilla. E avras molde de adobes de palo, que aya dos pies de luengo & vn pie de ancho & quatro dedos de alto. E finchir la has de aquesta pasta, & dexalo secar al sol *por la forma que fazen las rrajolas o ladrillos. Mas non deuen ser* **[fol. 143v]** *cochos con fuego, ca basta que esten al sol fasta tanto que sean bien secos, & non mas.*

[6.13] De vjno rrosado.

Tu tomaras fojas de rrosas que sean cogidas vn dia o dos antes, peso de çinco libras. E que sean bien ljmpias. E meter las has dentro de diez sisternos de vjno viejo—*cada vn sistern es peso de VIII° onças*—& dexar las has estar asy por XXX dias dentro del vjno. E despues avras X libras de mjel espumada, ferujda sola mente mas non cocha. E fria meter la has conel vjno & rrosas. *E es beuraje mucho plaziente & es prouechoso.*

[6.14] De olio de lirio.

Por cada vna libra de olio tu avras diez flores de lirios. E meter las has dentro del olio *sola mente las fojas blancas.* E meter lo has dentro del olio todo sola mente en vn vaso de vidrio o ampolla & por XL dias dexar lo has estar al sol & ala serena, el vaso bien tapado.

[6.15] De olio rrosado.

Ayas vna ampolla o vaso de vidrio, & meteras y olio comun de oliuas. E por cada vna libra de olio meteras y vna onça de rrosas, es a saber fojas bien aljmpiadas. E por vn dia dexar lo has estar al sol & ala serena.[82]

[6.16] De mjel rrosada.

[fol. 144r] Toma fojas de rrosas bien ljmpias & frescas. E tira las cabeças blancas que se tienen conlos copolls. E a vn sistern de rrosas vna libra de mjel. E mezclar lo has todo en semble, & dexarlo has estar XL dias al sol. *Mas yo digo que mejor conserua se faze por otra tal manera. Aue fojas delas rrosas & echa fuera las cabeçetas blancas. E despues tajalas menudo con tigeras & majalas bien en vn mortero ljmpio de piedra con majadero de box nueuo que non sepa [a] ajos. E quando seran bien majadas mezcla y çucre quanto querras. E quando sera bien* *mezclado metelo en vn vaso de vidrio conla boca ancha. E este de dia & de noche al sol & ala serena por XL dias. E aquesta vale mucho, mas que aquella que es fecha con mjel.*

[6.17] **De rrosas verdes a conseruar.**

Las rrosas frescas podras conseruar por tal manera: tu tomaras las rrosas que non son avn abiertas. E sea en su rrayz plantada, es a saber que nonla cortaras. E fenderas con vna punta de vn gañyuete vn cañyuto o dos o mas quanto [querras] dela cañya. E en cada vn cañyuto tu meteras atantas rrosas como ay podran caber. E tornaras a çerrar & tapar las fendeduras. E bien ligadas con juncos, dexaras asi la cañya fasta tanto que ayas menester de las rrosas. E la vegada tajaras las cañyas & sacaras las rrosas assi frescas como las y meteras. Otros las conseruan assi las rrosas que non son abiertas [**fol. 144v**] en vna olla envernjzada & bien cubierta & bien tapada. Sotierran la en tierra & dexan la estar al sol & ala serena & ala pluuja fasta tanto que han menester las rrosas & asy avras aquellas verdes.

JUÑJO

[**7.13**] Junjo & julio son yguales enlas oras.
La primera ora del dia avra de sombra XXII pies.
La segunda, XII pies.
La III ª, VIII º pies.
La IIII ª, V º pies.
La V ª, III pies.
La VI ª, II pies.
La VII ª, III pies.
La VIII ª, V º pies.
La IX ª, VIII º pies.
La X ª, XII pies.
La XI ª, **XXII** pies.

[**7.0**] Aquj comjençan los capitulos de aquello que se deue obrar enel mes de junjo segunt orden de agricultura o lauor. E siguen se de primero los capitulos.

[**fol. 145r**] De aparejar la era para trillar los panes.
De segar o fazer mjesses.
De labrar los campos despues de las mjesses.

De entrecauar o plantar las vjñyas.
De coger beças, alfolfas, lentejas, fauas & luppins.
De los huertos. Como deues sembrar de brasica *que son coles verdes*, apio, bledas, rrauanos & lechugas & çeliandre.
De los arboles fructiferos & de la flor del mjlgrano.
De enxerir con escudet perales, mançanos, açufeyffos & figueras.
De la cura del bestiar mayior. E de los quesos. E de tresquilar los ganados menores.
De las abejas. E de la manera de fazer la mjel & la çera.
De los enxambres delas abejas.
De fazer paujmjentos, tejas & rrajolas.[83]
De la manera como cognosçeras por experimento quales seran las fructas venjderas.
De olio de camamjrla.
De fazer vjno florejado de flor del rrazimo a manera de vjno rrosado.
De alfita que es farina de çeuada.

[7.1] De aparejar la era para trillar los panes.

[fol. 145v] En aqueste mes de juñjo deues aparejar la era para trillar los panes por tal manera: tu rraeras la tierra que noy aya yerua. Despues cauar la has ligera mente que no la cauaras fondo. E mezclaras paja conla tierra. E avn la rregaras con morcas o fezes de olio en que non aya sal. E egualaras la tierra. E sepas que en atal manera el grano o pan que ay trillaras sera bien defendido de rratas & de formjgas. E despues que aquesto avras fecho, ave vna grand colupna de piedra bien rredonda. E traher la has por todas las partes dela era al derredor. E aquesto soldara & ayuntara las fendeduras dela era. E despues dexar la has secar al sol. Otros lo fazen por tal manera, que ljmpian las eras de todas yeruas. E despues rriegan las bien con agua. E despues fazen y entrar o estar algunos dias ganado menudo. E conlos pies & vñyas pisan bien la era, que nonla cale pisar en otra manera. E despues dexanla secar al sol.

[7.2] De segar o fazer mjesses.

En aqueste mes de juñjo segaras & faras mjeses de los panes. E deues los segar antes que el peso o ponderosidat del grano faga encoruar njn caher las espigas. E sepas quela çeuada non tiene clouella quele ayude a rretener la, segunt que tiene el trigo. Vn buen segador & apto podra segar en vn dia V° mujgs. *E dize se enel* **Catholicon** *que cada vn mujg pesa XLIIII° libras o XXII sisterns.*[84] E el segador competente podra segar en vn dia III mujgs. E los otros segadores, o menos o mas, segund que seran diestros [**fol. 146r**] & aptos de segar. Empero antes que deuas segar las çeuadas, por algunos dias las dexaras echar o ahinojar. Ca dizen algunos quela vegada quando la çeuada se echa o ahinoja, ella grana mucho mejor. [**7.2.2**] En aqueste mes de juñjo enla çagueria, en los lugares çerca de mar & calientes & secos, deues segar los trigos. E sepas que quando las aristas delas espigas del trigo egual mente rrosejaran o seran de color blanca mezclada con bermellor, la vegada son colorados & maduros para segar & coger.

E enlas partidas de Françia do la tierra es mucho plana por rreleuar el grand trabajo del segar & por fazerlo luego con vn buey solo, cogen las mjeses todas de vn grant campo en vn dia, & en tal manera: ellos fazen vn carro con dos rruedas pequeñyas. [**7.2.3**] E de suso delas rruedas faras vn bastimento de tablas quadrado a manera de caxa, mas alas partes susanas sea vn poco copada o voltado a part de dentro. E ala parte delantera fazen lo bien baxo & amplo al traues. Enla su fruente meten algunas puntas de fust o de fierro, asy grandes como vna espiga de trigo & vn poco mayores. E tanto espesas que non puedan pasar las espigas. E sean ala parte de suso vn poco coruas. E el tocho do son las dos rruedas deue ser forcat. E dentro la forcadura deue entrar el buey, o alo menos que en medio delas cuerdas con que el buey tirara el carro, sea metido algunt palo al traues *a manera de aquellas bestias o mulos o asnos que tiran el açeñya o el moljno,* en manera que nonle faga dañyo enlas ancas. E las cuerdas deuen ser bien ligadas al juuo del buey, el qual juuo le [**fol. 146v**] deue ser ligado alos cuernos. E faras andar el buey por el campo do seran las mjeses, & non fazen mucho aquexar sy non espaçiosa mente. *E aquel que traera o agujjara el buey conlas manos endresçara las espigas del trigo, asy las **altas** como aquellas que estaran baxas, que todas las puedan tomar aquellas puas que seran firmadas conel carro.* [**7.2.4**] E con tanto todas las espigas aturaran sola ment dentro del bastimento del carro. E por tal manera menos de grant afan, & menos que non conuendra muchas vegadas andar & tornar por el campo, cogera todas las espigas menos dela paja. Empero aquesto es de fazer en campos que sean planos, & quelos labradores non ayan menester la paja. Car por aquesta manera toda la paja quedara enel campo.

[7.3] De labrar los campos despues de las mjesses. De entrecauar o plantar las vjñyas. De coger beças, alfolfas, lentejas, fauas & lupins.

Enlos lugares frios es tiempo de fazer & obrar de fecho de lauor todo aquello que non se ha podido fazer enel mes de mayio. E aquesto es que agora se deuen labrar los campos que non son estado labrados, que son llenos de yeruas. E las vjñyas que son en lugares frios se deuen entrecauar & aplanar. En aqueste mes de juñjo deues coger las aruejas & el senigrech & segar las has por tal que syruan para comer. E deues coger todas las legumbres. E las lentejas, sy las mezclas con çenjza, pueden se conseruar, o quelas metas en vasos enlos quales aya estado olio o salsas & que sean bien llenos. E que sean luego tapados con algez. [**7.3.2**] En aqueste mes quando la luna es menguante deues coger las fauas. E antes quela luna salga o sea nueua fazen a [**fol. 147r**] batir & a rrefriar. E despues puedes las alçar, & no avras mjedo de gorgojo. En aqueste mes cogeras los luppins. E sy te querras luego los podras sembrar. E sy los qujeres alçar, guarda que nonlos metas en lugar humjdo njn çerca de agua. E en tal manera los podras conseruar, mayormente sy enel granero do seran entrara fumo continuada mente de algun forno o cozina.

[7.4] De los huertos.

En aqueste mes de juñyo quasi enla mjtat del mes podras sembrar coleta o simjente de coles, *que es dicha brasica en latin. Dizen algunos que brasica es vn linage de coles que nonlas cale trasplantar. E yo digo que brasica son coles verdes que de su natura se fazen assi, asy en secano como en rregadio, ya se sea que mas bellas & mas tiernas se fazen quando se rriegan.* E aquestas coles o plantas podras trasplantar enel mes de agosto en lugar que se pueda rregar o alo menos esperar la pluuja, conla qual se puedan rregar quando las avras trasplantadas. Asy mesmo en aqueste mes de juñjo podras sembrar apio, bledas, & rrauanos, lechugas & çeliandre, si empero el huerto o la tierra sera en tal lugar que se pueda rregar.

[7.5] De los arboles fructiferos.

Segund que ya de suso es dicho, enel presente mes de juñjo podras meter dentro de vna olla o otro vaso de tierra la flor del mjlgrano con la rrama en semble, que sea soterrada enla tierra [**fol. 147v**] & bien tapada. Ca sepas quela mjlgrana se fara tan grande como sera el vaso enel qual la ençerraras. Asy mesmo en aqueste mes entreligaras los perales & mançanos *& priscales* & los otros arboles que avran cargado o avido mucho fructo. E aliujaras los fructos, asy de los buenos como delos otros que seran aneblados o corcados o viçiados, por tal quela humor del arbol non se pierda en rretener aquellas mançanas anebladas o corcadas, antes la conujertan en nodrir aquellos pomos buenos & sançeros que aturaran enel arbol. En aqueste mes mesmo de juñjo enlos lugares frios podras enxerir el gingolero o açufeyfo. [**7.5.2**] E agora es tiempo de poner & enxerir los cabrafigos en aquellas figueras buenas que non quedan njn se tienen los figos, segunt que de suso avemos dada rregla. Muchos son que en aqueste mes enxieren las figueras. E asy mesmo enlos lugares frios podras enxerir los priscales, & los faras cauar & ayuntar la tierra alas rrayzes.

De enxerir con escudet perales, mançanos, açufeyffos & figueras.

En aqueste mes de juñjo & de jullio puedes enxerir todos & quales quier arboles fructificantes, & aquesto enla escorça o corteza a manera de escudet. Empero aquesta manera de enxerir es conuenjble alos arboles que han humor en la corteza, asy como son figueras, *perales*, oliueras, priscales *&* *çiruelos* & semejantes. *E sepas quela manera de enxerir a escudet o en corteza se faze por tal manera: tu tomaras los nueuos rramos del arbol del qual querras enxerir. E guardaras que sean bien firmes & rrezios & bien espesos de fojas, & ljmpios que non ayan alguna taca. E* [**fol. 148r**] *de aquellos nueuos rramos tu tajaras vna foja conla corteza. E la tal foja que avras tirada con la corteza en semble, tu la meteras en la rrama nueua o vieja, con que non sea mucho vieja njn antigua, del arbol que querras enxerir, en tal manera que tu soleuantaras la corteza de aquel arbol. E aquesto es que tu faras de primero vn tajo altraues ala parte soberana. E de aquel tajo ayuso, tu fenderas en ayuso la corteza fasta al palo dos dedos al traues. E qujtaras la corteza dela vna parte & dela otra. E meteras de dentro aquella foja conla corteza que avras tirada del rramo nueuo del arbol del qual querras enxerir. E avn de dentro aquella fendedura fasta ayuso, en manera que se tenga conel palo menos de otro medio. E sy non puede toda caber, tajaras ala parte de suso al traues, en manera que sea igual conel tajo que avras fecho altraues, alto enel arbol que querras enxerir. E tornaras a cobrir la corteza que nueuamente y avras metida o enxerida con otra corteza vieja del arbol mesmo enxerido. Empero guarda que el ojo o yema de la corteza que enxeriras quede franca o sana. E despues con juncos o con boua seca o con briznas de ljno tu estreñyeras bien aquellas cortezas la vna sobre la otra. E sepas que aquesta yema o corteza tendra lugar de aquella que avras soleuantada del arbol. Aquesto es que fara yema o rrama, assi como fara aquella que auras partida o tirada del palo del arbol. E sepas que aquesto faze fazer con gañyuete o cuchillo delgado & que corte bien, o en manera quela corteza njn el palo non queden despedaçados njn desollados. E despues deues meter desuso dela enxeridura arzilla mezclada con buñygas de buey frescas. E toda vegada es menester* [**fol. 148v**] *quela yema o foja dela corteza enxerida quede* *franca. Aquesto es, quelos juncos o ligaduras con que las ataras, nj el arzilla nonla toquen njn la enbarguen que non pueda brotar. E avn synon querras meter arzilla, con otras fojas o rramas la puedes cobrir por mjedo dela pluuja, & noy metas arzilla. Empero sy la metes, noy puede nozer por rrazon dela calentura del sol. E avn es nesçesario que todas las rramas altas & avn las baxas sean cortadas & tiradas del arbol que enxeriras, saluando vnas pocas delas de alto. E sy por aventura echara de [rramas] nueuas que muchas vezes sea rrecognosçido, & quele sean tiradas. E sepas que en cada arbol que querras enxerir como de suso es dicho; es a saber, enla cañya o enlas rramas, puedes fazer dos o tres enxiertos semejantes en cada rrama, por tal que sy la vna non brotaua que brotase el otro. Empero sy todos bjuen, quelos dos enxiertos y aturen, o todos, sy la virtut del arbol lo puede sofrir. En otra quasi semejante manera lo dize el Palladio.* [**7.5.3**] Aquesto es que del rramo nueuo del qual querras enxerir, conel cuchillo que corte bien, tu tajaras vn poco, tanto como dos dedos al traues, & en aqueste espaçio delos dos dedos, basta que y aya vna yema o foja. E despues a cada vna parte con vn gañyuete tu fenderas la corteza, en manera que la foja o yema non valga menos njn sea tocada. E despues con la punta del cañyuete suptilmente tu moueras la corteza de aquel pedaço & tirar la has. E tan tost te segujra fasta al cabo de ayuso. E la vegada fenderas la corteza del otro arbol que querras enxerir de aquella mesma medida que sera la otra corteza que avras del rramo nueuo que sera tajada al traues de suso & de [**fol. 149r**] yuso, & fendida por medio & abierta fasta el palo del arbol. E socauar la has a cada vna parte, en manera que toda la corteza del rramo nueuo se pueda esconder dentro aquella fendedura o abertura. E tornar le has la corteza vieja desuso. E estreñer lo has bien. E meteras y dela arzilla en la manera dicha de suso. E sepas que a XXI dia tu lo desligaras del todo por tal que el enxierto que sera bjuo pueda mejor meter & afferrar se conel arbol viejo.

De enxerir a palucho.

Otra manera ay de enxerir a palucho, la qual dizen algunos que se puede fazer asy en tiempo de enero o de febrero como en agosto o en setiembre, espeçialmente en arboles gruesos o viejos. E faze se de enxiertos enteros. Tu tajaras el arbol todo entero todo rredondo, o cada rrama por ssi sy querras enxerir en cada rrama. E alisaras & aplanaras bien el tajo que quede rredondo & egual. Despues tu fenderas la escorça fasta II o III dedos con vn palucho que avras fecho a manera de escoplo, & sea de hueso de leon o de çieruo o de borj o de buey, sy ffer se puede. Synon, fazer lo has de algun palo fuerte assi como box o de otra madera rrezia. E es menester que sea bien liso & bello. E como mas suptilmente podras, meteras lo entre el tocho & la corteza del arbol. La qual corteza por rrazon dela fendedura te fara lugar al palucho fasta el cabo dela abertura. La vegada tu avras el brot que querras enxerir, & de la vna parte tu lo tajaras fasta el [**fol. 149v**] *coraçon con vna huesca que dexaras al cabo de arriba. E aquella tajadura sea fecha con cuchillo bien tajante, & sea tan luenga como la fendedura que avras fecha enel arbol viejo que enxeriras. E enla cabeça deyuso del enxierto es menester que sola mente y quede la corteza menos del tocho tanto como media vñya & non mas. E sepas que non falliras en aquesto. E dela otra parte del enxierto o brot, sy fazer se puede, como mas suptilmente podras tu le tiraras vna tela delgada quasi como quien lo quiere rraer de la corteza, a manera como qujen la qujere descortezar. Empero non enpesçe mucho sy non es asy descortezada. E meteras el enxierto o brot dentro de aquella fendedura fasta la huesca que avras dexada enla parte de alto. Asy empero que enla tajadura del enxierto enta el coraçon tenga el palo del arbol viejo que enxeriras, & la corteza descortezada conla corteza del arbol viejo, & con juncos o con otras ligaduras lo estreñyeras fuertemente. E desuso enla corona del arbol o rramas que avras tajadas, & avn en torno delos enxiertos, meteras arzilla mezclada con buñygas de buey & con agua. E dexar lo has asy estar fasta tanto que conozcas o veas brotar el enxierto. La vegada lo podras desligar por tal que tome mas vigorosamente. E guarda que non dexes otros brotes viejos enel arbol, que echaria su poder en aquellos, & non criarian los enxiertos nueuos. E deues saber que en cada vn arbol o rrama que querras enxerir por aquesta manera, puedes meter II o III o IIII° enxiertos, segund la groseza del arbol o dela rrama.*

[7.6] De la cura del bestiar mayor. E de los quesos. E de tresquilar los ganados menores.

[**fol. 150r**] Ya de suso avemos dicho que los ganados que non son estados castrados njn tresqujlados de sus lanas enel mes de mayo se pueden agora castrar & tresqujlar en aqueste mes de junjo, espeçial mente enlas rregiones frias. Asy mesmo se pueden fazer los quesos, segunt la manera de suso dicha.

[7.7] De las abejas.

En aqueste mes de juñjo deues crescar o rreconosçer las colmenas delas abejas, ca ya deuen aver fecha mjel abundante mente por rrazon delas flores que avran avidas enla primauera. E sepas que muchos son los señyals en que ellas demuestran que dentro ha abundançia de mjel & rrequjeren que sean castradas, es a saber, que sean aliujadas de panales. El primer señyal es quando ellas dentro de sus colmenas fazen entrellas mesmas vna murmuraçion suptil & baxa que quasi nonlas sentiras rruyr. Ca sepas que quando ellas son vazias la vegada fazen mayor rruydo & mas claro. E aquesto acaesçe por tal como los forados delos panares que son vazios rretienen el rruydo o murmuraçion que ellas fazen, & rresplandesçe mas alto la su casa. Por que como el rruydo o murmuraçion suya o sono que fazen dentro de sus colmenas sera grande & rrongalloso, la vegada cognosçeras que non fazen a castrar njn tirar los panares, ca non son llenas. E avn avras otro señyal. Aquesto es que [**fol. 150v**] quando las mayores & mas gruesas abejas que son de dentro dela colmena continuadamente turban o agraujan las otras abejas menores, que nonlas dexan rreposar, la vegada cognosçeras que han complimjento de mjel. [**7.7.2**] E podras castrar & abrir las colmenas delas abejas. E aquesto deuras fazer por la mañyana, car en aquella ora las abejas estan frias & adormjdas. E por la frialdad non han grant poder njn querer de fibblar njn fazer dañyo. Empero sy por aventura por la calor ellas tomauan yra, es menester que tu las perfumes con vna goma que es dicha galbanum & con buñjgas de buey echadas sobre las brasas. E el vaso enel qual estaran las brasas & el perfum sea de tierra cocha al sol & bien secada, & la pasta sea bien maurada. Mas non conujene que sea cocha al fuego njn envernjçada. E sea fecho por tal manera que sea rredondo & que tenga el suelo todo plano. E aya buelta que rretorne en concaujdat, & la buelta sea de forados menudos por tal que el fuego & el fumo pueda mejor rrespirar. E conel suelo diyuso que sera plano avra vna çoca que sea luenga de vn palmo o mas avant & plana & alta. En la buelta avra vn ancho forado o portal non mucho grande, por el qual podras meter el fuego & el perfum, asy como si metias leñya en vn forno. E es menester quela mayor quantidad del perfum salga por aquel portal & venga enta ti, que tendras aquel vaso por la cola. Ca aquel fumo vedara quelas abejas no vendran a ti njn a tu mano njn ala cara para picar. E quando tu veras quelas abejas todas seran fuydas o apartadas de las colmenas, [**fol. 151r**] la vegada tu podras castrar & tajar los panares. E por tal quelas abejas quando tornaran ayan que comer, deues y dexar fasta la quinta parte delos panares **con la mjel. Empero es nesçesario que si dentro auia algunos panares** podridos o arnados o que oujesen alguna taca que todos sean tajados o sacados. *Jtem es nesçesario que aquel que castrara o rreconosçera las casas delas abejas segunt que ya avemos dicho de suso que sea hombre casto & que por algunos dias non* *aya conosçido fembra, ca las abejas de su natura son mucho castas & no aman luxuria njn suziedat.*

[**7.7.3**] E despues tomaras los panares asy como seran fuera de las colmenas & meter los has en vasos ljmpios de tierra envernjçados, o en vna bella touallola blanca & fresca, & conlas manos ljmpias tu pretaras los panares. E la mjel que de allj salira faras decorrer en los vasos envernjçados. Empero mjembre te que enlos panares non sea alguna cosa podrida o viçiosa o polls, es a saber, abejas que non son encara perfectas, quelas tires antes que prietes las brescas o panares. Ca sepas quela tal podridura de aquellos polls faze mudar la sabor dela mjel & la corrompen. E despues que avras expremjdo la mjel & la avras puesto enlos vasos, dexaras aquellos vasos abiertos algunos dias antes quelos atapes. E purgaras & aljmpiaras toda la rroñya delos panares que estara de alto ala boca del vaso. E aquesto faras tantas vezes fasta tanto que cognozcas quela calor & el feruor le sea pasado, & quede ljmpia de toda suziedat. Ca sepas que assi fierue la mjel como faze el mosto o el vjno nueuo. E deues saber quela mejor mjel & [**fol. 151v**] la mas noble es aquella que menos de espremjr se escurre de los panares.

[**7.7.4**] La çera faras por tal manera: quando tu avras expremjdos los panares, lo expremjdo faras coger en agua dentro de alguna caldera de alambre. E quando sera bien blanda & molla & desfecha, la vegada tu la meteras dentro de vn trapo grueso. E con prensa o con palos o vergas gruesas o lisas, torçeras o estreñyeras bien & firme aquel trapo, en manera que nonle conuenga a rromper njn rrebentar. E aquello que de y salira faras escorrer en otro vaso menos de agua. E aquello sera la çera la qual despues fundiras & faras panes, tales como te querras. *E el çeruto & las fezes que quedaran enel trapo posaras a parte que non se mezcle conla çera.*

Delos enxambres delas abejas.

Despues deues saber que en aqueste mes las abejas nueuas comjençan de enxambrar & por su juuentut & por su ergull & abundançia que han sallen de sus casas. Por que es menester que aquel quelas guarda en aquest mes sea avisado que quando el vera sallir la multitut delas abejas de sus casas, quela vegada con grandes bozes & con rroydo grande de calderas o de piedras o de tablas de madera o de otras cosas semblantes, o con rroydo de palmas, el espante las abejas nueuas & les ponga mjedo, en manera que por rrazon del grant rroydo que oyran ellas espantadas luego se asentaran en alguna rrama o en algunos manteles blancos & frescos. E faziendo aquel rroydo podra las aquedar [**fol. 152r**] que non se yran de vn dia o dos. Por que es menester que luego ayas colmenas nueuas bien perfumadas, assi como de suso avemos mostrado, enlas quales rrecojas & metas las abejas que seran salidas o avran fecho enxambre a manera de rrazimo de huuas. [**7.7.5**] Empero guardaras que nonlas toques njn las metas dedentro delas colmenas fasta tanto que la VIII[a] o IX[a] ora del dia sea pasada. Entre tanto non es menester que te partas synon que faziendo el rroydo que auemos dicho las guardes bien fasta aquella ora. Sepas que aquella ora es conujnjent a cojer las abejas quando comjençan a sentir la frior dela noche, & non han poder de foyr njn pueden fiblar. E sy las tomas conla calor del dia todas fuyran o fibblarian que nonlas osarias tocar. E la vegada conlas manos las podras meter enla colmena nueua & fazer a tu gujsa menos de enojo njn dañyo. Empero deues saber que muchas abejas son que luego como han enxambrado o son salidas de su casa conla calor del sol & por su juuentut fuyen, que non se asientan, antes se van. Los señyales que muestran quando deuen fuyr las abejas son atales: sepas que II dias o III antes que deuan fuyr & enxambrar fazen grant rruydo dentro de sus casas. Por que el señyor o guarda delas abejas, quando vera tales señyales deue ser buen curioso que tenga mjentes que non puedan fuyr. [**7.7.6**] E sepas que semblant señyal fazen las abejas quando qujeren contrastar o batallar entrellas, es a saber, las mayores conlas menores. E la vegada semejante mente salen de sus casas & posan se en algun rramo & fazen todas vna pjñya a manera de teta. E sy ayuso en la fin del rrazimo o teta fallaras alguna abeja mayor [**fol. 152v**] quelas otras, sepas que aquella es su rrey. E luego son pasçificadas entrellas. E avn deues saber que quando veras batallar o barajar las abejas & venjr las vnas contra las otras, si las querras pasçificar, lançaras entrellas poluo de tierra o agua mezclada con mjel. E tant tost se asentaran & faran aquel ayuntamjento semejante de teta.

[**7.7.7**] E sy por aventura las abejas faran dos o muchas de aquellas tetas o ayuntamjentos, luego tu vntaras tus manos *con suco de vna yerua que es dicha en latin amprongia, la qual non conozco njn la he fallado escripta en synonjmas njn en otros libros.* E con suco de mellis sufillj, que es yerua asaz conosçida, o con suco de apio. E primerament, tu con mano vntada tomaras los rreyes delas abejas que fallaras mas baxos quelos otros que son mas gruesos, & mas largos & con las piernas mas derechas & con mayores alas, & de mas bella color & mas ljmpia & mas lisos menos de pelos, sy ya non eran mucho llenos o gruesos. Ca la vegada han enel vientre algunos cabellos o pelos a manera de agujjon o fiblo, mas non biue avn que fible, njn faze mal.[85] E todos en semble mezclar los has en la colmena nueua que avras aparejada & tapar la has & ellas mesmas se ordenaran. Asy mesmo se acostumbran de fazer se vnas abejas gruesas & grandes & pelosas & negras, las quales deues matar, ca turban las otras, & las otras bellas & lisas queden. E sy acaesçia quelas abejas enxambrasen o saliesen muchas vezes fuera sus casas con sus rreyes o abejas gruesas en semble, la vegada sean les tiradas las alas alos rreyes, ca sepas de çierto que sy las abejas mayiores que son dichas rreyes [**fol. 153r**] non se mueuen, las otras menores non se mouerian njn enxambrarian.

[**7.7.8**] E sy por aventura las abejas non enxambraran o no multiplicaran o sy enxambraran & no avran rrey, la vegada puedes meter dos o tres enxambres con vn rrey solamente dentro de vna colmena. Asy empero que sean rruxadas con agua mezclada con mjel, & dedentro dela colmena sea metida la mjel con que puedan comer & esten bien çerradas que no salga vna de tres dias. E sean dexados abiertos algunos chicos forados por que puedan rrespirar, mas que no puedan salir. E en tal manera aturaran los tres enxambres todos en semble, puesto que sean salidos de diuersas casas. *Ca ellas han de su natura quelas abejas que son nasçidas & nodridas en semble en vna casa no habitan ligera mente conlas otras abejas estrañyas en otra casa nasçidas o criadas, sy ya non se faze por la manera de çerca dicha.* E sy por aventura alguna casa de abejas por alguna pestilençia o enfermedat sera menguada mucho, es a saber que non avra tantas abejas como deuria aver & querras aquella colmena rreparar & poblar, tu guardaras otra colmena de abejas, **que vees entrar & salir multitud de abejas,** & abrir las & guardar las en aqueste tiempo en quales panares avra polls, que non sean nasçidos avn que sean gruesos. E sy cognosçes que deuan ser de los rreyes, tu tomaras aquellos panares o aquel pedaço enel qual seran los polls gruesos. Empero que non sean nasçidos del todo sy non que sean çerca de nasçer. E aquel panar tu meteras dentro dela colmena despoblada. E por tiempo aquellos polls que seran rreyes nasçeran & poblaran la colmena de otras [**fol. 153v**] abejas.

[**7.7.9**] E sy quieres aver cognosçençia **quales** polls deuan ser rreyes, sepas que tu los veras en sus forados delos panares mucho mas anchos & mas largos & mayores que nonlos otros. E sepas quela vegada se deuen trasportar quando ellos comjençan a rromper la cobertura del forado del panar do seran & se esfuerçan de sacar las cabeças. Car sy los sacauas & mudauas antes que non fuesen maduros o acabados para nasçer, sepas que morrian. E no aprouecharia cosa la tu obra. E avn deues saber que sy algund enxambre delas abejas supitamente se leuantara & querra fuyr fazer le has rruydo conlas tejas o rrajolas o piedras, & luego tornaran a su casa & rreposaran en algund rramo & se colgaran. E podras las meter en otra colmena nueua, perfumada conlas yeruas & perfumes que ya avemos dichos. E podras las y meter conla mano asy dentro dela colmena fecha de cañyas o de vergas como dentro de algund vaso de tierra. E ala tarde quando seran rreposadas podras las asentar enlas otras colmenas de abejas.

[7.8] De fazer paujmjentos, tejas & rrajolas.

En aqueste mes podras obrar los paujmjentos delos terrados que son continuadamente al sol & ala pluuja. E podras fazer los adobes & tejas & ladrillos por la manera que es ya dicha.

[7.9] De la manera como cognosçeras por experimento quales seran las fructas venjderas.

Los griegos han atal esperiençia que quando ellos quieren saber la simjente que ellos querran sembrar, si aprouechara **[fol. 154r]** aquel añyo venjdero o non, agora en aqueste tiempo de juñjo en vn lugar humjdo ellos fazen vna era pequeñya, & cauan la & aplanan la. E que sea en lugar que el sol la pueda bien tomar o tocar. En aquella era apartadamente ellos siembran de cada vna simjente que querran sembrar vn poco, asy çeuada como trigo o legumbres o otras simjentes de diuersas naturas. E cubren la simjente ligeramente, & non han cura mas avant de rregar njn de guardar mas dexan la estar assi sembrada enla era fasta a XX dias de juljo, que comjença segunt que dize a saljr aquella estrella que ha nombre canjcula. E la vegada rreconosçen cada vna simjente por sy. E aquella symjente que fallaran secada de la calor del sol, aquella rrepudian de sembrar que non la sembrarian aquel añyo. E despues aquella simjente que fallaran humjda & que el sol non la avra quemada, de aquella natura de simjente sembraran, presumjentes que aquella simjente atal fructifficara. E quela quel sol avra quemada non fructifficara. E dizen que cada vna simjente ha alguna estrella apropiada en cada vn añyo a fructifficar o non. *E avn he yo oydo dezir que en vn libro que fizo lalcabith, moro, & avn lo he fallado en escripto en diuerssos libros, & avn por esperiençia lo he visto que en aqueste mes de juñjo deuedes considerar el XIII° dia, el XIIII°, el XV° dela luna que sea buelta dentro de aqueste* **[fol. 154v]** *mes de juñjo & non otro. E por el XIII° dia vos signjficaredes quatro meses primeros vinjentes en julio. E sy aquel XIII° dia sera pluujoso o lleno de nuues, sepas que los IIII° meses primeros seran pluujosos, es a saber, juljo, agosto, setiembre & octubre. E sy enla mañyana faze nublo o llueue, & despues de medio dia fara bello & claro, seran los dos meses primeros pluujosos & los dos meses çagueros enxutos & claros. E por cada vna ora de aquel dia XIII podras considerar & judgar los IIII° meses venjderos. E por semejante manera podras considerar del XIIII° dia dela luna & del XV°, puesto* *que aquestos III dias fuesen en juljo, pues la luna se fuese buelta en juñjo. De aqueste mes de juñjo los judgaras, & sepas que pocos añyos son que nonlo falles ser por verdat, ca algunas vezes fallesçe.*[86]

[7.10] De olio de camamjrla.

En cada vna libra de olio metera vna onça de flor amarilla de camamjlla. E faras tirar aquellas fojas largas que estan en torno dela flor amarilla. E dexar lo has estar al sol & ala serena por XL dias.

[7.11] De fazer vjno florejado de flor del rrazimo.

Toma las vuas agrestas o saluages que se dizen lambruscas quando floresçen & sean bien enxutas que non y aya rroçio njn rrosada & ponlas al sol vn dia, por tal que sy cosa ay ay dela vmor, que la dexen. Despues meter las has en vn çedaço [**fol. 155r**] claro, en manera que los granos delas vuas queden enel çedaço, & la flor pase por el çedaço en algun lugar ljmpio & neto & bello. E aquesta flor que cahera, mezclar la has con mjel, & dexar la has estar por XXX dias. E despues tempraras lo por la manera que desuso avemos mostrada de fazer el vjno rrosado.

[7.12] De alfita que es farina de çeuada.

De la çeuada que es avn verde, es a saber, que non es perfectamente madura njn colorada, tu tomaras algunos manojos & atarlos has & tostar los has enel forno caliente, por tal quela muela del moljno lo pueda moler. E en cada vn mujg de çeuada quando lo moleras tu meteras vna poca de sal, & conseruar se ha grant tiempo.

JULIO

[**8.10**] Las oras de aqueste mes de julio son eguales conlas de juñjo. La primera ora del dia la tu sombra avra delos tus propios XXII pies.
La II[a], XII pies.
La III[a], VIII[o] pies.
La IIII[a], V pies.
La V[a], III pies.
La VI[a], II pies.
La VII[a], III pies.
La VIII[a], V pies.
La IX[a], VIII[o] pies.
[**fol. 155v**] La X[a], XII pies.

La XIª, XXII pies.

[**8.0**] De labrar los campos otra vegada que ya son estado labrados.
De segar & coger los trigos.
De arrancar las malas yeruas de las vjñyas.
De cobrir las rrayzes delos arboles pues las mjeses son leuantadas.
De entrecauar ligera mente las vjñyas nueuas.
De los huertos & de las plantas que y son. E que y deuen plantar & sembrar.
De los arboles fructificantes enxerir.
De los ganados grandes & menores. E de mezclar fembras con masclos.
De estirpar el agraman.
De vjno esquillitico con çebolla marjna.
De fazer ydromel que se faze de agua & de mjel a manera de xarop & de vinagre esqujllitico.
De mostaza.

[8.1] De labrar los campos otra vegada que ya son estado labrados. De segar & coger los trigos. de arrancar las malas yeruas de las vjñyas. De cobrir las rrayzes delos arboles pues las mjeses son leuantadas.

En aqueste mes de juljo se deuen tornar a labrar los campos que ya son estados labrados en abril por rrazon dela yerua que ay sera nasçida, que el sol la pueda quemar bien. Assi mesmo en aqueste mes podras [**fol. 156r**] segar los trigos & cojer enla manera ya dicha. Los boscajes que querras labrar para fazer campos, en aqueste mes podras arrancar los arboles o boscages que ay son. Asi empero quelas rrayzes suyas sean arrancadas & tiradas, o quemadas las rramas quando la luna sera menguante. En aqueste mes quando las mjeses seran tiradas de los campos deues cauar & ayuntar mucha tierra alas rrayzes delos arboles que seran enlos campos de do avras tiradas las mjeses. E aquesto por tal quela calor del sol nonles faga dañyo. Ca pues las mjesses son tiradas non ha qui las deffienda de la calor del sol, por que es menester que mucha tierra les sea añyadida alas rrayzes. E sepas que vn ome diestro en vn dia cobrira XX arboles grandes. En aqueste mes de juljo deues otra vegada cauar ligerament los majuelos o vjñyas nueuas, & arrancar el gramen. Empero deue se fazer en la mañyana & ala vesprada. En aqueste mes mesmo deues cauar & arrancar la cañyota & la **sisca** antes que comjençen los dias canjculares que comjençan a XX dias de aqueste.

[8.2] De los huertos.

Los huertos que son en rregadio & lugares frios se deuen agora plantar & sembrar de coles, rrauanos, armuelles, ocamum *que qujere dezir alfadega segund las sinonjmas* & maluas, bledos, lechugas, puerros.

Asy mesmo en aqueste mes sembraras los nabos. E sepas que ellos qujeren tierra cauada fondo & cauada muchas vezes. E non [**fol. 156v**] qujeren tierra mucho espesa njn fuerte, mas quela tierra sea bien estercolada & que se pueda rregar, o que el lugar sea bien vmjdo. Mas deues saber quelos nabos nasçen mejor en lugar seco o sablonoso o tierra ligera, & que el lugar sea encomado, que non sea montañya. [**8.2.2**] E avn deues saber que la propiedat de cada vna tierra muda la natura & los nombres delos nabos. *Ca muchas tierras son en quelos nabos son escaques, es a saber son luengos & lisos & de color negra.* E sy de aquella mesma lauor sembraras por dos añyos continuadamente en otra tierra, tornaran nabos rredondos & blancos & colorados bermejos, *o de otra forma & color, semblante se faze en Barçelona delas verças rredondas o dela col que viene de Alexandria.* Empero toda natura de nabos quiere que la tierra sea bien & muchas vezes cauada & bolujda & bien estercolada. E aquesto non solamente aprouechara alos nabos, mas avn aprouechara ala simjente que despues delos nabos ay sera sembrada en aqueste mesmo añyo. A II jornales de bueyes abastan a sembrar IIII° sisterns o V° de lauor. *E cada vna sistern pesa dos libras.* [**8.2.3**] E sy por aventura seran mucho espessos, cogeras algunos por tal que aquellos que quedaran se fagan mas gruesos. Si qujeres aver buena simjente de nabos, quando seran asaz gruessos tu arrancaras aquellos que te plazera o aquellos que avras menester con sus fojas mesmas en semble. E despues tu les cortaras las fojas todas. Empero que conel nabo queden de cada vna foja medio dedo altraues. E apparejaras los surcos do los plantaras & cubrir los has de tierra & pisar [**fol. 157r**] los has bien. E sepas que en tal manera faran bella symjente.

[8.3] De los arboles fructificantes enxerir.

En aqueste mes de juljo podras enxerir delos arboles fructiferos, es a saber que lieuen fructo, por la manera que ya es dicha desuso. E sepas que el Palladio por experiençia prouo, *& yo semblant mente lo he prouado avn en agosto que en aqueste mes enxieren por la manera desuso dicha perales & mançanos en lugar vmjdo. E vy que aprouecharon & tomaron maraujllosamente. E yo digo que enlos meses de juñjo & de julio & de agosto he manualmente fechas enxerir perales, mançanos, ponçemers, limoneros, çerezos, çiruelos, priscales, albarcoques & otros semejantes* *arboles. E han biujdo & aprouechado los enxiertos & fecho fructo largo tiempo, segund que desuso es estado dicho.* En aqueste mes deues tirar de las mançanas o fructos que algund arbol avra mucho cargado, non solamente aquellas que fallaras anebladas, mas avn de las otras, es a saber de las menores, por tal que el arbor eche la su humor a criar las otras que quedan, & ffer se han mas bellas. [**8.3.2**] Si el lugar es frio en aqueste mes podras sembrar & mejor plantar rramas de ponçemer. Empero que continuadamente sean rregados. E el Palladio faze testimonio que el planto en aqueste tiempo & continuadamente los rregaua & echaron brots & florieron & fizieron fructo aquel añyo todo en semble. Asy mesmo en aqueste mes podras enxerir figueras por la manera de suso dicha con escudet. E faras entrecauar las plantas delos [**fol. 157v**] pjnos. Las almendolas son ya maduras en aqueste mes & puedes las cojer.

[8.4] De los ganados grandes & menores. E de mezclar fembras con masclos.

Espeçialmente en aqueste mes deues mezclar las vacas conlos bueyes. Es a saber, que se tomen las vacas de los bueyes que son toros non castrados para enpreñyar. Ca çierto es quelas vacas lieuan el preñyado X meses. E pasados los X meses, si en aqueste mes se fazen preñyadas podran ser acorridas de las yeruas dela primauera. E deues saber que las vacas quando viene la primauera & han buenos pastos ergullesçen se & rrequjeren enpreñyar se. *E enel tiempo que paririan seria jnujerno & non avrian que comer njn podrian criar los terneros. E sy se fazen preñyadas en aqueste mes pariran en abril o en mayio, quelas yeruas seran grandes de que podran proueer asy mesmas & a sus fijos. E turbar se han conellos que non avran cura de enpreñyar se enla primauera por tal que non ayan a parir enel jnujerno o en tiempo que non puedan fallar pasturas.* Dize Columella, grant phillosofo griego, que avn toro bastan **quinze** vacas para enpreñyar. Empero deuras aver cura que por mucha groseza las vacas non se puedan enpreñyar. Ca sepas que mucha gordeza les vieda que non se enpreñyen. Por que es nesçesario que ayan pasturas tempradas, empero sy habundançia avra de pasturas, cada vn añyo las deues fazer enpreñyar, ca bien los sostendran. E sy la pastura sera poca, es a saber, que no sera mucho abundante, [**fol. 158r**] la vegada las podras fazer enpreñyar vn añyo & non otro, mayor mente si las vacas aquellas son diputadas a labrar o tirar carros o fazer otra lauor. [**8.4.2**] En aqueste mes de jullio deues mezclar los carneros conlas ovejas. E deues triar los carneros que sean blancos todos menos de macula & que ayan la lana blanda & molla. E no sola mente deues guardar que sean blancos enel cuerpo, antes avn que ayan la lengua blanca menos de macula. Ca sepas que sy han macula alguna enla lengua que engendraran los fijos semblantes, es a saber bragados o maculosos. E dize el filosofo Columella que carnero que sea negro no puede engendrar los fijos blancos. Los carneros que escogeras para enpreñyar las ovejas sean altos & grandes de cuerpo & con grueso & ancho vientre. E bien cubiertos o vellosos de lana blanca. E ayan la cola luenga & el vello fuerte espeso. E la fruente ancha & grandes cojones & sea de primera hedat, es a saber de vn añyo o de dos, ya se sea que fasta VIII° añyos puedan bien enpreñyar. [**8.4.3**] La oveja que alçaras para fazer fructo & para enpreñyar deues escojer que aya grant cuerpo & grant vientre & bien cargada de lana. E quela su lana sea luenga & blanda. Empero nonla deues dexar enpreñyar fasta tanto que aya dos añyos. E deues saber quela oveja se puede bien enpreñyar fasta a çinco añyos. Mas enel seyseno o seteno ella fallesçe del todo que non es apta a conçebir. E avn deues proueher quelas ovejas non ayan la pastura en lugares que aya muchas espjnas njn bosques de arboles o plantas asperas & espinosas *asy como son lapazas, coscolles, cambrones & çarças & semblantes.* Ca sepan que affollan la lana & la sangrentean & a vegadas la llagan. [**fol. 158v; 8.4.4**] E deues mezclar las ovejas conlos carneros. E fazer las has enpreñyar en aqueste mes de jullio por tal quelos fijos que avran antes del jnujerno ayan alguna rrigor o fuerça por pasar mejor la jnuernada. Aristotil dize que sy querras quelas ovejas conçiban muchos masclos tu guardaras que enel dia que se tomaran de los carneros o se enpreñyaran faga viento de tramuntana, & que el ganado pazca las yeruas buelta la cara cara tramuntana. E sy quieres que engendren fembras espera que faga viento de medio dia & pazcan cara medio dia. E faras por manera quelos carneros masclos tornen conlas ovejas. [**8.4.5**] Algunos son que antes quelos carneros tornen conlas ovejas njn las enpreñyen quelos apartan de las ovejas por dos meses ante, por tal que en aqueste tiempo que deuen enpreñyar, las ovejas sean mas deleytosas & ayan mayor jntençion a luxuria. Otros son que continuadamente dexan yazer & vsar los carneros conlas ovejas abarrisch & syn doctrina. E aquesto por tal que continuadamente ayan fijos & leche. E sy por aventura entre las ovejas avra alguna que sea enferma o sarnosa oveja venderas aquella o la cambiaras por otra nueua, por manera que el jnujerno nonla falle en tu poder, que flaco ganado es & ligera mente podrian morir sy non avian buen pasto.

[8.5] De estirpar el gramen.

[**fol. 159r**] En aqueste mes de jullio se deue arrancar & estirpar el gramen quando el sol comjença entrar el signo de cançer que es mediado jullio, & quela luna sea sexta & que sea enel signo de capricornjo. E dizen los griegos que el gramen que sera arrancado por aquesta manera que avemos dicha jamas no tornara. E avn dizen que si avras vna açada de cobre o de laton que aya II o III dientes a manera dj rrastillo, & quela açada quando sera bien caliente enla fragua si la mataras en sangre de cabron a manera dj quien la quiere temprar & que no aya agua sinon la sangre sola mente, todo gramen que sera arrancado con aquella açada morra & jamas noy tornara.

[8.6] De vjno esquillitico con çebolla marjna.

En aquest mes dj jullio deues fazer vjno esqujlitico por tal manera: tu avras la çebolla marjna que sea nasçida en montañya o en lugares çerca de mar. E en aqueste mes quasi pasado el medio del mes, que comjença sallir la estrella que se dize canjcula, tu la tajaras con vn cuchillo de fusta o con cañya que nonla toque fierro. Ala sombra que non la toque el sol tu la secaras & [**fol. 159v**] la dexaras estar por algunos dias. E tiradas las cortezas de fuera que son ya secas o podridas & todas las fojas meteras en ampollas llenas de vjno quanto querras. E vsaras de aquel vjno. [**8.6.2**] Otros lo fazen por tal manera, que toman las cortezas dela çebolla marjna & enfilan las & meten las enel vaso del vjno por manera que non toquen al fondon del vaso, nj las madres o fezes que son enel vaso. E dexan las estar y por XL dias. E despues trahen ne o sacan del filo en semble conla çebolla marjna. E sepas que tal vjno faze çesar toda tos & toda rreuma que sea causa dj tos & purga el estomago de toda fleuma & alarga el vientre & aprouecha mucho al baço & a aquellos que son esplenticos. E conforta **la vista** & ayuda mucho ala digistion & la conforta.

[8.7] De fazer ydromel que se faze de agua & de mjel a manera de xarop.

Quando aquella estrella canjcula salia en mediado aqueste mes dj jullio, tu avras agua de fuente pura, vn vaso de tierra lleno. E dexar la has estar vn dia ala serena. E avras mjel que no sea espumada njn ferujda. E a III sisternes de agua tu meteras vn sistern de mjel. E en diuersos vasos tu lo partiras. E avras njñyos virgines que non ayan conosçida fembra carnalment, & aquel vaso o vaxillo por espaçio de V° oras non çesaran de menear o mezclar con tochos aquella agua con mjel. Despues dexaras aquellos vasos estar por [**fol. 160r**] espaçio de XL dias al sol & ala serena.

[8.8] De vinagre esqujllitico.

En aquest mes de jullio avras çebolla marina que sea blanca & tirar le has todas las cortezas, & de aquello que sera dentro tu tomaras peso de vna libra & media & tajada con cuchillo de fusta o con cañya, fazer las pedaços, o meter la has en vn vaso de vidrio en que aya XII sisternes del mas agro & fuert vinagre que podras aver. E dexaras lo estar ala serena & al sol por XL dias & que el vaso sea bien tapado. E despues de los XL dias sacaras la çebolla. E colaras con grant diligençia el vinagre. E meter lo has en vaso de vidrio o en otro de tierra envernjçado. *E ha muchas grandes virtudes semejantes del vjno que auemos dicho desuso. E mucho mayor es sobre todo contra toda rreuma. E yo he prouado que el olio que se faze de la çebolla marjna es mucho prouechoso a toda tos & a toda rreuma. El qual olio se faze asi: toma la çebolla marina & faz tajadas quantas te querras fasta a media çebolla pequeñya & meteras olio en vna olla nueua vn quarto o mas auant, & con el olio meteras vna poca de agua o vjno puro & conla çebolla en semble meter lo has al fuego lent, es a saber que non aya flama, ca el olio se quemaria. E cuega grant tiempo fasta tanto que el agua o el vjno sean consomjdos. E la vegada el olio començara a cruxir & podras conosçer que el olio es quedado todo solo. E avn si lo dexaras cozer vn poco vale* [**fol. 160v**] *mas. Despues cogeras el olio & colar lo has por vn bel trapo & guardarlo has quando sera rrefriado en alguna ampolla o otro vaso & tapar lo has. E vsaras de aquel olio en todas viandas que deuas comer olio. E sepas que breu mente çesa la tos.* [**8.8.2**] Otros fazen el vjnagre esqujlitico por otra manera, el qual es mucho prouechoso ala digestion a confortar & ala salut de todo el cuerpo. Toma VIII° onças de la çebolla marina asi como desuso avemos dicho tajada, & metela dentro de vn vaso de tierra enuernjçado enel qual aya **XXX** sisterns de vjnagre. E mete ay vna onça de pebre & menta seca & casia lignea todo picado & tapen el vaso. E vsen de aquel vjnagre en tiempo de nesçesidat.

[8.9] De mostaza.

Toma la simjente dela mostaza vn sistern & medio; es a saber III libras, & picar la has bien. E añyadir y has V° sisterns de mjel, que valen XV libras & olio de oliuas de Españya vna libra. E anyadir y has vn sistern de vinagre & mezclarlo todo en semble. E alçar la has en vn vaso & vsaras della quando te querras.

AGOSTO

[**9.14**] Las horas de aqueste mes son eguales con las horas del mes de mayo.

La primera hora del dia avra la tu sombra delos tus propios **XXIII** pies.

[**fol. 161r**] La II[a], **XIII** pies.
La III[a], **VIIII** pies.
La IIII[a], **VI** pies.
La V[a], III pies.
La VI[a], **III** pies.
La VII[a], **VI** pies.
La VIII[a], **VI** pies.
La IX[a], **VIIII** pies.
La X[a], **XIII** pies.
La XI[a], **XXIII** pies.[87]

[**9.0**] Aquj comjençan los capitulos del mes de agosto, es a saber de aquellas cosas que deueras obrar & fazer enel fecho de agricultura. E de aquello que se pertañye ala lauor.

De arar o cauar los campos que son magros.
De aparejar las vendjmjas. E de entrecauar las vjñyas en los lugares frios.
De rreparar la vjñya vieja o magra.
De espampanar & esclaresçer los sarmjentos. E de arrancar la cañyota.
De quemar las pasturas.
De los huertos. E de las plantas que y deues plantar.
De los arboles fructifferos, como de perales, mançanos & semejantes.
[**fol. 161v**] De las abejas.
De fallar agua en lugares secos.
De fazer pozos.
De prouar agua.
De **manar** agua, es a saber aguaduyto.[88]
De medidas & pesos de las canales por do vendra el agua.
De fazer agraz melado.

[9.1] De arar o cauar los campos que son magros. De aparejar las vendjmjas. E de entrecauar las vjñyas en los lugares frios.

Ala çagueria del mes de agosto deues arar o labrar el campo que sera magro & plano & humjdo. Asi mesmo en aqueste mes en los lugares que seran çerca de mar, deues aparejar los cubos & botas & portadoras

& otros aparejamjentos nesçesarios alas vendjmjas. E avn en aqueste mes enlos lugares frios podras entrecauar o aplanar las vjñyas.

[9.2] De rreparar la vjñya vieja o magra.

Si la viñya es vieja o es magra que non aya poder & la querras rreparar, & que aya poder, tu en aqueste tiempo o en setiembre quando la vendjmja auras cogida la faras podar. E despues la cauaras. E quando sera cauada tu la sembraras de luppins. E quando seran nasçidos & que sean vn poco grandes, tu faras cauar la vjñya otra vegada, & arrancaras o soterraras [**fol. 162r**] todos los luppins cauando. E sepas que esto le dara grant virtut, mucho mayor que non si la estercolauas con estiercol. Ca sepas que el estiercol estraga & muda la sabor del vjno & los luppjns la adoban. Njn es prouechosa cosa de estercolar las vjñyas con estiercol.

[9.3] De espampanar los sarmjentos. E de arrancar la cañyota.

En aquest mes en los lugares frios, si la vjñya es poderosa, & en lugar humjdo deue ser despampanada. Es a saber, quele sean tirados vna partida delos pampanos, por tal que la calor del sol pueda mas ligera mente madurar la vendjmja. Empero si el lugar do sera la vjñya es lugar caljente & seco non deues tirar los pampanos. Antes, si se podria fazer, deuries poner de otros, por tal quela calor del sol non quemase las rrayzes delas çepas njn la vendjmja. Por que enel despampanar las vjñyas deues aver consideraçion segunt la manera desuso dicha & guardar el poder de cada vjñya. En aqueste tiempo mesmo de agosto deues otra vegada cauar la vjñya & arrancar la cañyota & la sisca & falguera, por tal que el sol les pueda quemar las rrayzes.

[9.4] De quemar las pasturas.

Agora es el tiempo que deuras quemar las garrigas o boscages, por tal que enel [**fol. 162v**] optoñyo & enel ynujerno ay pueda nasçer yerua nueua o brotes nueuos para proujsion del ganado. E las rramas altas & gruesas podran serujr a leñya para quemar.

[9.5] De los huertos.

En los lugares secos en- aqueste mes enlos huertos que son sin agua podras sembrar nabos & rrauanos que podran serujr al ynvierno. E sepas que qujeren tierra bien grasa & fonda. E muchas vezes cauada. E no se agradan en rres de arzilla blanca njn humjda njn de tierra pedregosa que sea foradada njn brescada. E han grant plazer del çielo nubloso. E deuen se sembrar en grandes eras espaçiosas & mucho fondo cauadas. E fazen se mucho bellos & mas bellos en los lugares arenosos. [**9.5.2**] E deuen se sembrar despues que avra lloujdo si ya non era en lugares que se pueden rregar. E luego como seran sembrados es menester que sean cubiertos de tierra con açada o con rrastillo ligeramente, es a saber, que non sean mucho fondo soterrados o cubiertos. A vn jornal de bueyes bastaran II o IIII° sisterns de simjente. *Lo sistern pesa cada vno II libras, asi que quatro sisterns valen VIII° libras.* E sepas que en aquesta simjente non ha menester estiercol, mas en lugar de estiercol deues echar paja bien menuda, ca mas bellos se fazen. E sepas que son mas dulçes [**fol. 163r**] & sabrosos si muchas vezes los rruxaras con agua salada. Muchos dizen & cuydan quelos rrauanos que non son mucho cozientes o fuertes & han mayor verdura & ternura & han las fojas anchas & mas blandas & suaues las que son fembras. [**9.5.3**] E de aquestas tales deues alçar la simjente. E fazen se mucho mayores si les tajas de las fojas—no todas sinon algunas—& las trasplantas. E avn que non sean trasplantadas & los caues muchas vezes & los cubras con tierra sus rrayzes o tronco, que non este descubierto al sol. E si querras quelas rrayzes no sean tan fuerte cozientes, mas que sean amorosas & plazientes de comer, tu meteras a rremojar la simjente delos rrauanos dentro de vna escudilla, & que aya mjel & agua & dexar lo has estar por vn dia & vna noche. E meteras la simjente entre pasas que sean majadas. E dentro la pasta delas pasas meteras la simjente delos rrauanos & seran plazientes de comer. E deues saber quelos rrauanos & la brasica, es a saber coles verdes, fazen dañyo a las çepas o parras si los siembras çerca de aquellas, ca son descordantes en natura. En aqueste mesmo mes podras sembrar espinacas.

[9.6] De los arboles fructifferos, como de perales, mançanos & semejantes.

En aqueste mes de agosto se pueden enxerir en escorça los çiruelos. E en aqueste mes mesmo puedes enxerir perales [**fol. 163v**] viejos entre la escorça & la fusta con palucho, con enxierto luengo enla manera que de suso es dicha. *E avn se pueden enxerir con escudete los perales nueuos en las rramas nueuas conlas fojas & corteza delos brotes nueuos de otros perales, asi como desuso avemos enseñyado con escudete.* Asi mesmo podras enxerir ponçemer en lugar de rregadio.

[9.7] De las abejas.

Las vispas o semblantes de abejas que se dizen brinjrons, & otras que son de linaje delas vispas fazen grant mal alas abejas. Empero en aqueste mes las deues segujr & matar. Asi mesmo deues labrar todo aquello que es olujdado de fazer enel mes de jullio.

[9.8] De fallar agua en lugares secos.

Aquest mes es conujnjente a fallar agua en los lugares secos, o fazer pozos do non haue **fuentes** o aguas corrientes. E tomaras tales maneras: que antes que el sol salga tu yras al lugar do tu querras çercar que aya agua. E boca ayuso lançar te has en tierra la cara enta el sol ponjente. E meteras la tu barua en tierra. E si veras en algunt lugar leuantar algunt fumo a manera de nuuol crespo & soptil o primo, asi como si era rros que cayese, tu la vegada tendras señyal de algunt arbor o palo o piedra que sea en aquella parte, en la qual avras visto aquel nuuol çerca de aquella. Ca sepas que aqueste atal [**fol. 164r**] señyal enlos lugares secos muestra que y deue aver agua, mas empero es nesçesario que puedas conosçer sy el agua que sera en aquel lugar, sy es mucha o poca segunt la **color** o linage dela tierra sobre la qual sera el señyal. [**9.8.2**] E deues saber que sy la tierra es arzillosa muestra que el agua sera poca & no avra buena sabor. Si sablonosa, es a saber, que sea sablo primo, muestra poca agua & non plaziente de beuer & limacosa & mucho fonda. Si la tierra es negra, muestra que de la agua dela pluuja esta humjda. E quando y cauaras fallaras que el agua salljra asy como sy destillaua. E no sera mucha, mas sera plaziente de beuer. Si la tierra sera arzillosa blanca, muestra que avra agua conujnjente mente, mas las venas del agua non seran çiertas. Sy el lugar sera sablonech, de sablo grueso mezclado con piedras menudas semblantes aquellas que se fallan enel rrio o rrieras, muestra que avras venas çiertas & grant habundançia de aguas. Si el lugar sera rroca bermeja o rroya, signjffica que ha mucha agua & buena. [**9.8.3**] Empero como y avras fallada el agua, es menester que proueas que non se pueda perder por fendeduras njn por otro lugar jnçierto. E deues saber que el agua que nasçe al pie dela montañya o al pie dela rroca muestra que es agua mucho fuerte & buena & fria. Mas el agua que nasçe enlos campos o lugares planos comuna mente son saladas & pesadas & de mala sabor. Empero sy las aguas o fuentes que nasçen enlos campos o lugares planos avran buena sabor & plaziente [**fol. 164v**] de beuer & sy avran de çerca alguna montañya, sepas de çierto que ellas toman nasçimjento de la montañya. E sy nasçen en medio del campo o de la tierra plana, sepas de çierto que ellas toman nasçimjento de algunos forados que son altos enla montañya, & avran semblant sabor, si empero algunos arboles espesos cobriran las fuentes. [**9.8.4**] Demuestran otros señyales para fallar agua enlos lugares secos. Primera mente, si fallaras juncos delgados saluages, dicha laxis *& es yerua ala qual non fallo otro* *nombre, mas paresçe me que es yerua que nasçe por el agua,* o poll, o vn arbol que es dicho en latin agno casto vel ujtex, o cañyas. E avra otras yeruas que son acostumbradas de nasçer en lugar vmjdo. Empero es nesçesario que guardes que *en aquel non sea acostumbrado de rretener las aguas de pluuja, sy non que* de sy mesmo aya aquellos señyales & aquellas plantas o arboles que he dicho de suso.

[**9.8.5**][89] La vegada seras çierto que allj fallaras agua. E cauaras vna grant fuesa que sea de anchura de tres pies & fonda de çinco. E quando el sol se pondra, avras vn bel vaso de arambre de cobre o de plomo, & vntar lo has con alguna gordura o grex. E metras lo boca ayuso en aquella fuesa yuso en tierra. E con vergas o cañyas o rramos tu lo cubriras. E meteras tierra sobre todo aquesto, en manera que toda la tierra sea bien cubierta. Empero que non se acoste njn toque el vaso que avras puesto dedentro. [**9.8.6**] Despues enel sigujente dia por la mañana tu descobriras [**fol. 165r**] la tierra & la rrama o vergas. E tomaras aquel vaso & guardaras si dentro de aquel vaso ha alguna humor o algunas gotas de agua. E sy las fallas, sepas de çierto que en aquel lugar fallaras agua. E avn te digo que sy non has vaso de cobre o de plomo, que al menos ayas vna olla de tierra que fazen los olleros. E sea solamente secada al sol, mas non sea envernjzada njn cocha al fuego. E por semblant manera menos de vntar metela boca ayuso al fondon dela fuesa cara del sol & cubrela enla manera de suso dicha con rramas & con tierra. E en la mañyana rreconosçeras lo. E sy enel lugar ha mucha agua, sepas quela olla fallaras toda dissuelta & fundida por la grant vmor del agua. E avn lo puedes prouar asy: dentro de aquella fuesa tu metras yuso vn copo de lana suzia que non sea lauada, & cubriras la fuesa por la manera de suso dicha. E enla mañyana rreconosçeras la lana. E apretar la has entre las manos. E sy por apretar ella lança agua, sepas de çierto que en aquel lugar ha copia & habundançia de agua. [**9.8.7**] Por otra manera lo podras prouar dentro dela fuesa: tu meteras vn vaso pleno de olio, o lenterna, & sera ençendida que y meteras lumbre. E cobrir la has asy como desuso es dicho. E sy enla mañyana tu la fallaras amatada, la vegada conosçeras que en aquel lugar deue aver agua. E avn avras otro señyal: sy tu fazes fuego en aquel lugar menos que noy fagas fuesa, & despues que el fuego sera çesado & la tierra de aquel lugar do avras fecho el fuego començara a vaporar & echa fumo vmjdo a manera de nublo o de njebla, señyal [**fol. 165v**] es çierta que en aquel lugar ay agua. Despues que avras fallado tales señyales o algunas de aquellas que seran mas firmes & mas çiertas, la vegada començaras a cauar el pozo & buscaras el agua. E sy por aventura seran muchas venas, fazer las has venjr todas en vn lugar. Empero mjembre te quelas aguas se deuen todas buscar al pie delas montañyas cara tramuntana, ca en aquellos lugares comunamente habundan mas las aguas que en otras partidas & son mucho mejores & mas prouechosas.

[9.9] De fazer pozos.

Mas en cauar los pozos ha menester maestria & jndustria para guardar el dañyo de aquellos quelos cauan. Ca muchas vezes acaesçe que cauando los pozos esdeujene en alguna mena de sofre o de alum o de vitumen *que es vna espeçia o manera de tierra assi viscosa que qujen vntaria las naues o otras fustas que van por la mar jamas por las fendeduras o por las junturas delas tablas non entraria agua njn ay caldria meter escoba, asy como fazen agora. E de aquesta tierra vitumen vnto Noe la barca o la arca por mandamjento de Dios, por tal que non entrase y el agua del diluujo.*[90] *Ca por rres non se puede dissoluer. E dizen que aqueste vitumen se falla en vn estañyo o balsa que es en Espalto, rregion de Judea, & non he leydo que se pueda fallar en otra rregion.* E deues saber que cada vna destas **menas**, es a saber çofre, alum & vitumen son asy dañyosos & pestelençiales que supitamente la su vapor atapa & tira todos [**fol. 166r**] los spiritos enlos jnstrumentos vitales. E muchas vegadas acaesçe que supitamente mueren los cauadores del pozo sy luego non fuyen, por que antes que desçendan ayuso al fondo del pozo es nesçesario que ençiendas vna lumbre. E ayas por señyal çierto que sy se apaga la lumbre, que en aquel lugar ha alguna de aquellas materias dichas de suso, & que los cauadores han peligro de aquellas materias sy son allj. [**9.9.2**] E sy aquel lugar do faras el pozo avra de los materiales venjnosos & es a ti nesçesario de aver pozo en aquel lugar, la vegada tu faras o cauaras ala parte derecha o ala sinjestra del pozo prinçipal sendos forados o espirales a manera de pozos fasta al agua, por los quales la vapor del pozo prinçipal pueda vaporar & non de tanto dañyo alos cauadores del pozo prinçipal. E aquesto fecho tu podras enparedar las paredes de cada vn costado del pozo prinçipal de piedras con buen mortero que esten firmes. E sepas que el pozo deue aver de amplo VIII° pies a cada parte, sy quier sea rredondo sy qujer quadrado. E de aquestos VIII° pies occupara la paret que ay faras II pies, asy que como el pozo sera acabado de paredar al menos aya VI pies de amplo. E quando faras las paredes del pozo, sy la tierra es arenosa o sablonosa o semejante con barras o puntales, tu pijaras bien cada vna parte & con tablas, en manera quela tierra non se pueda esmouer njn afondar njn comprehender los cauadores. E sy es nesçesario al suelo deyuso enel agua, firmaras algunos palos & sobre aquellos faras o hedificaras las paredes de piedra por tal que non se puedan allenegar njn esmoyr.

[**9.9.3**] E sy por aventura [**fol. 166v**] el agua sera molla o limagosa, la vegada tu echaras alguna quantidat de sal, & adolçer se ha mucho & sera mas plaziente de beuer.

[9.10] De prouar agua.

La manera de prouar el agua nueua del pozo nueua mente cauado o fecho es atal que tu avras vn vaso de arambre ljmpio & bello. E rruxar lo has con aquella agua nueua. E sy noy fara alguna macula o suziedat, sepas que el agua es buena. E avn mas tu avras vn vaso de arambre & cozeras y del agua bien a su punto. E sy enel fondon non dexara limos o otras fezes, sepas que el agua es buena & prouechosa. Jtem sy en aquella agua cozeras legumbres & sy seran luego cochos, sepas que el agua es buena & prouechosa. Otra: sy el agua dela fuente es luziente & clara & non ya alguna yerba espesa. Que muchas vezes quando la fuente o el agua desçende de vna montañya en algunt valle baxo pierde la sabor que avia alto en la montañya.

[9.11] De manar agua, es a saber aguaduyto.

Si querras traher agua alguna de algunt rrio o de alguna fuente, tu la has a traher o fazer venjr por alguna paret de argamasa o por cañyos de plomo o por canales de fusta o por cañyos de tierra envernjzados. Si tu la traeras por alguna paret de argamasa, es menester quelas canales por do correra o el rrench quele faras dentro dela paret sean bien soldadas que por fendedura non se pierda el agua. E deue ser la canal o pasaje del agua segunt que sera la quantidat del agua. E sy la traheras por lugar plano, al cabo [**fol. 167r**] de LX[a] o de C pies tu avras a costreñjr, o por vna pica o balsa que aya vn pie de fondo, por tal que aya mayor virtut o fuerça de correr. [**9.11.2**] E si por aventura y avra alguna montañya, **la vegada sy se puede fazer, traheras la por las faldas dela montañya,** & sy non se puede fazer menos de grant dañyo o mjsion, faras assi que a manera quj faze esplugas o cauas foradaras la montañya a cada vn cabo por do pueda pasar el agua. E sea atan alta la caua que y pueda caber la paret por do correra el agua & tan ancha que y los maestros puedan caber. E sy por aventura algun valle o arroyo ay esdeuendra, la vegada tu faras algunos pilares de piedra & de mortero & algun arco por los quales pueda pasar el agua. E avn sy non es lugar apto para fazer pilares njn arcos, avras cañyos de plomo & de yuso de tierra en aquel valle en medio dela paret o argamasa tu los ençerraras o los soterraras en manera que el agua que y entrara por el vn cabo pueda salljr por el otro, a manera de **sortidor**. Mas que mas segura cosa es & mas prouechosa cosa es que el agua corra por cañyos de tierra envernjzados engastonados dentro dela paret, los quales cañyos deuen aver dos dedos de groseza. E al vn cabo deue ser estrecho cada vno, la qual estrechura aya vn palmo de luengo en manera que pueda entrar enel cabo ancho del cañyo sigujente. E aquellas juncturas de cada vn cañyo vntaras con cal bjua mezclada o pastada con olio. [**9.11.3**] Mas antes que metas el agua por los cañyos meteras dedentro çenjza bien çernjda. E despues meteras dentro de los cañyos vna poca del agua [**fol. 167v**] no pas toda. E aquesto por tal quela çenjza con aquella poca de agua pueda soldar sy algunas **fendeduras** avian quedado en la junctura delos cañyones o dela paret. El çaguer rremedio & mas malo es traher por cañyos de plomo, por tal que se engendra çerusa & rroujello, la qual cosa es mucho nozible & contraria a natura humana. La diligençia del señyor que fara traher el agua deue ser que procure mucha, & que despues, que aya grant lugar do la pueda rrecoger o ayuntar.

[9.12] De medidas & pesos de las canales por do vendra el agua.

La medida delos cañyos del plomo por do venga el agua deue ser tal quelos cañyos sean fechos gruesos, por tal manera que mil CC libras de plomo basten a cañyos por do venga el agua en espaçio de CX pies. E con LXXX pies deuen bastar DCCCo XL libras de plomo. E XL pies, DC libras. E a XXX pies, D libras. E a XX pies, CCL libras. E a VIII° pies, C libras de plomo. E asy que de aqui avant segunt mas o menos.

[9.13] De fazer agraz melado.

Tu avras el agraz que sea medio maduro & medio verde. E apretar lo has bien & fazer lo has suco. E en VI sisterns de suco de agraz que serian XII libras tu y mezclaras dos sisternes de mjel que son quatro libras. E sea bien meneada & clarificada menos de fuego. E por XL dias lo dexaras estar al sol, guardando que noy toque la gota njn pluuja njn rruçio. *E aqueste agraz es mucho bueno &* [**fol. 168r**] *prouechoso al cuerpo et assi sea guardado.*

SEPTIEMBRE

[**10.19**] Las oras de aqueste mes de setiembre son eguales con las oras del mes de abril.

La primera ora del dia avra la tu sombra delos tus propios pies XXIIII° pies.

La IIª, XIIII pies.

La IIIª, X pies.
La IIIIª, VII pies.
La qujnta, Vº pies.
La VIª, IIIIº pies.
La VIIª, Vº pies.
La VIIIª, VII pies.
La IXª, X pies.
La Xª, **XIIII** pies.
La XIª, XXIIIIº pies.

[**10.0**] Aquj comjençan los titulos del mes de setiembre, de aquello que enel dicho mes deues obrar enla lauor.
Primera mente de labrar los campos para el sementero.
De sembrar trigo & çeuada enlos lugares frios & sombriosos.
De los rremedios que se fazen quando el campo es salinoso & otros rremedios.
[**fol. 168v**] De las medidas delas simjentes.
De sembrar çeuada camun *la qual non avemos en vsu.*
De sembrar sisamo, es a saber agingolj.
De sembrar veças & senjgrech.
De sembrar los luppjns.
De fazer los nueuos prados & pensar de los viejos prados.
De aparejar las vendimjas.
De cojer los mijos & panjzos. E de parar alas aves.
De los huertos. E de sembrar cascall & otras simjentes.
De fazer paujmjentos & tejas.
De fazer arrope de moras.
De conseruar o saluar las vuas.
De las çepas que podresçen las vuas por mucha humor.

[10.1] De labrar los campos para el sementero.

En aqueste mes de setiembre se deuen labrar otra vegada los campos que ya son estados labrados para la simjente, asy los campos que son grasos & en lugar vmjdo, como los otros que son en lugar seco, asy mesmo los campos que son alto en las montañyas. E deuen se sembrar luego mediado setiembre que son los dias & las noches eguales.

[**10.1.2**] Los campos se deuen sembrar en luna menguante. E ayuda mucho que non nasçen ay tantas yeruas. E sepas que el campo que es en montañya rrequjere que aya mas estiercol que non el campo que es en lugar llano. Avn jornal [**fol. 169r**] de bueyes bastan XXIIIIº cargas de estiercol en campo que sea en alguna montañya. E enel campo llano bastan XVIII° cargas. E deues saber que non deuen ser escampadas por el campo delas cargas del estiercol, sy non atantas como aquel dia puedas cobrir o mezclar con la tierra. E aquesto por tal que sy los estiercoles se secauan estando escampados, no aprouecharian rres ala tierra. [**10.1.3**] Los estiercoles se pueden escampar en qual se quier tiempo del jnujerno. E sy por aventura nonlos has podido escampar en tiempo conujnjente por rrazon dela pluuja o por otra occasion, podras aquellos escampar sobre los sembrados a manera como sy escampauas & derramauas poluo o tierra sobre los sembrados. E sy querras, **con la mano** sobre el sembrado podras derramar estiercol de cabras o de ovejas, & con açadas chicas podras lo mezclar conla simjente. E valdra tanto como sy ovieses bien estercolado el campo. E sepas que non aprouecha mucho echar mucho estiercol en vna vegada ayuntado, mas poco a poco & muchas vegadas. El campo que se puede rregar, o es en lugar vmjdo, ha menester mas estiercol que non el campo seco. [**10.1.4**] Sy por aventura non avras habundançia de estiercol, sy el campo es sablonoso o arenoso echaras o escamparas enel campo arzilla blanca o bermeja en lugar de estiercol. E enlos lugares que son arzillosos & tierra fuerte & espesa echaras o escamparas sabblon o arena. E sepas que en aquesta manera aprouecha mucho, non sola mente alos campos & alas mjeses, antes avn a las vjñyas que seran mas bellas.

[10.2] De sembrar trigo & çeuada enlos lugares frios & sombriosos.

[**fol. 169v**] Enlos lugares que son vmjdos o que se pueden rregar, o lugares magros o frios o sombrios verdes, en mediante setiembre deues sembrar çeuada & trigo en tiempo que sea claro & sereno. E aquesto por tal que antes del jnujerno ayan metidas rrayzes & puedan mejor sostener las pluujas & el frio.

[10.3] De los rremedios que se fazen quando el campo es salinoso & otros remedios.

Muchas vegadas acaesçe que muchos campos echan saljna; es a saber, a manera de tierra blanca semejante de sal. E sepas que es mucho dañyosa, que consume el sembrado & las mjeses. E sy quieres ad aquesto dar rremedio, tu estercolizaras el campo salinoso con estiercol de palomas & con fojas de çipres. E que sean mezclados quando araras el campo. Empero el mejor rremedio es que por el campo salinoso fagas pasar alguna rreguera de agua o de pluuja o de otra agua sy se puede fazer. En vn campo que sea vn jornal de bueyes & que el campo sea conujnjente, aquesto es, no mucho graso nj mucho magro, bastan V° mujgs de trigo. E sy otro campo, bastaran IIII° mujgs de trigo. Si qujeres quela simjente aproueche & fructifique mejor que otra, tu dexaras estar aquella simjente por algunos dias antes quela siembres sobre vna piel de vna vestia la qual ha nombre yena, *la qual no es cognosçida njn vista en aquestas partidas, synon solamente en las partidas de Africa. E rreconta Salino enel* **Libro delas maraujllas del mundo**[91] *que es vna bestia que el cuello & la viga dela espjna es toda vna piesça, que non puede boluer la cabeça si toda en semble non se buelue. E es mucho cruel bestia & fuerte. E la fembra* [**fol. 170r**] *es mas falsa que el masclo. Ha los ojos fuerte virados & de diuersos colores. E enlas pestañyas delos sus ojos se ha fallada vna piedra de diuersos colores que ha nombre hiona. E qujen la tiene enla boca diyuso dela lengua prenostica muchas cosas por venjr. Volunterosa ment sigue los cuerpos delos omes muertos & los desotierra. E avn sigue mucho & continua las cabañyas delos ganados de noche. E contrafaze la boz humanal. E aprende de amenazar alos perros por la manera quelos pastores los amenazan. E faze volenterosa mente dañyo al bestiar. E sy vendran canes quela quieran tomar, luego los encanta que non se pueden mouer njn ladrar. E semejante faze de los hombres pues que tres vegadas se sea puesta en torno.* [**10.3.2**] Algunas vegadas se engendran topos enel campo, que siegan las rrayzes delos trigos. E contra aquestos podras tomar tal rremedio: que ayas suco de vna yerua que es dicha en latin sedjm. *Enlas synonjmas se dize ssenexium o senerium o cardo benedicto o terrestre benedicta o cardoçello que son vna espeçia. En otras synonjmas dize que sedim es vna yerua que nasçe enlos terrados & enlas paredes & ha muchas fojas espesas & gruesas & pelosas ala cabeça. Quanto es de mj nonla conozco njn le se otro nombre sy non quelos apothecarios que la conosçen le dizen vulgar mente cardo benedicto.* E de aquesta yerua faras suco. E mezclaras y agua. E de aquella agua tu rruxaras la simjente que avras a sembrar. E dexar la [**fol. 170v**] has assi rruxada estar por vna noche. E enla mañana tu la sembraras. E sepas quelos topos no y podran nozer. E avn contra los topos toma las rramas con las rrayzes del cogombro amargo & saca el suco. Despues la paja que quedara mete la en agua. E laua la bien fregando conlas manos. E toma aquella agua conel suco que avras sacado & mezclalo & rruxaras la simjente que avras a sembrar & nonle podran nozer los topos. Otros lo fazen por otra manera, que toman aquesta agua, & quando aran o labran los campos, do conosçen aver topos echan de aquella agua por los surcos. Otros son que meten enlos forados do habitan los topos feçes de olio enlas quales non aya sal & mata los topos.

[10.4] De sembrar çeuada camun.

La çeuada que es dicha cauterinum, *la qual entre nos otros no es conosçida, synon çeuada comun & temprana, es a saber, forratge,* se deue sembrar en aqueste mes. E vn jornal de bueyes ha menester V° mujgs de aquesta çeuada. E es nesçesario que dexes rreposar el campo vn añyo o dos antes quelo siembres otra vegada sy ya no echauas estiercol; tanto enxuga la tierra.

[10.5] De sembrar los luppjns.

En aqueste tiempo & avn mas temprano sembraras los luppins en qual se quiere tierra, grasa o magra. E aprouechar les ha mucho sy son sembrados antes que faga frio. E sepas que en campo que sea mucho humjdo njn limoso non qujeren **[fol. 171r]** nasçer, njn aman arzilla blanca, sinon tierra magra & ligera. E aman arzilla bermeja. E vn jornal de bueyes ha menester X mujgs de simjente.

[10.6] De sembrar aruejas.

En aqueste mes de setiembre enla fin deues sembrar aruejas **que son legumbres**. Aman mucho tierra ligera & muchas vezes labrada. E qujeren lugar temprado, njn frio njn caliente. E han grant plazer de la pluuja. Avn jornal de bueyes bastaran III o IIII° mujgs de simjente.

[10.7] De sembrar sisamo, es a saber agingolj.

Vna lauor que se dize ssisamum; *es a saber, gingolis o pencta dactilo— otro nombre ha, es a saber, gingolj*—rrequjere tierra bien podrida o arena bien grassa o tierra ajustadiza. Avn jornal de bueyes bastaran IIII° o çinco sisterns. En aqueste mes podras cauar & apparejar los campos do deuras sembrar alfalffa.

[10.8] De sembrar veças & senjgrech.

Agora es tiempo de sembrar veças & aruejas & alfoluas sy quieres para comer. Vn jornal de bueyes sembraras con VII mujgs de cada vna symjente. Asy mesmo en aqueste mes podras sembrar çeuada cauterinj para ferratge. Ca es natura de ordio que se faze temprano. E qujere tierra bien labrada & estercolada. E deue se sembrar en mediado aqueste mes, que son los dias eguales conlas noches. Avn jornal de bueyes bastaran X mujgs de simjente. E deue se sembrar temprano, por tal que antes del jnujerno sea ya grande, en manera quel bestiar lo pueda pasçer, &

[**fol. 171v**] para bastar la pastura fasta a mayio. Empero sy quieres que te baste la pastura & que ayas avn grano enta la entrada del mes de març o, tu vedaras que non y pazca el ganado. E las rrayzes dela çeuada començaran a brotar nueua mente. E faran fructo que podras segar & cojer en el mes de juñjo asy como las otras mjeses.

[10.9] De sembrar luppjns.

Los luppins sembraras en aqueste tiempo enlos lugares o campos que son magros, por tal que quando seran cresçidos; es a saber, antes que non granen, los puedas arar o arrancar & soterrar enel campo & sera mas grasso que sy lo estercolauas.

[10.10] De fazer los nueuos prados & pensar de los viejos prados.

Agora podras fazer & firmar nueua mente los prados o praderias. E sy fazer se podra deuras escoger el lugar o campo plano & graso, & que sea vmjdo. E enel medio lugar sea vn poco encombado o baxo. O para fazer prado, escogeras vn valle enel qual entre agua o pluuja, o de fuente o de otro lugar. Empero que non salga asy luego como y entra, mas que se aduerma vn poco. E que non sea mucha agua, ca faria ay arroyo & leuar se ya la tierra conla yerua. [**10.10.2**] El prado puedes fazer & formar en qual se quier tierra, grasa o magra, con que sea rregada. Empero en aqueste tiempo lo deues aljmpiar de todas yeruas que sean estrañyas & contrarias, es a saber que non sean de su natura, & de yeruas que ayan las fojas anchas & de todos arboles o verdugos o bordes arboles que ay nazcan. Despues empero que avras muchas vezes arada o labrada la tierra [**fol. 172r**] o campo enel qual querras formar el prado, sacaras todas las piedras que y seran. E quebraras & desfaras todos los terrones. E estercolar lo has bien en luna cresçiente con estiercol fresco que nueua mente sea sacado de la balssa. [**10.10.3**] E con grant diligençia proueeras que ganado grande njn menudo non y pueda pisar njn entrar, mayor mente en tiempo que sea rregado o blando, por tal quelas pisadas delas bestias non desigualen el prado; es a saber, que vn lugar sea mas alto que otro, njn sus pisadas ay puedan paresçer. E sy por aventura el prado era viejo, & vna yerua que es dicha musco, *la qual de grado nasçe en las fuentes & lugares vmjdos*, avia el prado ocupado & consumjdo, con diligençia sea arrancada & fuera echada. E en aquellos lugares que avras arrancada la yerua tornaras y sembrar de la simjente del feno o prado. E sepas que sy derramaras çenjza enlos lugares do avras arrancado aquella yerua del musco muchas vezes, del todo la consumiras que noy tornara. [**10.10.4**] Empero sy el prado era tan viejo & podrido por podridura que ya no sy fiziesse yerua assi como deue, deues lo nueua mente cauar o arar muchas vegadas. E enel prado viejo quando lo querras rrenouar, enel primer añyo y puedes sembrar nabos. Ca non valdria menos el prado. E quando los avras cogidos podras y sembrar de la simjente del feno del prado. Asy mesmo y puedes sembrar aruejas mezcladas conla simjente del feno, empero nonlo deuras rregar fasta tanto quela tierra labrada o somoujda se sea asentada & enduresçida, por tal quela vmor del agua & la fuerça non estrague la simjente njn la mude de vn lugar en otro. Njn se deue rregar fasta tanto que veas quela simjente comjença de sallir.

[10.11] De aparejar las vendimjas.

[**fol. 172v**] En los lugares calientes & çerca dela mar acostumbran de fazer vendimjas en aqueste mes & en los lugares frios aparejan vendimjas. E fazen enpegar las botas, por tal manera que con vna bota que tenga CC congas o cantaros—*& cada vna conga vale VI sisterns, & cada vn sistern pesa dos libras* —toman XII libras de pegunta, & segunt mas o menos sy las botas seran mayores o menores. Sy querras conosçer quando sera madura la vendimja, tomaras vna vua & apretar la has bien conlas manos. E sy la vinasça que es en los granos delas vuas es fresca o quasi negra, sepas quela vendimja es madura. Ca naturalmente quando la vua es madura la vinaça torna negra. Muchos son que conla pegunta, quando deuen vntar las botas, mezclan en XX libras de pegunta vna libra de çera nueua & aprouecha mucho ala olor & sabor del vjno, ca muchas vegadas la pez lo faze amargar. E no dexa rromper njn trencar njn quebrantar la pez. E por aquesta rrazon deues antes tastar quela pegunta non sea amargante, ca muchas vezes se estraga el vjno.

[10.12] De cojer los mijos & panjzos. E de parar alas aves.

En aqueste mes en algunos lugares acostumbran de cojer el mijo & el panjzo & los fresoles, & guardan los para el jnujerno. Agora en aqueste mes deues apparejar de caçar o tomar aues, & podras lo fazer por tal manera: tu tomaras primera mente vn mochuelo o vna lechuza, & avezar la has [**fol. 173r**] que venga a tu poder & en algunt lugar do acostumbren de venjr aves tu pararas tus rredes. *E pondras en aparença el mochuelo o la lechuza et todas las aves de aquella partida vendran a aquel lugar & ael. E podras los cobrir & tomar conlas rredes.*

[10.13] De los huertos.

Enlos lugares secos & callentes podras en aqueste tiempo sembrar cascalles, ço es papaueres[92] E podras los sembrar con otras simjentes o lauores. Ca bien sufre de ser sembrado con otras simjentes, *assi como son simjentes menudas, es a saber perexil, apio, coleta, & semejantes simjentes.* E dize Palladio que mucho mejores & mas bellos se fazen los cascalles en tierra do ayan quemados sarmjentos.

La coleta verde puedes sembrar en aqueste tiempo. E podras la trasplantar en noujembre. E podras te serujr enel jnujerno de las fojas, enla primauera de los brots.

[**10.13.2**] Los huertos o quintans que deuras plantar enel jnujerno deuras agora cauar fondo de III pies. E quando la luna sera menguante deues lo estercolar.

Ala çagueria de aqueste mes podras sembrar tomjllo o frigola, ya se sea que mejor viene de planta que non de simjente, empero bien se faze de simjente, & qujere tierra caliente, çerca de mar & magra.

Asy mesmo mediado aqueste mes podras sembrar orenga, & faze a estercolar & rregar fasta que sea grande. Ama mucho lugares asperos & pedregosos.

Asy mesmo podras sembrar taperes. E sepas que ocupan & toman mucha tierra. E el suco suyo es muy noble ala tierra, por que es nesçesario sy quieres sembrar o plantar quele fagas en torno [**fol. 173v**] grant fuessa o alguna paret. E rrequiere tierra magra & seca. Fuerte mente persigue todas las yeruas & plantas quele son de çerca. Floresçe enel estiu & seca enel tiempo que parescen las cabrillas, *aquesto es començamjento del estiu, que es enel sol stiçi de juñjo.*

[**10.13.3**] E ala çagueria de aqueste mes podras sembrar vna simjente que se dize en latin giddj, *mas non he fallado que yerua es. Mas he fallado ginch, que quiere dezir comjno de Etyopia o comjno, o njella. E avn he fallado jusqujamo, que es vna yerua que faze vnas capças grandes a manera de campanas; dizen le yerua de Santa Maria.* Asy mesmo enlos lugares temprados & calientes podras sembrar simjente de eneldo & rrauanos, & enlos lugares secos espinacas & apio, que es dicho çerefolium. Enta la entrada de octubre podras sembrar lechugas, bledos, çeliandre & nabos.

[10.14] De tuberas.

Enla fin de aqueste mes de setiembre, quasi enla entrada del otro mes podras sembrar tuberas *que son natura de arboles enlas partidas de Calabria o de Rroma, mas en aquestas partidas non es conosçida syno sy son por aventura njspolas.* E dize el Palladio que se pueden plantar de cuescos o de plantas con rrayzes. E como son tiernas quieren se diligente mente nodrir & tener açerca. E dize que en Françia quando la plantan, vntan las rrayzes con buñygas de buey frescas. E qujeren tierra grassa & bien labrada o cauada fondo. E meten enlas rrayzes closcas de muscles o de pechelidos o alga de mar. [**10.14.2**] E otros son que toman las [**fol. 174r**] mançanas de las tuberas. E quando son bien maduras cahen se los pjñoles o cuescos, & secan los al sol. E plantan los en tal manera que ellos meten tres en vn foyo. E rrieganlos como son nasçidos. E escabeçan los dos & queda el vno. E fazen los tornar a vna verga & cresçen mas tost que sy eran tres. E despues que avran vn añyo trasplantan los. E sepas que este arbol por la manera desuso dicha faze el fructo fuerte dulçe. [**10.14.3**] Enel mes de enero o de febrero puedes lo enxerir en membrellar, & toma ay fuerte bien. Asy mesmo podras enxerir en mançano o peral o çiruelo. Los de Calabria dizen que mejor toma sy lo enxieren con escoplo, es a saber, fendiendo el tronco del arbol çerca tierra, que no en corteza con palucho. E meten le desuso vn vaso quebrado de tierra o semblant por deffension. E ayuntan mucha tierra faza el lugar enxerido & mezclan y estiercol. E aquestos arboles de tubas o njspoleros aprouechan a todas aquellas cosas que aprouechan alos mançanos & alos otros arboles fructiferos. El fructo de aquestas tuberas o njspoleros podras conseruar entre mijo, & sy las metes dentro de vasos de tierra envernjzados & bien atapados. *Yo non he fallado en sinonjmas njn en otros libros que fructo son tuberas mas he fallado que tubera son bolets que se fazen deyuso de tierra assi como son coffenes o semblantes, mas no fallo que sea arbol. Por que segunt la materia & natura quel libro dize que es arbol, presumo que son njspoleros & njspollas.*

[10.15] De fazer paujmjentos & tejas.

[**fol. 174v**] En aqueste mes podras fazer los paujmjentos de los terrados & las rrajolas & tejas por la manera que avemos dicha enel mes de marҫo.

[10.16] De fazer arrope de moras.

Arrope de moras saluajes faras asy: tu avras moras negras bien maduras que se fazen en las çarças, & apretar las has bien. E a dos partes de suco que dellas salira tu meteras vna parte de buena mjel. E cozer lo has a fuego manso fasta tanto que sea espeso. E guardar lo has en algunt vazillo de vidrio o de tierra envernjzado.

[10.17] De conseruar o saluar las vuas.

Los rrazimos o vuas que querras saluar es menester que sean cogidas fuert gallardament que non sean golpeadas. E deues guardar que non sean agraz; es a saber, que non sean verdes mucho, njn mucho maduras. Mas abasta que el grano suyo sea claro como alum & rresplandesçiente. E quando lo tocaras que sea moll & blando & plaziente de tocar. E tiraras con tigeras o con otro artifiçio suptilmente los granos que y seran podridos o secos o enterrados. E sy seran mucho verdes los otros que quedaran, dexaras lo asy estar tajados al sol vn dia o dos. E fet por manera que ayan grant polzim, en manera que quando seran leuantadas del sol las vuas tu les metras los polzims dentro de pegunta calienta. E colgar las has dentro de alguna casa escura & fria enla qual non pueda entrar viento njn claridat. E por tal manera las podras saluar.

[10.18] De las çepas que podresçen las vuas por mucha humor.

[**fol. 175r**] Las çepas o sarmjentos que podresçen las vuas, tu les deues tirar los pampanos & a cada vn costado, XXX dias antes quelas deuas vendimjar. E solamente dexaras los **pampanos** susanos que defienden las vuas del sol & de la pluuja & de la frior.

OCTUBRE

[**11.23**] Las oras de aqueste mes de octubre son semblantes a las oras del mes de março.

La primera ora del dia avra la tu sombra propia de los tus pies XXV pies.
La II[a], XV pies.
La III[a], XI pies.
La IIII[a], VIII[o] pies.
La V[a], VI pies.
La VI[a], V pies.
La VII[a], **VI** pies.
La VIII[a], **VIII** pies.
La IX[a], **XI** pies.
La X[a], **XV** pies.
La XI[a], XXV pies.

[**11.0**] Aquj comjençan los titulos del mes de octubre de aquello que hombre deue fazer de la orden dela agricultura.

De sembrar çeuada & trigo & otras simjentes.
[**fol. 175v**] De sembrar el ljno.
De señyalar las çepas que non fazen fructo.
De plantar vjñya & morgonar & podar & rreparar.
De escauar la vjñya nueua.
De morgonar las vjñyas.
De enxerir los arboles & las çepas.
De los oliuares endresçar.
De la vendimja, quando se coje vañyada.
De fazer olio verde & olio de laurel.
De sembrar & plantar los vertos.
De las mançanas & de otras fructas & de las palmas.
De las abejas.
De la manera de fazer & saluar el vjno.
De vjno rrosado.
De vjno de mançanas.
De vjno melado.
De arrope.
De confegir membrillos.
De vjno leuado que se faze de farro & de mosto.
De arrope de pansas.

[11.1] De sembrar çeuada & trigo & otras simjentes.

En aqueste mes de octubre deues sembrar vna simjente que es dicha adoreum, que quiere dezir [**fol. 176r**] çenteno o seguel & forment. El derecho sementero es del XX dias de aqueste mes fasta el VIII° dia de deziembre enlos lugares temprados. Agora es el tiempo de leuar los estiercoles alos campos & de derramar aquellos. [**11.1.2**] Asy mesmo podras sembrar çeuada canterino. E qujere tierra magra & seca, empero en grasa conuenjente mente se faze bien. Es verdat que esta tierra grasa lo consume; ella estraga la tierra magra. Non ha otra simjente que pueda mejor leuar que aquesta natura de çeuada, por rrazon dela su magreza, por que en campo que sea grasso mucho nonlo deue hombre sembrar. Ca mas vale y sembrar otra buena simjente, pues aquesta se faze mejor en tierra magra. *Aquesta simjente de aquesta çeuada no es en vso en aquesta rregion de Cataluñya.* [**11.1.3**] Agora puedes sembrar erp, lupins, pesols, sisamum, *que es en otra manera dicho gingoli.* E podras ne sembrar fasta a VIII° dias de octubre. E podras sembrar faselum, que es fesoles. Empero quieren tierra grasa, en campo que sea bien rrestercolado & aplanado. E a IIII° mujgs basta vn jornal de bueyes.

[11.2] De sembrar el ljno.

Agora podras sembrar ljno, ya se sea que por la su grant maliçia non deuja hombre sembrar, ca sepas que toda la tierra desuca & la enxuga. Empero sy lo qujeres sembrar siembralo en tierra estercolada bien & humeccada & que se pueda rregar. A vn jornal de bueyes bastan VIII° de simjente mujgs. Muchos son quelos siembran en tierra magra & seca mucho espeso, ca sepas que el ljno es mas delgado & mas subtil.

[11.3] De señyalar las çepas que non fazen fructo.

[fol. 176v] Agora es tiempo conujnjente de vendimjar. En aqueste tiempo mesmo pararas mjentes alas çepas que non fazen fructo asy como deuen. E fazer les has algunas señyales quelas conozcas quando avras fechas las vendjmjas, *por tal quelas puedas enxerir, o plantar otras en su lugar* & avn por tal que non seas engañyado sy quieres tomar majuelos. Dize el filosofo Columella que en vn añyo non se puede conosçer sy la çepa o sarmjento es de natura fertil & habundante o non. Antes para aver verdadera cognosçençia avras a esperar IIII° añyos. E la vegada enel IIII° añyo cognosçeras enlos tus sarmjentos sy sera fertil o no.

[11.4] De plantar vjñya & morgonar & rreparar.

Enlos lugares calientes & secos faza la çagueria de aqueste mes, enlos campos que son magros o en los collados muy altos podras plantar vjñas nueua mente, ya se sea que de aquesta materia he fablado & platicado largamente enel mes de febrero. Asy mesmo las puedes plantar en lugares arenosos o magros. Asy mesmo en tales lugares podras morgonar & podar non solamente las vjñyas, ante avn los arboles fructifferos & otros, empero mas valdra sy esperas buen tiempo de pluujas. Ca sepas quela pluuja non sola mente aprouechara alos sarmjentos que plantaras o morgonaras por mejor meter rrayzes & que non teman la elada, antes avn de la tierra magra fazen grassa. Car njngunt hombre non puede saber menos de experiençia la natura de cada tierra.

[11.5] De escauar la vjñya nueua.

[fol. 177r] Pues el medio de aqueste mes es pasado, deuras excobrir la vjñya nueua, sy quier sea plantada con estaca si quier con claueras o tallo abierto o con solchs. E tirar le has las rrayzes todas que enel estiuo auran metidas entre dos tierras alto. Ca sepas que sy las dexauas cresçer, tirarian toda la fuerça alas rrayzes jusanas. E despues de poco tiempo las rrayzes susanas serian quemadas por el sol & por el frio & la vjñya seria perdida. E deues saber que aquestas rrayzes susanas nonlas deues tajar çerca dela cañya dela çepa prinçipal. Ca sepas que muchas mas tornarian a nasçer. E sy por aventura por la llaga o cortadura que farias enla çepa podrian tomar dañyo & secar se por el sol o por la elada. [**11.5.2**] Mas deuras las tajar lueyn dela çepa vn dedo altraues. E sy la yuernada sera plaziente que no faga mucho frio & que aya aguas conuenjent ment podras fazer asi quedar las çepas asy abiertas, que no les caldra tornar la tierra enlas ffoyas. E sy la yuernada sera fuerte & la elada, es menester que tengan cubiertas las foyas antes de mediado deziembre. E sy el añyo sera mucho fuerte, echaras en cada foya estiercol de colom. E ayudara mucho contra la frialdat. E dize Columela que aquesto deue ser continuado por V° añyos & enel començamjento.

[11.6] De morgonar las vjñyas.

Aqueste mes de octubre es mucho conujnjente a morgonar las çepas, ca en aqueste mes las çepas o sarmjentos non han cura avn de meter rrayzes njn de meter sarmjentos.

[11.7] De enxerir los arboles & las çepas.

[**fol. 177v**] Enlos lugares mucho calientes enxieren muchos las çepas & los sarmjentos. E avn los otros arboles.

[11.8] De los oliuares endresçar.

Enlos lugares calientes que han algun abrigo plantan & ordenan los oliuares por aquella forma & manera que avemos mostrada enel mes de febrero. Asy que todo aquello que es nesçesario alos oliuares; es a saber, aparejar el campo & todas las otras cosas se deuen aparejar en aqueste mes. Asy mesmo en aqueste mes de octubre deues confegir & meter en sols las oliuas blancas & gruesas, asy como despues mostraremos.

E avn en aqueste tiempo deuen ser descubiertas las rrayzes delas olilueras en los lugares secos & calientes, por tal que el agua dela pluuja y pueda venjr por los lugares susanos & que pueda quedar. [**11.8.2**] E todos los bordales o plantas que seran en la rrayz les deuen ser tirados & arrancados segunt que manda el filosofo Columella. Mas dize el Palladio, es semblante que algunas pocas y deuen quedar todos tiempos; es a saber, aquellas que seran mas firmes & mas bellas. E podran serujr a dos cosas: la vna, que sy la madre, es a saber, la oliuera prinçipal se moria, aquellas plantas o alo menos la vna de aquellas podrian quedar en lugar de madre.

La otra, que puesto quela oliuera prinçipal no muera, alo menos aquellas plantas podran serujr enel otro oliuar. E pues ayan rrayzes faran se mucho mejores & mas tost que sy [**fol. 178r**] las plantauas de estaca. Aquj deues saber que de III en III añyos en aqueste mes de octubre fazen a estercolar las oliueras, mayor mente enlos lugares frios. E sy se podra fazer sera mucho bueno & prouechoso que del estiercol delas cabras sean estercoladas. E a cada vna oliuera bastaran VI libras de estiercol de cabras & sendos mujgs de çenjza. Enlas rrayzes delas oliueras se acostumbra de fazer se vna yerua que se llama musch, *la qual yerua es semejante de vna yerua espesa que se faze en los estiercoles & ha muchas rramas a manera de filos.* E aquesta es fuerte dañyosa alas oliueras, por que muchas vezes las deues arrancar & quitar delas rramas, sy por aventura ende ya. E avn dize Columella quelas oliueras pues han pasada hedat de VIII° añyos fazen a podar & aljmpiar. Empero dize Palladio que ael es semblante que cada vn añyo se deuan podar las oliueras, & queles sea tirado & leuado todo aquello que sera fallado seco & viçioso & flaco & que non faga fructo. E sy por aventura la oliuera non fara las oliuas plazientes njn bellas, ante las fara menudas o corcadas, la vegada tu avras vna grant barrena, & con aquella tu barrenaras la cañya dela oliuera fasta el coraçon, es a saber, fasta la mjtad. E de alguna oliuera bort, que es dicha vllastre, tu faras vna estaca asy gruesa que pueda finchir aquel forado que avras fecho con aquella barrena, & por fuerça meterla has dentro del forado. E aquello que sobrara dela estaca [**fol. 178v**] tiraras con vn cuchillo en manera que quede ygual conel arbol. E despues tu descobriras & faras vna grant fuesa en torno delas rrayzes dela oliuera. E echaras y morcas de olio, & que non tengan sal, & echaras orjna de hombres que este ayuntada de muchos dias. E sepas que aquesto atal faze fructifficar las oliueras exorcas, asy como el masclo quando se acuesta & yaze conla fembra & la empreñya. Empero sy por todas aquestas cosas la oliuera non se mejoraua njn fazia mejor fructo, ala çagueria conujene que sea enxerida.

En aqueste mes de octubre se deuen escombrar & aljmpiar los valles & escombrar & aljmpiar los rrios & las açequjas.

[11.9] De la vendimja, quando coje vañyada.

Los griegos mandan que sy la vendimja sera cogida con mucha pluuja, que despues que el mosto sera sacado del cubo & sera enlas cubas luego que aya fecho el primer feruor, que avra ferujdo vn dia o dos, que sea sacado de la cuba & sea mudado en otra. E la vegada el agua que es cargada quedara enel fondon dela cuba, & el vjno nadara alto. E pues que sea abaxada el agua que sera conel mezclada, pura mente se podra conseruar & saluar.

[11.10] De fazer olio verde & olio de laurel.

Olio verde se faze en aqueste mes de octubre por tal manera: tu cogeras oliuas frescas quando comjençan vn poco a bermejear. E en algun lugar ala sombra algunos dias tu las estenderas [**fol. 179r**] por tal que non se escalfen entrellas. E si sera alguna podrida o tocada, echar la has deffuera. Despues meteras enel trull vn mujg de oliuas, tantas quantas y podra caber. E sobre las oliuas tu lançaras sal gruesa. E a X mujgs de oljuas, III mujgs de sal. E sea molido todo en semble enel moljno del olio. E la pasta delas oliuas quando seran bien molidas tu las meteras en canastas o cueuanos que sean ljmpios. E estara asi aquella pasta salada por vna noche, por tal que rresçiba en sy la sabor dela sal. E enla mañyana sigujente tu la apretaras. E sepas que el olio que dende salira sera de mejor sabor que otro, & dara mayor quantidat por rrazon dela sal.

[**11.10.2**] Empero es nesçesario quelas canales por do pasara el olio & las balsas do se ajustara sean bien ljmpias & lauadas con agua caliente, por manera quela suziedat rrançia del añyo pasado noy quede njn le mude la sabor. E guardate que çerca del olio no fagas fuego, por tal que el fumo non le mude la sabor. Enla fin de aqueste mes podras coger las oljuas del laurel para fazer olio de lor enla manera que auemos dicha.

[11.11] De sembrar & plantar los vertos.

Enel mes de octubre deues sembrar jnçiba, *que en otra manera es dicha çicorea, & asi le dizen los fisicos.* E podras te serujr enel jnujerno. E qujere tierra bien cauada & humerenca & arenosa & salada o çerca de mar, & faze se mas bella. E rrequjere quela era sea llana por tal que el agua non se lieue la tierra & las rrayzes queden descubiertas. [**fol. 179v**] Quando sera de IIII° fojas faze a trasplantar en lugar que sea bien estercolado.

Asy mesmo podras en aqueste mes trasplantar las plantas delos cardons. E quando los trasplantaras, tiraras los cabos delas rrayzes con vn cuchillo, & vañyar los has en estiercol claro, o les meteras estiercol en las rrayzes. E deue aver espaçio de III pies de vna planta ala otra, por tal que mejor aprouecharan. E qujeren quela tierra sea cauada fondo & que sean plantadas en foyos que sean fondos vn pie. E en cada vn foyo meteras dos o tres plantas, & de vn lugar al otro aya III pies. E en tiempo del jnujerno en los dias que faze bel tiempo auras çenjza mezclada con estiercol, & meter ne has en los foyos.

[**11.11.2**] E en aqueste mes podras sembrar mostaza. Ama tierra que sea bien arada o labrada o tierra ajustadiza, ya se sea que en todo lugar nasçen volunterosa mente. E quiere se muchas vegadas entrecauar por tal quela tierra en torno della sea somoujda. E no qujere agua syno poca. La mostaza que querras por simjente aver dexaras asi estar fasta el tiempo que sea colorada, menos que nonla conujene trasplantar. Mas sy la querras comer tierna, trasplantar la has & fazer se ha mas bella & mas tierna. La simjente vieja dela mostaza no es buena nj prouechosa nj a sembrar nj a comer. Quando tu quebraras el grano dela mostaza, sy esta verde dedentro atal es nueua. E sy es blanca dedentro muestra que es vieja.

[**11.11.3**] En aqueste mesmo mes puedes sembrar simjente de maluas, mas sepas que [**fol. 180r**] el jnujerno las rreprieta que non se fazen grandes. E quiere tierra grasa & bien estercolada & vmjda. E fazen a trasplantar quando avran IIII° fojas o V°. E como mas tierna es la planta, mejor se toma. E sy grande se trasplanta non se faze buena. Empero mejor sabor han quando non son trasplantadas. E por tal que non crezcan asi luego & que non se espiguen supitamente, meteras desuso del ojo alguna piedra o troz de teja o de rrajola. E assi como deurian fazer cañya o espiga estendrase luent çerca de tierra. E deuen plantar o sembrar claro, luent vna de otra. E qujeren que muchas vegadas sean cauadas & en tal manera se fazen mas blandas, mas non se quieren tocar enlas rrayzes. Si las trasplantaras & les faras nudos en las rrayzes, fazer se han por manera que se podran segar. *E paresçe amj que aqueste linaje de maluas sea otro que aqueste que se faze entre nos otros en Catalunya, ya se sea que yo he oydo dezir & he visto que algunos comen aquestas maluas por mengua de espinacas. E paresçe me que en Greçia & en Ytalia vsanse de aquestas maluas en lugar de espinacas, ca mucho ablandesçen el vientre.*

[**11.11.4**] En aqueste mes de octubre en los lugares temprados & calientes podras sembrar *de la matafalua la simjente &* de aneldo. E asi mesmo simjente de çebollas & de menta & de espinacas. E podras sembrar tomjllo & frigola & oregano & taperas enel començamjento del mes. E avn podras sembrar bledos en los lugares que sean secos. E avn podras sembrar [**fol. 180v**] & plantar armoçea, *que segunt las sinonjmas es rrauano saluaje o rrauano galisco.* [**11.11.5**] E agora puedes trasplantar los puerros que avras sembrados enla primauera por tal que ayan gruesa cabeça, & qujeren se entrecauar continuada mente. E quando los entrecauaras, conla punta del açadon o con la mano, quasi qujen los quiere arrancar, tu los soleuantaras & los tiraras asuso, en manera que queden vn poco suspesos de tierra, & meteran mayor cabeça. E se faran mas gruesos. Asy mesmo sembraras ozimum, *que non he fallado que simjente es. Mas segunt que he fallado en escripto en algunos libros, planta es ortolana que es buena de comer, la qual vsan mucho los griegos.* E nasçe mas supita mente ssi antes quela siembres, es a saber la simjente, quela rruxes con vinagre ligera mente.

[11.12] De las mançanas & de otras fructas & de las palmas.

Quj ha plazer de tener arboles fructifferos en aqueste mes deue ser diligente quelos faga plantar. En aqueste mes podras plantar palmeras, por tal manera que ayas los datiles que sean nueuos & bien maduros & gruesos & frescos. E plantaras los huesos. E enla tierra do los plantaras mezclaras çenjza. Empero quando los querras trasplantar no los trasplantes si no en abril o en mayo. Mucho desean lugares de abrigo & lugares calientes, & deuense rregar muchas vezes por tal que crezcan luego. E ama mucho tierra ligera [**fol. 181r**] & sablonosa. Asy empero que quando los trasplantaras enla fuesa o foyo, meteras de primero tierra gruesa; es a saber, tierra mezclada con estiercol. Quando la planta avra vn añyo o dos la podras trasplantar en abril o en mayio o en juñjo o en julio. [**11.12.2**] E rrequiere que sea muchas vezes cauada & rregada, mayor mente en el estiu. Muchos son que rriegan las palmeras con agua salada o de mar, o meten sal enel agua & quando es desfecha rriegan las de aquella. Sy el arbor dela palmera sera enfermo o viçioso que non sera tal como deue, tu le descubriras las rrayzes, & enel foyo meteras madres o fezes de vjno viejo, o le tiraras algunos cabos delas rrayzes susanas, o avras vna estaca de salze & por fuerça meter gela has entre las rrayzes tanto como podras. E sepas de çierto quelos lugares do nasçen o do se fazen muchas palmeras menos de otra cura; es a saber, que hombre nonlas y planta, que otros arboles fructiferos noy aprouecharan.

[**11.12.3**] La simjente dela piscaçea se siembra en optoñyo & en aqueste mes de octubre. E puede se sembrar o en planta de trasplantar de las nuezes o pomos que faze. E sepas que de aquesta natura ya de masclos & de fembras. E fazen se mejor quando se siembran en semble masclos con fembras. E sy qujeres conosçer qual es el masclo, dizen que deyuso del su cuero del su pomo tiene amagados a manera de huesos luengos, los quales dizen que son cojones suyos. E aquellos que lo fazen toman diligent ment aquellos & foradanlos & plantan los deyuso de tierra que sea bien estercolada [**fol. 181v**] & fara el fructo mas tierno. E por tales maneras faran & pueden aver planta de piscaçea; aquesto es, o de plantas o delas pomas o todas entregas *& de aquellos huesos que son en* *lugar de cojones no pas en forma de cojones en manera suya, mas que han aquellos tales huesos por cojones.* Despues empero quela planta dela piscaçea sera nasçida, deuese trasplantar enel mes de febrero, & ama lugar caliente & vmjdo & muchas vezes rregar. E quel sol lo toque bien. Puede se enxerir *en avet o* en almendro enel mes de febrero o de março asy como los otros arboles. *Aqueste arbor piscaçea no es conosçido en Catalunya, njn fallo en las sinonjmas su nombre. Empero en algunos palladios arromançados he fallado que piscaçea quiere dezir festuguer.*

[**11.12.4**] El çerezo ama lugar frio & quela tierra sea vn poco humjda. Enlas tierras calientes o rregiones se faze arbol chico, & no puede sostener rregion o tierra que sea caliente njn seca. Mucho se alegra de lugares montañyosos. Las plantas delos çerezos bordes o saluages fazen a trasplantar en aqueste mes de octubre o de noujembre. E sy despues enla tierra avra començado de fazer rrayzes, deuese enxerir enel començamjento de enero. E sy querras, podras fazer planta de çerezas por tal manera que tomes de las çerezas quando son bien maduras; es a saber, sus cuescos & que en aquestos meses de octubre & de noujembre los siembres en tierra [**fol. 182r**] bien labrada, que sepas que nasçera fuert ligera mente. [**11.12.5**] Dize el Palladio que el prouo que tajo algunas vergas o rramas de las plantas verdes delos çerezos & a manera de aspras ffincoles ala rrayz delas çepas dela su vjñya nueua por atar y los sarmjentos tiernos, & que metieron rrayzes & se fizieron arboles grandes. E dize que enel mes de enero se pueden enxerir, & mas mejor toman en noujembre. E sy sera nesçesidat podras enxerir en fin del mes de enero. Algunos han dicho que el mejor enxerir de çerezo es enel mes de octubre. Marçial dixo que el çerezo se deue enxerir ffendiendo el tronco o cañya del arbol por medio. E Palladio dize que mejor se enxiere en la escorça con palucho, es a saber, que meten el enxierto o brot entre el fust & la escorça. E dize que mucho mejor se fazen todos tiempos si querras enxerir enel tronco; es a saber con tasco, fendiendo el arbol por medio. E es nesçesario quele tajes o le tires todas las rramas, ca sy las y dexauan, sin dubda farian grant dañyo alos enxiertos. [**11.12.6**] Sy querras enxerir çerezo o todos los otros arboles que echan gomas, guarda que en aquel tiempo quelos enxeriras, o que ayan del todo dexada la goma, o que nonla tengan avn. Ca quando han goma non les es prouechoso que sean tocados njn enxeridos. E el çerezo se puede enxerir en sy mesmo; es a saber en otro çerezo, o en çiruelo & en platano *que es colcaz segunt que dizen, por tal como ha las fojas anchas.* Otros dizen que se pueden enxerir enel arbol dicho poll, el qual [**fol. 182v**] en latin es dicho populus.

Ama mucho quele sea fecha grant fuesa & ancha, & que de vn arbol a otro aya grant espaçio. E que sea continuadamente cauado. E quiere que sea cada añyo podado; es a saber, que de las rramas mucho luengas le sean tiradas, & todo aquello que sera seco o viçioso, & avn de las rramas mucho espesas le sean tiradas, en manera quelas rramas que quedaran sean claras, quela vna non apriete ala otra. Non quiere estiercol, ca si le metes estiercol, rrebordonesçe & non faze el fructo que deuria. [**11.12.7**] Si quieres que el çerezo faga las çerezas menos de cuexcos, dize Marçial que se fazen por tal manera: tu tajaras el arbol del çerezo tierno quando sera alto sobre la tierra dos o tres palmos & fender lo has por medio fasta ala rrayz por medio del su coraçon. E con vn fierro tu rraeras o sacaras de cada vna parte todo el coraçon que se tendra. E luego que sera tirado tu lo ajustaras en semble & estreñyer lo has fuerte mente con juncos o con otro atamjento, las dos partes que avras fendidas por medio. E con estiercol de buey tu vntaras bien las fendeduras a cada vna parte. E de suso dela parte susana de do avras tajada la çima o las rramas del çerezo tu meteras de aquel estiercol de buey. E sepas que al cabo del añyo las fendeduras seran bien soldadas. E despues tu averas enxiertos de algunt çerezo que nunca aya leuado fructo. E enel **tiempo** que de suso es dicho tu lo enxeriras. E segunt que dizen aqueste atal çerezo leuara çerezas menos de hueso.

Si por aventura el çerezo por mucha vmor se podrira o fara podrir las çerezas, con vna barrena gruesa faras vn forado en [**fol. 183r**] el tronco o cañya del arbol, por el qual la vmor se escorrera toda. [**11.12.8**] Si enel çerezo se faran formigas, ayas suco de verdolagas & vinagre egualmente, & madre o feçes de vjno & vntaras la cañya o tronco del arbol quando començara a floresçer & nonle podran nozer las formjgas. E sy por aventura el çerezo desmayara por grant calor del estiu, ayas III cargas de agua de tres fuentes. E cada carga sea de su fuente, asy que sean de III fuentes, & lançar las has ala rrayz del çerezo cara del sol puesto. Mas empero quela luna nonle nueza njnle de mucha frialdat, averas de vna yerua que es dicha simphonjata, & fazer le has vna gujrnalda en torno dela rrayz do avras echada el agua. *Aquesta yerua symphonjata ha muchos nombres en latin segunt las sinonjmas. Ca ella es dicha casillago,* ***dens*** *caballjno, canjcularis, jusqujamo; jdem sunt, la yerua del jusqujamo. Asaz es conosçida. E es dicha yerua de Santa Maria. E faze vnas cabçetas a manera de campanetas. Las otras nonlas conozco.* Las çerezas non se pueden saluar en otra manera synon que sean secadas al sol fasta tanto que se comjençen a rrugar.

[**11.12.9**] Otros son que en aqueste mes de octubre o enla entrada del mes de noujembre enlas rregiones calientes plantan mançanos &

mjlgranos & membrellares & otros arboles fructiferos. Asy mesmo siembran almendros & granos de xieruas & piñyones. En aqueste mes podras saluar & confegir las mançanas & membrillos & otros pomos segunt que ya enlos titulos de cada vno avemos declarado, ca en aqueste tiempo seran maduras perfectamente.

[11.13] De las abejas.

[**fol. 183v**] En aqueste mes se deuen castrar, tajar & rreconosçer las casas delas abejas por la manera que de suso es estada dicha. Empero es nesçesario que se faga con seso & diligençia. Ca sy enlas casas o colmenas delas abejas avra grant habundançia de mjel, deues ne sacar muchos panares. E sy ay conuenjent ment & no mucho, deues tirar la myitat & la otra meytat deue ay quedar para sostener la jnuernada. E sy veras quela colmena es menesterosa o menguada de mjel, no sacaras rres dela mjel. De fazer la mjel & la çera ya desuso es estada dada rregla como lo deuas fazer.

[11.14] De la manera de fazer & saluar el vjno.

Por tal como dize el Palladio que nonle olujde aquello que ha leydo enlos libros delos griegos que en su ffe disputaron & metieron en escripto de las maneras de fazer & conseruar su vjno, he querido aqui fazer mençion de aquello que han leydo. E sepas quelos griegos fazen differençia enlos vjnos. Ca el vjno que es dulçe llaman vjno pesado o fexugo. Al vjno blanco dizen que muchas vezes es salado o ha sabor de sal. Aquel vjno que es groch dizen que es mucho prouechoso ala digestion. Aquel que es blanco & enxuto o esçiptico; es a saber, que non ha dolçor, algunos dizen que es bueno al vientre que es masa largo que no rretiene la vianda.[93] El vjno que viene de vltramar faze las personas amarillas & no engendra tanta sangre como fazen los otros vjnos. De [**fol. 184r**] las vuas mas negras se faze el vjno mas fuerte. De las vuas rroyas se faze el vjno muy suaue & plaziente. De las vuas blancas se faze muchas vezes vjno mijançero.

[**11.14.2**] Entre aquestos vjnos çerca dichos; es a saber fuertes conuenjent ment & plazientes, enla manera de fazer el vjno los griegos fazen asy: que algunos cuezen al fuego vna parte del mosto & terçian vna bota del mosto que no es cocho. Asy que sy son dos cargas de mosto crudo meten y vna carga. E alas vezes medio por medio. Otros griegos son que fazen por tal manera que en aqueste tiempo algunos esperan quela mar sea neta que non es turbia por viento. E dela agua dela mar ellos finchen algunas botas & otros vasos. E dexan ay estar el agua por vn añyo. [**11.14.3**] Despues en aqueste tiempo, quando han metido el mosto por las botas, meten de aquella agua dela mar fasta ala LXXX[a] parte, & de algez bien pastado primo la L parte dentro de cada vna bota. E al terçer dia con vn grant palo que meten por el fondon dela bota, mezclanlo dentro dela bota, & aquesto faze continuar de IX en IX dias. E aquesta medeçina ayuda mucho no solamente ala sabor del vjno, antes avn ala color & lo faze conseruar. Empero faze muchas vezes a rreconosçer & a tastar, por tal que sy se començaua a estragar que fuese vendido antes que fuese del todo estragado. *E deues saber que la natura del agua dela mar es mucho amjgable a todos los vjnos. Empero aquella agua dela mar que sera conseruada por vn añyo asy como dicho avemos, a cabo del añyo non ha alguna amargor njn saladura njn corrupçion ca toda la ha perdida dentro de vn añyo.*

[**fol. 184v**] Algunos son que toman rrasina de pjno & muelen la bien, & en cada vna bota meten III onças & mezclan la bien conel mosto dentro dela bota. E dizen quela rresina faze el vjno diuretico. E avn dizen los griegos que quando muchas aguas aconsiguen la vendimja en la viñya en tanto que acaesçe que tiran mucho de la vendimja; es a saber, que se gasta aquello que es de dentro del cuero del grano dela vua & que enel mosto ha mucha agua la qual cosa podras prouar sy lo tastas, la vegada los griegos cuezen al fuego todo el mosto fasta tanto quela veyntena parte sea consumjda. Empero mucho mejor es quando metes enlas botas conel mosto en semble la çentena parte de algez. Los hombres orientales de Laçedemonja, *que es vna çibdat en Greçia que antigua mente era llamada Esparçiels; se llamauan esparçios*, segunt que dizen los griegos, cozieron al fuego el mosto fasta quela qujnta parte era consumjda. E conseruanlo fasta IIII[o] añyos.

[**11.14.5**] E avn muestran que de mal vjno & agro fagan tornar bueno, & es tal la manera que ellos toman farina de çeuada bien sotil; *aquesto es de aquella paja quela muela del moljno derrama quando se muele la çeuada & se tiene enla rriscla.* E toma II estiacos *que es medida que pesa I onça & media cada vn estiar,* & mezclanlo enel vaso del vjno & dexanlo estar por vna ora & despues sacanlo. *E ya se sea que el libro nonlo declare bien, empero a mj paresçe que se faga en vna de dos maneras. O quela farina sea metida en vn trapo bien ligado & metido dentro dela bota, & despues de vna ora quele tiren, o quela farjna sea destemprada con aquel vjno mesmo. E assi* [**fol. 185r**] *destemprada clara sea metida dentro dela bota & bien mezclada & que sea asy por* [?].[94] *En aqueste espaçio la farjna por la su ponderosidat luego desçendira al fondon dela bota. E que luego el vjno sea sacado & mudado en otro baxillo. E la farjna quede en aquel do la avras metida. E aquesta vltima manera me* *semeja mas rrazonable, ca en otros libros he leydo quela farina & avn la paja dela çeuada adoban el vjno mucho, con que non y esten mucho. E semejante he leydo que faze el mijo echado dentro del baxillo, con que non y este mas de vn dia, ca tornaria agro.*[95] Otros son segunt el Palladio que enel vjno quando sera mudado o agro meten las fezes frescas o madre del vjno que sea dulçe. E fazen lo tornar [?].[96] Otros dizen que y meten gleriçidie secas. *Aqueste vocablo non he fallado escripto en njngunt libro, mas he pensado que son madres de vjno secas.* E manda que non sean echadas muchas, & mezclan las bien & largamente conel vjno en semble. E pueden ne vsar & beuer grant tiempo que non se muda. Si qujeres que el vjno aya buena olor dentro de breue tiempo, ffinchiras el barril de vjno o de mosto. E avras granos de murta bien secos, & picar los has & meter los has dentro de aquel vaso. E dexar los has ay estar por X dias. Despues colaras aquel vjno. E el vjno quedara con buena olor, & podras del vsar quando te querras. Otros son que toman la flor dela vua; es a saber de aquellas que [**fol. 185v**] fazen lambruscas & secan la ala sombra. E despues majan la. E pasan la subtil mente por vn çedaço delgado. E a tres cadis—*qujere dezir barril, mas me paresçe que sea medida la qual non fallo por escripto*—de aquella flor prima pasada mete dentro del vaso bien tapado & tornara el vjno mucho bueno & de buena sabor. E a cabo de VI o de VII dias destaparas el vaso & podras vsar de aquel vjno. *Aquestas dos medidas cadis nj sirichinjsa non he podido fallar que medidas son. E asy sea fecho a buen arbitrio del leedor.*

[**11.14.6**] Si quieres fazer que el vjno sea plaziente & suaue de beuer, toma vn manojo de finojo & otro manojo de axedrea secos & poluorizados & metidos dentro del vaso. E mezclalo todo bien en semble. E quando sera rreposado podras vsar dello. Otros son que toman los pinyones mondados que salgan de dos pjñyas menos de fuego, & atanlos en bel trapo de ljno floxo. E meten los dentro del vaso. E dexan los estar por V° dias & despues sacan los. E vsan de aquel vjno.

[**11.14.7**] Si querras que el mosto dentro de pocos dias sea fecho atal como sy era viejo, toma almendras amargas, donzel verde, frugen grumen—*aqueste vocablo de frugen grumen non he podido fallar*—senjgrech. E fregaras lo todo en semble tanto como querras. E picar lo has todo en semble. E en cada vna amphora *que es medida que cabe III mujgs, & cada vn mujg pesa XLIIII° libras*, tu meteras de aquella poluora vn qujatum *que pesa IIII° granos de çeuada o fasta media dragma. E en otra manera ay çiatum que pesa X dragmas.* E asi toma qual te qujeres, que el vjno sera mucho maraujlloso. [**fol. 186r**] Si el vjno sabra a pegunta & qujeres que non sepa, auras aloe, mjrra, cotomaginam—*aquesta espeçia non he fallado que cosa es*—de cada vna egualmente. E faras poluora & mezclaras lo con mjel. E en vna ampolla de vjno meteras vn çiat; *es a saber, dragma & media,* E vsaras de aquel vjno menos que non avra sabor de pegunta.

[**11.14.8**] Si quieres que el vjno que ha vn añyo aya parença que sea de muchos añyos, ayas vna onça de mellilot que es dicha corona de rrey. E III onças de alhadida,[97] *la qual non se que cosa es, sy ya non eran madres de vjno secas o çenjza de mares;* açenardiçelj, *que es a manera de espjch que viene de vltra mar,* de cada vno vna onça; aloes epatico II onças, & todas las dichas cosas picaras & faras poluora, la qual pasaras por primo çedaço. En L sisterns de vjno meteras de aquesta poluora VI cullaretas. *Cada vn sistern pesa dos libras & media, & cada vna cullareta pesa IIII° argenços.*

[**11.14.9**] Si quieres que el vjno que avra la color fosca o obscura torne blanco o claro, toma fauas & rremojalas en vjno. E avras los blancos de tres hueuos & mezclar los has en semble conel vjno en que avran rremojado las fauas. E quando sera bien mezclado, meter lo has dentro dela bota del vjno & mezclar lo has todo en semble por grant tiempo. E al otro dia fallaras que el vjno sera tornado blanco. E avn dize que sy enel vjno delas fauas añyaderas vjno en que ayas rremojados pesols o turapisa o frapisa—*no se que es, mas pienso que sea vjno en que ayan rremojados pesols*—dize que en aquel dia mesmo tornara blanco el vjno. E lo podras mudar.

[**11.14.10**] E avn deues saber que todos los sarmjentos delas çepas han su [**fol. 186v**] natura & propiedat; es a saber que el sarmjento dela çepa negra o bermeja ha propiedat de ayudar al vjno bermejo. Pues sy tu quemaras los sarmjentos del vjno bermejo & metes la çenjza dentro del vaso do avra vjno bermejo, sepas quelo fara mas bermejo & de mejor color. E la çenjza delos sarmjentos blancos, sy sera mezclada enel vaso do avra vjno blanco, sepas que tornara el vjno mas blanco & mas bello. Empero faras lo asy: tu tomaras la çenjza de quales se quiera sarmjentos negros o blancos. E dentro de vna bota do aya X medidas de vjno meteras vn mujg dela çenjza delos sarmjentos. E dexar la has estar por III dias. E quela bota este bien tapada. E despues mudaras el vjno en otro baxillo menos dela çenjza. E sepas que sera mas bello si dexas estar asy menos dela çenjza XL dias, & por aquesta manera lo puedes fazer de todo vjno blanco & bermejo.

[**11.14.11**] Si el vjno por ventura es moll o flaco, & qujeres que sea fuerte & rrezio, toma alcra, que es yerua que ha nombre alcra o bisçi *molet, xia, malua agreste, malua uisco. Todos aquestos nombres ha alcra.*

Yo nonla conozco. Bien conozco maluj blanch, sy es de aquesta natura. E que ende tomes las fojas o la cañya tiernas o las rrayzes cochas, o algez vna libra & media, & tres nuezes de çipres, & fojas de box vna manada, o simjente de apio, o çenjza de sarmjentos, que cada vna de aquestas cosas apuren & enfortezcan el vjno moll. E fazen lo asi fuerte & [**fol. 187r**] bueno.

[**11.14.12**] E sy por aventura el vjno sera de mala sabor, & qujeres que supita mente sea bueno & plaziente para beuer, toma X granos de pebre. E XX granos de piscaçea, *que es festuguer, & avn festuch.* E majalo todo en semble. E destempraras lo con vn poco de vjno. E mete lo en vjno que sea X sisterns & mezclalo todo dentro dela bota. E dexar lo has rreposar. E colaras el vjno. E como sera colado podras ne beuer. E sy el vjno sera pudiente o de mala olor & querras que luego torne bueno & ljmpio, en vn sistern de vjno meteras VII piñyones ljmpios majados, & mezclaras lo bien. Despues dexaras lo rreposar, & colaras el vjno. E podras luego beuer quando sera bien rreposado & colado.

[**11.14.13**] E avn dize el libro de Palladio quelos habitadores de vna çibdat dicha Cret enbiaron sobre aquesto su mensagero al dios Apollonj, queles mostrase & diese rregla de fazer el vjno que seria mucho bello & blanco, & sy era nueuo que avria sabor & olor de vjno viejo. E en aquesta manera que tomasen IIII° onças de qujnascos *que es flor de rromanj,* aloe epathico IIII° onças, mastech bueno & fino vna onça, espich jndich media onça, mjrra elonca & buena media onça, pebre vna onça, ensens blanco masculjno & que non sea rrançio njn amarillo vna onça. Sea majado todo & mezclalo todo en semble. E quando sera poluorizado pasaras aquella poluora por çedaço primo. E meteras el mosto o vjno nueuo a cozer en vna grant caldera o otro grant vaxillo. [**fol. 187v; 11.14.14**] E quando herujra tu lo espumaras. E con vna cuchar grande de palo tu echaras de fuera la espuma con los granos delas vuas que andaran de suso. E despues que el mosto avra bien herujdo & sera espumado, tu apartaras la quarta parte de aquel vjno & meteras y algez que sea majado primo & çernjdo III sisterns de Ytalia *que pueden pesar quales que VII libras.* E mezclaras el algez con aquella quarta parte continuadamente por dos dias con vna cañya verde enla qual se tenga de la rrayz dela cañya conel cabo do se tendra la rrayz. E aquesto faras fazer a vn njñyo que non aya conosçida muger carnalmente. [**11.14.15**] Despues empero en aquel dia tu mezclaras de aqueste vjno enel qual sera el algez conlas otras tres partes del vjno que seran quedadas. E sy enel vaxillo avra X quartos de vjno, tu mezclaras la quarta parte del vjno o la mjtat de aquella quarta parte del vjno do sera el algez. E allende de aquesto tu y meteras IIII° cucharadas delas poluoras de suso dichas. E con aquella mesma cañya verde o otra semblante tu faras bien mezclar las poluoras conel vjno por vn njñyo virgen. E es nesçesario que el vaso quede lleno & sea mezclado por grant espaçio. [**11.14.16**] Despues tu taparas bien la bota del vaso, sacado vn pequeñyo forado por do pueda esuaporar el mosto que sera cocho. Despues de los XL dias tu çerraras aquel pequeñyo forado, en manera que aquel vjno njn la virtut delas poluoras non se puedan euaporar. E quando te plazera podras tastar & beuer. Empero sobre todo es nesçesario que aquel que mezclara el algez & las poluoras conla [**fol. 188r**] cañya dentro del vjno sea jnfante virgen masclo que non aya carnal mente conosçida fembra, o otro hombre onesto & puro que non aya cura de luxuria. E avn deues guardar quela boca o vaxillo do estara aquel vjno no sea tapada con algez njn con otra cosa mas solamente con çenjza de sarmjentos pastada con vjno o con agua.

[**11.14.17**] E avn sy querras fazer vjno medeçinal contra pestilençia & prouechoso al estomago, tu avras vn njetro del mas fino & mejor mosto que tu podras aver. E meter lo has en vna bota o otro vaso. E antes que el mosto comjençe a herujr, avras VIII° onças de donzel. E despues aqueste vjno atal rrepartiras entre otros vaxillos asy como son ampollas o pimenteras o semejantes o barriles o flascons. E de aquel vjno vsaras en tiempo pestilençial. E por conseruaçion del vientre.

[**11.14.18**] Aquellos que han acostumbrado de meter algez enel vjno, agora en aqueste mes primero, el primero mosto que sale del cubo colanlo. Otros lo cuezen en fuego & espuman lo. E sy la natura del vjno es ligera & vmjda & blanda o molla, meten y en çient cargas II sisterns de algez poluorizado. E sy el vjno de sy mesmo es fuerte & de firma natura, bastara que y metas la myitat menos.[98]

[11.15] De vjno rrosado.

Agora en aqueste mes podras fazer vjno rrosado & menos de rrosas asy: ayas fojas verdes & tiernas de ponçemer, & meter las [**fol. 188v**] has dentro de vn capaço de palma & metelo dentro dela bota. E despues meteras dentro dela bota el mosto asy como salira del cubo & tapar lo has. E despues de XL dias meteras y tanta mjel como querras. E podras beuer. Empero antes deues sacar el capaço & mudar el vjno & compartir lo en otros vasos.

[11.16] De vjno de mançanas.

En aqueste mes podras fazer vjno de mançanas & de las otras frutas segunt que ya avemos fablado en los titulos de cada vna fruta.

[11.17] De vjno melado.

Despues de XX dias que tu avras sacado el mosto del cubo & que sea de la mejor vendimja que tu ayas, tu tomaras de aqueste mosto tanto quanto querras. E avras la quinta parte de mjel. E en vn bel vaso o librell de tierra tu meteras aquella mjel, menos de herujr njn colar, fasta que torne blanca. E despues mezclar la has conel mosto. E con vna cañya verde enla qual se tenga de la su rrayz tu mezclaras el mosto conla mjel. [**11.17.2**] E aquesto faras continuada mente por L dias, mezclando todos dias vn buen rrato la mjel con el vjno. Empero es menester que quando la mezclaras que cubras el vaso con vn bel trapo de ljno blanco, por tal que conel mezclar del mosto que se escalfara no se pueda euaporar. E quando seran pasados los L dias, tu ljmpiaras & tiraras todo aquello que rrodara o nadara sobre el vjno. E meteras aquel vjno asy mezclado conla mjel quando sera bien ljmpiado en vn otro vaso bello & taparas lo con algez. E podras lo guardar [**fol. 189r**] grant tiempo. [**11.17.3**] Empero mejor se saluara sy lo metes entre muchos vasos chicos, & que sean de tierra enuernjçados. E enla primauera tu lo trasmudaras de vn vaso en otro & taparas los bien con algez & fazer los has estar en algun çillero o casa soterrañya & fria. E soterraras en arena de rriera o de rrio, & quelos vasos fagas soterrar en tierra fasta el medio lugar. E sepas que aqueste vjno atal por mucho tiempo que este assi non se mudaria njn se estragaria sy empero lo querras fazer con diligençia segunt que te he mostrado.

[11.18] De arrope.

Agora es tiempo de fazer arrope que es dicho difricum carenum. Otro arrop ya que es dicho sappa. E todo se faze por vna manera de mosto bueno & puro & bien maduro. Mas el primero se deue bien cozer fasta tanto que torne bien espeso. El otro que es sappa nonlo cale tanto cozer. El primero se conserua mucho tiempo. La sappa no passa mas avante de vn añyo, por tal que non es estada perfecta mente cocha. E cada vna faze a espumar quando hieruen. E que sean fuera echados los granos & las otras fezes. El arrope difricum para se tener qujere cozer fasta tanto quela terçera parte sea consomjda & las dos partes queden ljmpias. Mas de la sappa que non qujere ser tanto cocha basta que de IIII° partes queden las tres partes. E sepas que torna mucho mejor sy en semble conla sappa cozeras membrillos. E quela leñya sea de figuera.

[11.19] De arrope delas pasas.

El arrope delas pasas o el vjno faras asi en aqueste tiempo en aquesta manera, segunt que se [**fol. 189v**] faze en Españya, el qual alçan en vasos bien tapados. E sierueles asy como sy era mjel. E non jnfla njn engendra jnflaçiones como faze la mjel. Tu tomaras las pasas frescamente fechas en grant quantidat & meter las has en çistellas o en espuertas o canastas fechas de juncos. E que sean claras, que pueda bien saljr la liquor delas pasas. E con vergas primas tu las faras bien batir primera mente & cascar. E quando tu veras quelas pasas seran bien blandas & ya començara saljr la liquor, la vegada tu meteras vna olla de tierra envernjzada de yuso dela çestilla o espuerta & expremjr la has bien & conseruaras aquella liquor que salira, que es dicha en latin passum, **que quiere dezir arrope o vjno de pasas**. E conseruaras lo. E serujrte ha a todo aquello que te serujra la mjel & mas avante.

[11.20] De confegir membrillos.

Si qujeres confegir los membrillos tu tomaras los membrillos bien maduros & parar los has. E despues fender los has en IIII° o V° partes. E de cada vna parte con cuchillo tu tiraras el coraçon & todo aquello que sera duro & viçioso. E despues echar los has en mjel & cozer los has tanto que la mjel torne ala terçera parte. E meter y has pebre picado quando cozeran. *Empero yo digo quelos membrillos, despues que seran ljmpiados, se deuen cozer primera mente en agua fasta tanto que sean bien blandos. E despues que seran rresfriados echar les has de suso la mjel vn poco caliente. E aquesto faras muchas vezes fasta* [**fol. 190r**] *tanto que el agua sea sallida & son mas blandos. Assi se fazen en Cataluñya. E despues tornan los a cozer todo en semble conla mjel fasta tanto quela mjel es espesa & bien cocha & asy los conseruan. Empero son muchos que nonlos aljmpian, mas todos tiempos quedan duros & rusticos que non son plazientes de comer.*[99] [**11.20.2**] Avn mas segunt el libro del Palladio: tu avras los membrillos & majar los has & sacar les has el suco. E a dos sisterns de suco de membrillos tu meteras vn sistern & medio de vinagre & dos sisterns de mjel. E mezclar lo has todo en semble. E cozer lo has a fuego manso tanto fasta que sea espeso asy como mjel pura que non sea cocha. Despues avras pebre & gengibre de cada vno dos onças majadas. E mezclar lo has dentro. E guardar lo has a manera de confit, el qual es mucho prouechoso al estomago. *El sistern dela mjel es peso de dos libras;* ***el sistern del vjno es peso de II libras*** *& VIII° onças.*

[11.21] De vjno leuado que se faze de farro & de mosto.

Tu tomaras trigo nueuo bien ljmpiado. E fazer lo has farjna gruesa. E a vn mujg de farjna tu meteras vna cañyada de aquel mosto que queda ala çagueria enel cubo que es bien expremjdo & calçiguado & espeso. E colar lo has que non y aya del burujo, & mezclar lo has bien todo. E fazer lo has panes chicos & secar los has al sol. E quando seran secos tu los engriunaras. E otra vegada con semblant mosto tu lo tornaras a mezclar. E fazer ne has semblantes panes. E como seran secados al sol otra vegada tu los moldras o engrunaras bien menudo. [**fol. 190v**] E con semblant mosto tu los tornaras la terçera vegada pastar & secar al sol. Los panes deuen ser luengos asy como el dedo dela mano con los cabos primos & vn poco amplos en medio. E quando seran bien secos tu los alçaras en vn vaso de tierra, el qual sea bien tapado con algez. E entre el añyo quando querras fazer moscatols, *los quales se fazen con espeçias & con çucre,* podras vsar de aquesta leuadura. *Ca mayior virtut ha quela otra leuadura que alçan las mugeres quando pastan el pan llieudo del trigo.*

[11.22] De la manera de fazer pasas.

Las pasas griegas se fazen assi: tu escojeras las mejores vuas que ayan los granos claros & dulçes & luzientes. E estando enla çepa tu las torçeras, es a saber, los peçones. E dexar las has asy estar al sol enla çepa mesma fasta tanto que sean vn poco mustias. E despues cortar las has de la çepa & colgar las has ala sombra. E despues de algunos dias meter las has bien pijadas, estrechas & apretadas en algun vaso. E deyuso del vaso meteras de los pampanos en que non aya agua njn rroçio sy no que sean frios, & expremjr los has bien conlas manos. E en cada vn vaso lleno tu meteras los pampanos de suso que sean frios & no caljentes. E assi cubiertos tu meteras aquellos vasos en lugar frio & seco, empero que algunt fumo nonlos pueda tocar njn nozer. *En otra manera se fazen las pasas en rregno de Valençia assi: que toman las vuas bien maduras, & han vna caldera grande con çenjza. E meten la al fuego. E meten las vuas en vna çestilla. E la çestilla en semble meten en la caldera, solamente entrar & salljr. E* [**fol. 191r**] *que sola mente muden de color. E sacan las & meten las a enxugar al sol. E quando son bien enxutas meten las en las espuertas bien expremjdas & apretadas & estrechas.*

NOUJEMBRE

[**12.23**] Las oras de aqueste mes de noujembre son eguales en todas cosas conlas oras de febrero.

La primera ora del dia ha la tu sombra propia XXV º pies.
La II ª, XVII pies.
La III ª, XIII pies.
La IIII ª, X pies.
La V ª, VII pies.
La VI ª, VII pies.
La VII ª, VIII º pies.
[La VIII ª, X pies.]
La IX ª, XIII pies.
La X ª, XVII pies.
La XI ª, XXVII pies.

[**12.0**] Aquj comjençan los titulos del mes de noujembre **de aquello** que se deue fazer & obrar enel arte de agricultura o lauor.
De sembrar trigo & çeuada & fauas.
De lentejas tempranas.
De fazer & ordenar los prados & las vjñyas nueuas.
[**fol. 191v**] De rreparar la vjñya vieja.
De podar las vjñyas & los arboles & de fazer olio.
De fazer oliuares & fazer olio de laurel.
De los huertos. E de las simjentes que se deuen sembrar.
De los arboles fructiferos general mente & singular.
De las abejas & de alimpiar sus casas.
De los rremedios de aquellas çepas que non fazen fructo & meten lo en sarmjentos.
De los rremedios de aquellas çepas exorcas que non fazen fructo.
De fazer muchos rrosales de pocas vergas o plantas.
De conseruar las vuas en la parra o en la çepa.
De los ganados menudos & gruessos, como se deuen pasçentar & nodrir.
De cojer las glans o bellotas.
De cortar los boscatges.
De trasplantar los arboles grandes & viejos.
De la manera de fazer el olio segunt los griegos.
De fazer olio libernjch por la manera que se faze en Libernja que es rregion en Greçia.
De la manera de ljmpiar olio que non sea bello njn claro.
De corregir la mala olor del olio.
De corregir olio quando es rrançio.
De confegir oliuas.

[12.1] De sembrar trigo & çeuada & fauas.

[**fol. 192r**] En aqueste mes de nouiembre podras deujda mente eleguda sembrar trigo & farro *que es linage de çeuada. E non lo avemos vsado en Cataluñya.* A vn jornal de bueyes bastan V° mujgs de cada vna simjente. Asy mesmo en aqueste mes podras sembrar çeuada que se dize çeuada temprana.

Enel començamjento de aqueste mes podras sembrar fauas. E qujeren campo que sea graso & bien estercolado. E que sea vn poco encomado que el suco de cada vna parte se pueda quedar. Primera mente fazen a sembrar, & despues que seran grandes deues las tajar o descabeçar. E despues deuen se entrecauar quando son cresçidas en manera quela rrayz sea bien cubierta. *Ca sy eran pocas & curtas no las podrias bien cobrir en la rrayz njn enel pie.* [**12.1.2**] Algunos dizen que quando hombre siembra las fauas non deuen quebrantar los terrones los quales se fazen labrando enel campo. E aquesto por tal como enel jnujerno los terrones suyos ayudan a deffender sus rramas que avran echadas de la elada. Oppinjon es de algunos que el campo do sembraras las fauas no es mas magro njn se estraga. Dize Columella, filosofo labrador, que el campo que avra pasado por vn añyo que non y avra avido espleyto, & el campo enel qual el añyo pasado avra avido fauas & quelas rramas o cañyas delas fauas ay sean quedadas, egual mente quedan grasos & fructifican. Vn jornal de bueyes de tierra grasa espleytan VI mujgs de fauas. E sy el campo es conujnjente mente grasso [**fol. 192v**] podras meter mas simjente de fauas. [**12.1.3**] E deues saber que quando son conujnjente mente espesas mejores se fazen. Empero non aman lugar magro njn sombrio njn nuuuloso. E sobre todo deues guardar & obseruar quelas siembres enla luna XV; es a saber, antes que el sol tome la luna o sea plena. Otros dizen que enla luna XIIII[a] se deuen sembrar. Los griegos dizen que sy rremojaras la simjente delas fauas en sangre de capones, dizen que yeruas algunas no les pueden nozer. E rremojaras la simjente delas fauas por vn dia en agua & sepas que luego nasçeran. Si en agua en que aya rremojado njtre tu rremojaras la simjente delas fauas, sepas que seran cochas ligeramente & luego.

De lentejas tempranas.

Agora es tiempo en aqueste mes de sembrar lentejas tempranas segunt la manera que avemos mostrada de sembrar las otras lentejas enel mes de febrero. Asy mesmo por todo aqueste mes podras sembrar la simjente del ljno.

[12.2] De fazer & ordenar los prados & las vjñyas nueuas.

Enel començamjento de aqueste mes de noujembre podras fazer & ordenar nueua mente los prados segunt la forma & manera que ya avemos dicha ya desuso. Asy mesmo podras plantar majuelos o vjñya nueua. E podras morgonar las çepas enlos lugares do fallesçen otras çepas. E en los lugares frios deuras cauar las çepas & los otros [**fol. 193r**] arboles & cobrir las rrayzes, & los morgons que avras fechos tajaras de la madre; es a saber de la çepa vieja, despues que avra III añyos quelos avras colgados.

[12.3] De rreparar la vjñya vieja.

En aqueste mes & avn mas adelante podras rreparar la vjñya vieja, sy quier sea en algun plano, sy quier en pendiente, sy quier sea en campo alto o enla montañya. Empero es nesçesario que aya grosa branca o pie o rrabaça, o que sea alta de tierra. E primera mente tu la descobriras & fartar le has de mucho estiercol al pie & podar la has estrecha mente que non le dexes grant poder. Despues enla cañya dela çepa entre el terçero & quarto pie alto sobre la tierra, con vna podadora bien tajante o con cuchillo, en aquella partida dela corteza que tu veeras que es mas verde tu le faras vn grant tajo & muchas vezes la cauaras. Ca dize Columella que muchas vegadas ha acostumbrado en la primauera de meter sarmjentos nueuos en aquella partida, el tajo delos quales puede rreparar la vjñya vieja.

[12.4] De podar las vjñyas & los arboles & de fazer olio.

Agora en aqueste mes comjença el podar del optuñyo, asy enlas vjñyas como enlos arboles & las olíueras, mayor mente en aquellas partidas do es acostumbrado. Asy mesmo en aqueste mes & tiempo se cogen las oliuas quando comjençan ser de muchos colores. E de aquestas se fara el primer olio verde que es mucho bueno, mas non dan tanto como sy eran negras & perfecta mente maduras. Ca sepas que quanto mas duran en madurar, la vegada dan [**fol. 193v**] mas olio. [**12.4.2**] E sepas de çierto que mucho aprouecha el podar alas oliueras & avn alos otros arboles, pues quela tierra o rregion lo sufra. Aquesto es que les sean tiradas las çimas de las rramas mas altas en manera que queden las rramas gruesas con las rramas que son a cada vn costado mas baxas. E quelas dexe hombre baxar faza la tierra. E sy por aventura el lugar do seran las oliueras o otros arboles en tiempo pasado solia ser bien labrado, & despues por mala cura sera tornado yermo & los arboles seran tornados saluages o esteriles que non faran fructo, la vegada tu expurgaras todas las cañyas delos arboles a la rrayz fasta alto, por manera quelos bestiares menudos njn gruesos nonlos puedan pasçer njn fazer dañyo alto en las çimas. E dexar los has cresçer & quando sean grandes dexar les has las rramas cresçer fasta ala tierra, pues la cañya del arbol sea grande & salua.

[12.5] De fazer oliuares & fazer olio de laurel.

El mes de noujembre es apto a plantar oliueras nueua mente & formar oliuar semblante mente que es el mes de febrero. Aquest arbor dela oliuera rrequiere & ama mucho de estar en lugar alto & que noy aya mucha vmjdat. E qujere que muchas vezes sea cauada & tirada la su escorça vieja. E sy la estercolaras dara su fructo mas habundante. E qujere mucho que el viento de ponjente o de medio dia la continue de menear & mouer. Agora en aqueste tiempo se pueden tajar vergas para fazer cueuanos & tajar estacas para paliçadas. Asy mesmo [**fol. 194r**] se puede fazer agora olio de llor segunt la manera que avemos mostrada de suso.

[12.6] De los huertos.

En aqueste mes de noujembre podras sembrar o plantar en los huertos ajos & vulpicum, *que son ajos saluajes.* E mayor mente quieren tierra blanca bien cauada & fonda. E deues plantar a sulcos. E cada vno delos granos delos ajos meteras & fincaras alto enla cresta del surco. E qujeren aver espaçio del vno al otro IIII° dedos & que non los metas mucho fondos. Quanto mas los entrecauaras mas cresçeran. Si qujeres que ayan grant cabeça, enel tiempo que començaran a cogullar tu los pisaras & la vmor que deujan meter enlos cugullons tornaran meter enla cabeça. Dize sse que qujen sotierra los ajos, que deue plantar deyuso de tierra quando la luna es nueua menos que non sean engrunados. E despues quando la luna sera bien vieja los desoterraras & los planta desgranados segunt que se acostumbra. Por aquesta manera pierden la cochura toda; es a saber que non han aquella sabor mala que suelen aver los otros ajos. Si quieres conseruar los otros mete los entre paja. E esten colgados al fumo & saluar se han. Agora se puede sembrar la çebolla & puedes plantar los cardons & la armoçea; *segunt algunos dizen que es rrauano galisco.*

[12.7] De los arboles fructiferos.

En aqueste mes noujembre puedes plantar o sembrar los cuescos delos arboles fructiferos, asy como son de priscos, de çeruelos [**fol. 194v**]

& de semblantes enlos lugares empero calientes, mas enlos lugares frios basta que se siembren en enero. E qujeren se plantar en eras o tierra bien cauada fonda. E del vn cuesco al otro quiere aver dos pies. E como seran nasçidos & grandes; es a saber, de II o III añyos, fazen a trasplantar. Los cuescos quando los plantaras o los sembraras todos tiempos meteras la su punta a baxo fincada en tierra. E non se quieren cobrir fondo mas avant de vn palmo o de dos. *Empero yo digo que vn palmo & menos. E lo he prouado, que yo fazia vna fuensa fonda de tres palmos. E al suelo de baxo metia estiercol & desuso del estiercol metia tierra, & desuso de aquella tierra yo plantaua los cuescos & las almendras la cabeça aguda deyuso fincada. E despues cobrir las con IIII° dedos de tierra. E rregaualas todas semanas vna vegada, & nasçian maraujllosa mente.* Aquestos cuescos dize el Palladio que antes que sean plantados por algunos dias deuen ser secados al sol, mezclados entre çenjza, o que sean estados conseruados en tierra prima o arena & secados al sol. [**12.7.2**] Nin ay avia dada otra cura synon que despues que eran salidos del pomo los alçaria. E despues en aqueste tiempo los plantaua. E salian maraujllosa mente. E sepas que se fazen mas bellas que non otras, & fazen mas bellas fojas quelos otros & mas bella cañya & de mayor durada si los plantaras en lugar caliente & que y aya abrigo, & la tierra que sea vn poco arenosa & vmjda. E sy los plantaras en lugar frio que non aya abrigo & que y fiera bien el viento, synon han quien los defienda [de] aquestas cosas luego mueren. *E yo digo que non deue hombre plantar cuescos del añyo que sea vixiesto, njn* [**fol. 195r**] *de añyo que sea esteril o seco, ca todas las fructas son semblantes ad aquel añyo, & nueze les mucho al tiempo por venjr. Njn avn deue hombre enxerir en aquel añyo de vixiesto vjñya njn otras plantas de arboles, car todos tiempos mjentra biuen, trahen algunt poco a aquella esterilidat, ya se sea que muchos non lo guarden njn paran mjentes. Mas verdadera mente yo lo he prouado que non son fructifficantes assi como los otros tiempos.* Mjentra las plantas salliran de los cuescos seran tiernos & deuen ser muchas vezes estercolados & ljmpiados delas yeruas & entrecauados muchas vezes. Despues que avran dos añyos se deuen trasplantar, & quelos fagas todos derechos enel foyo o fuesa queles faras, la qual non sea mucho fonda. E sepas que aquestos arboles de priscales non quieren que el vno sea mucho apartado del otro, por tal como el vno defiende al otro dela calentura del sol. [**12.7.3**] E deuen se descobrir en aqueste tiempo del octoñyo, por tal que de las sus fojas mesmas se pueden estercolar. E deuen se podar en aqueste tiempo; es a saber, queles sea tirado todo aquello que sera seco & podrido & que solamente les quede los brots & rramas ljmpias. E sepas que sy tiras con fierro alguna rrama o brot verde que luego se seca & muere. Si el priscal es flaco & non ha aquel poder que deura, tu le descubriras las rrayzes. E avras madres o fezes de vjno viejo mezcladas con agua, & echar gelas has al pie & mejorara & fructificara asy como de antes. Dizen los griegos quelos priscos nasçeran escriptos de tales letras como te querras faziendo lo por tal manera: tu tomaras [**fol. 195v**] los cuescos delos priscos & soterrar los has en tierra & rregar los has. E despues de VII dias que ellos començaran a abrir los cuescos, tu tomaras aquellos cuescos & abrir los has por medio & sacaras el grano & en cada grano tu escriujras o pjntaras con bermellon o con otra tinta lo que querras, & tornar lo has dentro del cuesco delos priscos por la manera que estaua quando los abriste, & ligar los has diligent ment *con filo o con junco que sea luego podrido & tornar los has a plantar la punta ayuso & rregar los has, & por su tiempo los fructos o priscos seran escriptos o pjntados de aquellas semblantes letras o pinturas que allj avras pjntadas.*

[**12.7.4**] [100] El linaje o natura del priscal es atal que el sol le faze grant dañyo & lo faze secar sy ya continuadamente o muchas vezes non le ajustas mucha tierra al pie. E que ala tarde lo fagas rregar. E que tenga çerca de sy otros arboles quela deffiendan de la calor del sol. Sepas que mucho se alegra sy colgaras en sus rramas alguna despoja de culebra. Agora en aqueste tiempo por tal quela elada nonle pueda nozer, le deues meter estiercol al pie, o madres de vjno mezcladas con agua. E mas les aprouecha caldo de fauas. [**12.7.5**] Si enel priscal se fazen gusanos, ayas morcas de olio & mezcla y çenjza & vntaras el lugar do estan los gusanos. O avras orjnas de hombre masclo o de buey & meteras y la terçera parte de vinagre & matar los ha. Silos priscos se cahen del priscal, o enlas rrayzes o enel tronco o cañya del priscal tu faras vn forado con barrena. E dentro del forado tu meteras vna claujja de palo de lantisco **o de salze** *o de avet*. E firmar la has bien & tener se han los priscos. Si el priscal [**fol. 196r**] fara los priscos rrugados & podridos tu faras vn tajo en torno del tronco del priscal & dexaras salljr vna poca de vmor. E despues con arzilla o brago mezclado con paja tu lo cobriras & lo ligaras. [**12.7.6**] Si qujeres que el priscal faga priscos grandes & gruesos & saborosos, en tiempo que el floresçe tu por III dias lo rregaras cada vn dia con III sisterns de leche de cabras. Si el priscal es viçioso que non faga buenos priscos njn bellos, atarle has enlas rramas vna manada de esparto o alguna esparteñya.

En tiempo de enero o de febrero enlos lugares frios, mas empero enlos lugares calientes enel mes de noujembre se deue enxerir el priscal con tasco fendiendo el tronco. E deue se enxerir çerca de tierra. E quelos enxiertos sean buenos & bien espesos. E que sean mas çerca dela cañya del arbol, es a saber de los brots viejos, ca sepas quelas çimas o toman bien o no & sy toman non duran mucho. E puede se enxerir en sy mesmo; es a saber, en semejante priscal & en almendro & en çiruelo. E podras enxerir en almendros çiruelos & faran las çiruelas tempranas. Los priscales duran mas & mejor toman enlos almendros, & mas tempranos vienen. [**12.7.7**] Enel mes de abril o de mayo enlos lugares calientes ala salljda de cada vn mes & avn enel mes de juñjo en toda Ytalia enxieren los priscales en escorça a manera de escudet. E pueden se fazer muchos enxiertos en vn arbol o rrama segunt la manera desuso ya dicha. [**12.7.8**] Los duraznos o priscos se fazen bermejos sy son enxeridos en platano, *& dizen que es colcaz, & non le se otro nombre.*

Si querras saluar los [**fol. 196v**] duraznos, fazer los has ferujr en salmuera o en oximel *que es exarop* o, sy les tiras el cuero susano & despues les sacaras los cuescos & los secaras al sol, o en cañyzos asy como los figos, o colgados en vergas de mjlgrano o semblant que ayan muchas espjnas, saluar se han bien. Jtem dize el Palladio que el vio muchas vezes que de los priscos tiernos sacauan los cuescos & la corteza susana & confegian los con mjel & avian sabor maraujllosa. Jtem sepas que sy tomas el durazno o prisco conuenjente mente maduro que non sea golpeado & lo finches de pegunta caliente el peçon & el lugar do esta firmado enel arbol, & despues lo metes en arrope claro enel qual pueda nadar a su gujsa & el vaso sea bien tapado, saluar se han.

[**12.7.9**] El arbol del pjno dizen que es mucho bueno a todas las simjentes que deyuso del son sembradas. Los pjnos sembraras enlas rregiones o tierras calientes & secas enlos meses de octubre & de noujembre. E enlas rregiones frias enlos meses de febrero & de março. E siembran se de los piñyones delas pjñyas de aquel añyo que non aya tocado fuego o calentura de forno. E aman mucho tierra magra o çerca de mar, empero mas grandes se fazen enlas montañyas & entre las rrocas. E sepas que sy los sembraras o los plantaras en lugar que sea ventoso & vmjdo que se faran fuerte alegres & mayores. E es çierto que todo aquello que nozera alos otros arboles aprouechara a aqueste linage de arboles que son pjnos. [**12.7.10**] E podras los **fazer assy, que tu avras el campo que querras** sembrar, & ljmpiar los has bien & avras los pjñyones, & assi como sy sembrauas trigo tu los sembraras. E con açada tu los faras cobrir ligera mente que non sean mucho fondos sy non de vn palmo. Empero es nesçesario que mjentra que seran salljdos & seran tiernos sean guardados que bestiares nonlos puedan pasçer njn los puedan [**fol. 197r**] pisar como son tiernos. E sepas que mejor meteran & mas supitamente sy antes que siembres los pjñyones los fazes rremojar conla casca en agua por III dias. [**12.7.11**] Algunos dizen que el fructo del pjno es mucho mas blando & mejor sy despues que sera nasçido de vn añyo o de dos sera trasplantado en otro lugar. Empero los pjnos que querras trasplantar sembraras por tal manera que tu avras vna olla o otro vaso de tierra, & finchir lo has de tierra con mucho estiercol. E sembraras y los pjñyones justados dentro de vn foyo en la olla. E rregar los has muchas vezes & luego nasçeran. E quando todos seran nasçidos tu escogeras el mas bello & el mas rrezio de todos aquellos que seran nasçidos. E todos los otros descabesçaras & ayudara a toda su fuerça ad aquel mayor que avras escogido. E son muchos quelos dexan todos cresçer, & quando avran tres añyos qujebran el vaso do seran plantados. E trasplantan cada vna planta por sy. E faz la fuesa o foyo atan fondo como seran sus rrayzes. E mete y mucho estiercol mezclado con tierra. E puedes los ordenar como te querras, que el vno non turbara al otro mjentra cresçeran. [**12.7.12**] Empero sobre todo aquesto te has a guardar quela rrayz prinçipal que toda vegada entre drecha deyuso de tierra. E **la** estaca que en rres non sea tocada njn nafrada. Ca sepas que aquestos arboles no sufren que sean tocados alto en la cabeça dela çima; aquesto es que non sean descabesçados, njn deyuso enla rrayz prinçipal. Aquesto mesmo qujeren los nogales & los laureles. Si aquestas plantas delos pjnos espurgaras quando son nueuas, sepas que cresçeran al doble. Las pjñyas pueden quedar [**fol. 197v**] enel arbol del pjno fasta en aqueste tiempo de noujembre que pueden ser bien maduras. Empero antes se deuen coger que no se avran estado enel arbol, ca luego que mucho ay estan abren se & cahen se los pjñyones. E avn deues saber quelos pjñyones non se pueden saluar dentro dela closca. Antes se saluaran mejor quando son quebrados & aljmpiados. Algunos dizen quelos pjñyones con sus cascas se pueden saluar sy los metes en vaso de tierra & quelos finchas de tierra.

[**12.7.13**] Los cuescos delas çiruelas plantaras en aqueste mes en tierra bien estercolada & podrida & bien fondo cauada. E non qujeren ser cubiertas mas avant de vn palmo o de dos. Semejante mente se pueden sembrar en febrero, enpero sy los plantas o siembras es menester que antes sean rremojados en lixia por III dias, por tal que mas ligera mente salgan. Asy mesmo agora en aqueste mes se pueden plantar sy ya seran las plantas grandes, aquesto es, de las rrayzes delos çiruelos viejos que a vegadas fazen bordals. E tajalas hombre de las rrayzes & plantalas enta la salida de enero o enla entrada de febrero. E sean vntadas las rrayzes con estiercol de buey o de otro estiercol quando los plantaras. E alegran se mucho de lugar alegre & vmjdo & conujnjente mente temprado & caliente, empero tan bien se sostienen & sufren lugar frio. [**12.7.14**] Mucho les ayudan los lugares pedregosos. No qujeren estiercol, ca sy los estercuelas faran las fructas corcadas & podridas. Todos los bordales que se fazen en las rrayzes deue hombre tirar exçeptado los verdugos o plantas que suben derechas que deues alçar para plantas.

Si la primauera sera flaca [**fol. 198r**] que non avra grant virtut, deues le echar al pie morcas de olio mezcladas con agua temprada mente o orina de bueyes o orina de hombres vieja que sea estadiza de VIII° o de X dias mezclada con dos partes de agua o çenjza de forno, mayor mente çenjza de sarmjentos. [**12.7.15**] Si las çiruelas se caheran que non se tendran, con vna barrena foradaras las rrayzes. E en el forado meteras vna estaca o tasco de vllastre o de oliuera borda & tener se han las çiruelas. Los gusanos & las formjgas queles nuezen mataras con almagra o con arzilla bermeja mezclada con alqujtran, sy vntas el arbol del çiruelo. E con aquesta medeçina el arbor non podra menos valer. Mas sy lo qujeres fazer mas segura mente & de menos peligro, tu cauaras & rregaras muchas vezes el çiruelo & los otros arboles & morran los gusanos & las formjgas menos de dañyo del arbol.

Enel mes de março ala çagueria se enxieren los çiruelos fendiendo el tronco con estaca mejor que en escorça. Asy mesmo se pueden enxerir enel mes de enero, antes que comjençen a echar la goma. E puede se enxerir en sy mesmo, es a saber, en arbol de su natura. E avn rresçybe en sy el enxierto del priscal & del albercoquer & del almendro & del mançano, mas sepas quela poma es fuerte pequeñya & borda que no tiene la sabor njn la natura delas otras pomas. Las çiruelas se pueden secar estendidas sobre cañyzos al sol o en otro lugar caliente & [**fol. 198v**] seco. E aquestas çiruelas son dichas damasçenas. [**12.7.16**] Otros las secan por otra manera, quelas cojen & asy frescas como son cogidas meten las en agua de mar o en orjna. E fazen bulljr el agua o la orjna. E con vna çestilla meten las de dentro vn poco & sacan las a secar, o en vn forno que non sea mucho caliente o al sol.

[**12.7.17**] Las castañyas se pueden sembrar de simjente o de planta que por sy mesmas nasçen. Mas sepas que aquellas que se fazen de plantas a tarde aprouechan, que non duran njn biuen por dos añyos por que es mucho expediente que se fagan de simjente, es a saber de las castañyas. E pueden se sembrar en aqueste mes de noujembre o de deziembre & avn en febrero. Las castañyas que querras plantar deues escojer que sean frescas, grandes & maduras, por que sy las querras sembrar en aqueste mes de noujembre ligera mente las podras fallar atales como avemos dicho, *alo menos que seran frescamente cogidas & maduras.* [**12.7.18**] E sy las querras sembrar en febrero avras a fazer tal proujsion: tu avras muchas castañyas & estender las has en algunt lugar estrecho & seco. Tu las alçaras todas ayuntadas en semble & cobrir las has todas de arena de rrio & guarda que non esten descubiertas. E dexar las has asy cubiertas por XXX dias. **E despues** tu las sacaras del arena & meter las has en agua fria. E aquellas que seran sanas & buenas para sembrar todas se yran al fondon. Las otras castañyas que non seran buenas a plantar nadaran de suso del agua. [**fol. 199r**] E avn mas tu tomaras aquellas castañyas que avras escogidas; es a saber, aquellas que seran afondadas, otra vegada tu las tomaras & cobrir las has en algunt lugar seco & estrecho con semblante arena, & dexar las has estar por XXX dias. E prouar las has otra vegada; es a saber tres vegadas. E como las avras asy prouadas enla primavera podras las sembrar; es a saber, aquellas que seran escogidas que se afondaran, & no las otras que rrodaran de alto. [**12.7.19**] E otros son que conseruan en vasos de tierra las castañyas que seran quedadas escogidas. E mezclan arena conellas. E tienen las asy fasta tanto que las deuen plantar.

Aman mucho & quieren tierra blanda & prima, empero que non sea arenosa. Bien se fazen en lugar sablonech & que y aya vmor, mas non en otra manera. Tierra negra qujeren mucho & tierra pedregosa & tierra que aya piedras que son brescadas con mucho estiercol, empero quela piedra aquella sea diligente mente trencada. Tarde es que se fagan en campo que sea arzilloso njn en tierra mucho fuerte & firma, o en arzilla blanca njn bermeja puede nasçer. Ama mucho tierra fria ya se sea que a vegadas se faze en tierras calientes sy ay ha vmor. E ha grant plazer de estar en montañyas & en lugares sombrios. E mayor mente que y pueda bien ferir la tramuntana. [**12.7.20**] E el lugar do sembraras las castañyas quiere ser bien cauado fondo II pies; es a saber, todo el campo o alo menos los surcos do las meteras; es a saber, a tallo abierto. E poder las has meter por orden, asy como sy plantauas vjñya, o alo menos sy las querras sembrar arando con bestias. E es nesçesario que el campo sea arado fondo muchas vezes antes que [**fol. 199v**] las siembres, & avn despues quelas avras sembrado por luengo & por traues, en manera quelas castañyas non queden descubiertas. Empero non qujeren ser mas cubiertas mas avant de medio pie. E el campo quiere ser bien estercolado. [**12.7.21**] E a cada vna castañya posaras vn señyal; es a saber, vna cañya o vn palo. E en cada vn foyo meteras II o III castañyas. E del vn foyo al otro deue auer IIII° pies. E quando los querras trasplantar es nesçesario que ayan complidos II añyos. E avn es menester que el campo do las sembraras aya algunt escorridor por tal que sy por aventura y venja mucha agua de pluuja que pueda salljr. Ca sy el agua se quedaua & fazia ljmo, sepas que morrian las castañyas. E sy quieres aquellas vergas o bordales que nasçeran alas rrayzes podras morgonar. E despues que seran rraygadas podras las tajar o trasplantar. El lugar do plantaras las castañyas; es a saber, el castañyar, asy como oliuar, despues que seran nasçidos se deue cauar continuada mente & en espeçial enel mes de março & de setiembre. E aprouechan & cresçen mucho en espeçial sy los podas, queles tires las çimas.

[**12.7.22**] Pueden se enxerir segunt que Palladio lo prouo entre la fusta & la escorça con enxierto o brot enlos meses de março & de setiembre. Empero tanbien se pueden enxerir con tasco fendiendo por medio el tronco. E avn se puede enxerir enla corteza con escudet. E puede se enxerir en otro semblant castañyo o en salze, ya se sea que aquellos que se fazen en salze maduran mas tarde. E son mas asperas de sabor.

Las castañyas se saluan sy las metes estendidas en cañyços, o soterradas en arena sablonezca, [**fol. 200r**] & quela vna no toque ala otra, o en algun vaso nueuo de tierra bien tapadas & soterradas en algunt lugar seco o en cueuanos o çestillas fechas de vergas de faya. E que sean bien enlodadas & cubiertas de lodo. E que non aya algunt espiral por do pueda entrar ayre njn salljr, o que sean metidas entre pajas de çeuada que sea bien trillada semblant de trigo. E quelas metas en espuertas de palma o de esparto bien espesas ala manera delas pasas.

[12.7.23] De plantar arboles fructiferos.

En aqueste mes de noujembre es conuenjente enlos lugares secos & calientes de plantar los bordales delos perales & mançanos & los otros que seran de enxerir.[101] E avn las plantas delos mjlgranos & delos membrellares, de ponçemeras, de njspoleras, de figueras, de **çerueras,** de çerezos & de semblantes que fazen a enxerir por avant en março o en abril. E avn se deuen plantar rramas de moral. E las almendras & las nuezes & las abellotas sy querras fazer boscaje por la manera que desuso avemos dicha.

[12.8] De las abejas.

En aqueste mes enel començamjento las abejas han acostumbrado de comer la flor del tamariz & delos otros arboles saluajes en desfallimjento delas otras flores, por que nonlos deues cortar por tal queles siruan enel jnujerno. E asy mesmo en aqueste mes fazen aljmpiar las casas delas abejas. Ca despues durante la jnuernada non se deuen abrir njn tocar. E aquesto se deue fazer en dia claro & que non faga frio njn mal tiempo. E sy noy podras [**fol. 200v**] bastar o ateñyer conlas manos o ljmpiar toda la casa, ayas plumas de grandes aves *asy como de bueytres, de agujlas & de pagos* que han plumas firmes & rrezias & estantes. E con aquellas plumas tu aljmpiaras todas las casas, que non quede suziedat.
[**12.8.2**] Despues çerraras ala parte forana delas casas todos los forados

o fendeduras sy y avra, exçeptado los forados por do entran & salen, con lodo mezclado con femta de bueyes. E vntaras todas las casas a part de fuera. E meteras sobre las casas ginestas o otras cubiertas a manera de porche o tablada, por tal que se puedan defender del frio.

[12.9] De los rremedios de aquellas çepas que non fazen fructo & meten lo en sarmjentos.

En aqueste tiempo enlos lugares empero que son calientes deues podar fuerte curto & con poco poder las çepas & los sarmjentos que metan esfuerço en fazer rramas & sarmjentos & que non fazen algunt fructo. E sy el lugar es frio no las deues podar fasta en febrero. E sy por aventura non se mejoran njn fazen fructo, mas tornaran a fazer muchas rramas, la vegada tu las descobriras bien fondo & alas rrayzes tu les meteras mucha arena de rrio o de rriera, o les meteras mucha çenjza alas rrayzes o al pie. E otros son queles descubren las rrayzes. E entre las rrayzes & la tierra meten piedras & cubren las.

[12.10] De los rremedios de aquellas çepas exorcas que non fazen fructo.

Los griegos fazen asy en aqueste tiempo quando la çepa o sarmjento es exorca; es a saber, que non faze fructo. Ellos fienden la çepa enel medio dela cañya menos que non conujene tajar del todo. E dentro de aquella fendedura meten vna piedra chica. E tapanla [**fol. 201r**] bien con lodo. Despues han orjna vieja & meten la en la rrayz & cubren lo con tierra mezclada con estiercol. E cauan la bien en torno. E fazen su fructo asy como las otras.

[12.11] De fazer muchos rrosales de pocas vergas o plantas.

Ya se sea que enel mes de febrero segunt nuestra doctrina se deuan plantar los rrosales, empero en los lugares caljentes açerca de mar en aqueste mes de noujembre se pueden plantar los rrosales. E sy por aventura avras poca planta & querras plantar mucha tierra, tu avras la planta, & de cada vna branca tu faras pedaços que avra cada vno IIII° dedos atraues. E guarda que ayan III o IIII° nudos & que puedan brotar. E cauaras bien fondo el campo & plantar los has asy como sy eran enteros. E los soterraras saluant la cabeça. E sean cubiertos de tierra conuenjent ment, la qual tierra es menester que sea bien estercolada & rregada muchas vezes. E quando avran vn añyo tu los podras trasplantar, dexando espaçio de vn pie del vno al otro. E por tal manera podras finchir todo el campo de rrosales.

[12.12] De conseruar las vuas en la parra o en la çepa.

Dizen los griegos que sy querras saluar las vuas enla çepa o en la parra fasta la primavera tu faras en tierra vna grant fuesa çerca de la parra o sarmjento que sera lleno de huuas fonda de tres piedes en lugar de sombra. E sea de anchura de dos pies & finchir la has de sablon. E dentro de aquella balsa o foyo tu fincaras palos o cañyas alas quales tu ataras los sarmjentos que seran plenos de fructo o de vuas. E sy non los puedes en vna vegada adonar menos que [**fol. 201v**] no se arrancasen, al menos cada dia vn poco tu las y faras doblegar torçiendo aquellos fasta tanto que se puedan bien ligar alos palos. E que sean & cuelguen dentro dela fuesa. Empero que non toquen en tierra, & quelos granos delas vuas queden ljmpios que non sean golpeados njn tocados. E quando aquesto sera fecho tu cobriras bien aquella fuesa & las vuas, o con astoras o con tablas o con tierra cubierta en manera que el rroçio njn la pluuja noy pueda entrar. [**12.12.2**] E avn muestran los griegos que no sola mente las vuas, antes avn las mançanas & otros fructos se pueden bien saluar estando enel arbor por tal manera que metan la vua o el pomo del arbor dentro algun vaso de tierra, & foradan lo enel vn costado & meten dentro de aquel el pomo por el forado. Empero que el vaso este sano & çerrado ala parte de alto por tal que pluuja non pueda tocar a aquel pomo. E dexalo estar asy & saluase. Ya se sea segund que dize Palladio quelas mançanas o otros pomos se pueden bien saluar sy quando los avras cogidos los cubres todos de algez pastado. E conseruar se han luengamente.

[12.13] De los ganados menudos & gruessos, como se deuen pasçentar & nodrir.

En aqueste mes de noujembre comjençan a nasçer los primeros corderos. E deues tener atal manera que en continente que el cordero sera nasçido lo deues tomar enlas manos & apartar lo de la madre. Antes que el cordero tome njn taste de la leche de su madre es nesçesario que el pastor priete bien las tetas dela oveja & que faga salir alguna poca de leche la qual esta enlos cabos delas tetas, la qual es mucho [**fol. 202r**] venjnosa & dizen le calostro. E si el cordero mamaria aquella leche primera tant tost le daria al coraçon & morria. E despues deues çerrar en algunt lugar la oveja por II dias con el cordero que non salgan de aquel lugar. E quel lugar sea caliente bien & escuro. E despues de dos dias podras dexar la oveja a pasçer. E aquel cordero quede conlos otros fasta ala tarde quela oveja torne de la pastura. [**12.13.2**] E abasta asaz que enla mañyana antes quela madre vaya ala pastura, de la teta al cordero, & ala tarde quando tornara de la pastura. Empero entre dia, absentes las madres, deues les dar los añjllos conel saluado o con farjna de çeuada sy avras habundançia, o con fojas de coles verdes o con semejantes cosas tiernas, estando dentro dela clausura o casa, fasta tanto que puedan saljr a pasçer con sus madres.

[**12.13.3**] Las pasturas que son conujnjentes alas ovejas & alos carneros & alos corderos son las yeruas que nasçen en los campos o en los prados secos en que non ya aguas. Los lugares o prados en que ha aguas o balsas no son conujnjentes alas ovejas njn a sus linajes; antes las yeruas que y nasçen son nozibles & contrarias alas ovejas. E avn sepas que sy faras pasçer las ovejas o carneros en boscajes espesos en que aya muchos arboles, & que sean espesos & espinosos ya se sea que a su pastura sean conujnjentes, empero son mucho dañyosos a la lana que se queda de aqueste ganado pasçiendo [**fol. 202v**] las yeruas & sus rramas tiernas. Mucho aprouecha a aquesta natura de ganado & les tira grant fastio & enojo si muchas vezes les lançaras sal entre las yeruas que deuran comer. Si la jnuernada sera grande & fuerte & mucha, en tanto que non pueda saljr a pasçer, es menester que ayas proujsion de feno o de paja o de beças que son alas ovejas soberanas & habundosas a comer, o con fojas de frexno o fojas de olmo. [**12.13.4**] E enel tiempo del estiu fazen a nodrir conlas çimas del gramen quando seran rrosçiadas del rrosçio del çielo antes que el sol las vea, & comer las han con plazer. Despues empero la IIII[a] hora del dia les deues dar a beuer agua de algunt rrio o de alguna fuente ljmpia o de algunt pozo. E despues que avran beujdo es menester que puedan estar deyuso de arboles bien fojados & verdes o en algun valle o arroyo enel qual faga sombra. Despues que el sol començara a declinar & el rroçio començara a caher desuso de la tierra, la vegada tu deues meter enla pastura todo el monton delas ovejas o del bestiar, & que pazcan asu gujsa. [**12.13.5**] E avn deues saber que en los dias que faze fuerte estiu, que es quando los dias canjculares, deues fazer por manera que quando aqueste bestiar pasçera que non tengan las cabesças enta los rrayos del sol, mas quele tengan giradas las ancas. Enel tiempo del jnujerno no deuen salljr a pasçer fasta tanto que el sol aya desfecho el yelo & la elada que es cayda enla noche, ca sepas quela yerua elada engendra enfermedades en aqueste atal ganado de ovejas. E abasta que enel jnujerno les des a beuer vna vegada al dia o a cabo de dos dias.

[**fol. 203r**] Las ovejas griegas; es a saber, de Gresçia o dela rregion de Taranto, por tal como han las lanas fuerte finas & presçiosas que son de grant presçio, todos tiempos las crian en establos dentro de sus casas mas que non enlos campos, por tal que non pierdan rres dela lana. Los establos son paujmentados de postes o de tablas foradadas, & por los forados decorren los pixados & la **femta** por tal que non ensuzien la lana. [**12.13.6**] Tres vezes enel añyo enel estiu conujene quelas ovejas sean lauadas enlos dias que son bien temprados & ljmpios. E deuen ser vntadas con vjno & con olio. E por mjedo de sierpes que muchas vezes se esconden entrellas & les maman la leche deues quemar muchas vezes en los corrales o establos delas ovejas de la madera del çedro o galbanum o cabellos de fembras o cuernos de çieruo. E non se acostaran njngunas serpientes.

[**12.13.7**] Agora en aqueste mes es tiempo conujnjente de mezclar los cabrones conlas cabras para enpreñyar, por tal que enla primauera quando parran las cabras puedan auer yerua con que puedan criar los cabritos. El cabron masclo deue aver & criar que le cuelguen deyuso dela barua II bermelles, vna a cada vna parte. E que sea grande de cuerpo. E que aya las çancas gruesas, & grueso cuello & corto, con las orejas colgantes & pesadas, & la cabeça poca. E sepas que despues que avra vn añyo lo podras soltar para enpreñyar las cabras fembras. Empero sepas que non puede mas durar de VI añyos. La cabra femella que querras escojer para [**fol. 203v**] criar o fazer fructo sea semblante del cabron masclo. E que aya grandes tetas & luengas. [**12.13.8**] Empero su natura non sostiene que esten muchas en semble justadas çerradas enlos corrales segunt que fazen las ovejas. Ca las ovejas lo sostienen mejor que non fazen las cabras. E sepas quelas cabras non qujeren que enel corral o establo do tu las çerraras aya lodo njn estiercol. Quando los cabritos sus fijos seran nasçidos ya se sea que ayan habundançia de leche, avn les daras a comer algunos brots tiernos de lantisco o mata o de semejantes arboles. Quando las cabras avran III añyos las podras dexar a tectar sus cabritos, ya se sea que sy antes que se enpreñyen que non ayan III añyos. Algunos y dan pasçiençia por aver mas fructo. E sepas que quando ellas avran VIII° añyos ellas non fazen fructo; antes tornan exorcas, por que es menester que ante que ayan VIII° añyos que tende salgas.

[12.14] De cojer las glans o bellotas.

En aqueste mes de noujembre cojeras las abellotas. E conseruar las has para la jnuernada. En cojer las avellotas non has menester grant maestria, ca obra es que saben fazer las mugeres & njñyos, a manera como sy cogian oljuas.

[12.15] De cortar los boscatges.

Agora es tiempo en aqueste mes de noujembre de cortar las vigas & la otra fusta para cobrir las casas quando la luna sera menguante, & fazer lo has por tal manera: tu cortaras el arbol fasta tanto quelos destrales entren fasta el coraçon. E non le tajaras del todo, antes asy medio tajado lo dexa estar todo derecho algunos dias, & aquesto por tal que toda la vmor que sera [**fol. 204r**] enlas venas del arbor se escurran por aquel tajo que avras fecho. E despues de algunos dias podras lo tajar del todo. Aquestos son los arbores mas conujnjentes a todas obras de casas: como auet, que es muy ligero arbol & fuerte & firme & de muy grant durada si es en obra que non se pueda mojar, mas que sea en lugar que sea seco. Despues del auet es el lareyx *que es arbor el qual non avemos en conosçençia. E toma nombre de vn castillo el qual ha nombre laurençio.*[102] E dizen que ha tal propiedat que sy lo metes deyuso delos tablados o enlos traginats que non ayas mjedo que sy meta fuego, nj por bien quelo quemes no fara carbones. [**12.15.2**] El rrobre es de mucho grant durada sy es metido en obra que sea deyuso de tierra o que sirua a fazer palos en grandes hedifiçios de iglesias o de grandes castillos. E la rrayz del rrobre es mucho de grant durada. El castañyo, estando arbol plantado dura grant tiempo enlos lugares do es plantado. Asy mesmo es de grant durada en todas obras que non se moje si non que sea dentro de casa o de alberch. Solamente ha aqueste viçio que es muy pesado. La faya es mucho prouechosa en lugar seco que non se pueda mojar, si non como siente humor o vañyadura, luego es podrido. El poll, *que es dicho populo,* & los salzes es que ay de tres naturas. El poll *es dicho alnus,* & es nesçesario alas obras. Si el hediffiçio o casa que querras obrar es en algunt lugar vmjdo o egual, primera mente avras palos de olmo o de frexno. E quando los avras tajados faras los estar en agua fasta quelos deuas plantar en lugar vmjdo. E sobre aquellos podras fazer los fundamentos del alberch o hedifiçio. E sy querras podras [**fol. 204v**] los doblegar o torçer & fazer a manera de cadenas, ca mucho duraran. [**12.15.3**] El carpj *es arbor que non avemos en conosçençia mas dizen que* es mucho prouechoso alas obras. *E creeria que fuese sapi, que es pjno borde.* El çipres es mucho noble & muy exçelente arbor que non se podresçe. El pjno es arbol que non dura en lugar seco, mas dize el Palladio que vio en Cerdeñya tal proujsion por tal quelas vigas que aujan fechas del pjno no se corcasen; es quelos dexauan estar en agua por vn añyo o mas avant, & las soterrauan enla arena dela mar. E si por aventura por la calor del sol se torçiesen, queles metian o tierra o arena de suso, en lugar quela mar las batiese & les tocase bien, & tornauan derechas. El çedro *es arbor no conosçido enestas partidas,* mas es de grant durada. Todos los arbores que son plantados cara la partida del medio dia son mas fuertes & mas durables. Los arbores que son plantados faza la tramuntana son mayores arbores mas non son durables.

[12.16] De trasplantar los arboles grandes & viejos.

Aqueste mes de noujembre es apto & conujnjente a trasplantar los arbores mayores fructeros, *asy como son torongeros, perales, mançanos grandes & otros semejantes,* en lugares empero que sean calientes & ayan abrigo. Mas sepas que fazen tajar todas sus rramas o brancas, & quelas rrayzes suyas sean saluas que non les sean tajadas njn trencadas al arrancar. E qujeren ser bien estercolados & muchas vezes rregados. *Los arbores que fazen fojas faz trasplantar* **[fol. 205r]** *enla luna cresçiente que sea en signo de tierra sy fazer se puede, los otros que non tienen foja, enla luna menguante que sea en signo de tierra.*

[12.17] De la manera de fazer el olio segunt los griegos.

Los griegos han ordenado atal manera de fazer olio: ellos mandan que de dia hombre coja solamente atantas oliuas como enla noche sigujente hombre podra esclafar o expremjr en el moljno del olio. E mandan quela muela del moljno sea mucho ligera en manera quelos cuexcos non se quiebren *por que yo digo que seria mejor que se fiziese pisando con los pies segunt oy se faze en algunos lugares de Cataluñya. E con tal manera el olio se fara de la sustançia solamente de las oliuas, & non de los cuexcos* E aquella pasta tu meteras dentro de cueuanos de vergas de salze, ca dizen que mucho ayudan a dar buena sabor al olio. E sepas que el olio que saljra por sy mesmo menos de expremjr aquel sera muy bueno & mucho fino. **[12.17.2]** Despues mandan los griegos que quando el olio sera bien fecho & expremjdo que sea metido en vn vazillo salnjtre, que es a manera de sal. E aquesto le tira toda la espesura & lo faze claro. E quando sera bien rreposado por XXX dias, la vegada lo meteras en algunos vasos de vidrio. E aquesto se faze del primer olio. E despues podras fazer por semejante manera el segundo olio; aquesto es, que podras tornar otra vegada enel moljno la pasta que sera quedada en los cueuanos del primer olio que non sera mucho **[fol. 205v]** expremjda. E aquesta çaguera vegada podras lo moler con muela mas pesada quela primera que quebrara los cuexcos & dara mas olio.

[12.18] De fazer olio libernjch por la manera que se faze en Libernja

Enla rregion de Libernja los griegos fazen olio por tal manera como ya de suso avemos mostrado. Es a saber, que fazen olio primero & olio segundo, saluante que enel primer olio ellos han vna yerua quele dizen virmula, & secanla. *Aquesta yerua non fallo en sinonjmas njn en otros libros.* E fojas de llor, *& **junça** seca.* E picanlo todo en semble. E pasanlo primero por çedaço. E han sal turrada & prjmo molida & pasada. E mezclado todo, meten lo enel vaxillo conel olio primero, & mezclanlo todo bien. E dexan lo rreposar por III dias o mas avant. E despues que sera rreposado vsan dello & ha buena sabor.

[12.19] De la manera de ljmpiar olio que non sea bello njn claro.

Si por aventura el olio es suzio o mal limpio o escuro, tu avras sal gruesa, & turrar la has bien en vn mortero de cobre o de laton. E quando la sal sera bien turrada & caljente tu la meteras dentro del vaso del olio & taparas lo bien que non se salga vapor. E en fuerte poco espaçio de tiempo tornara bello & claro.

[12.20] De corregir la mala olor del olio.

Si el olio avra mala olor o podrida, ayas oliuas verdes & sacar les has los cuexcos & cascar las **[fol. 206r]** has, menos que non qujebres los piñyuelos. E en vn njetro de olio *que vale X sisterns, & cada vn sistern pesa VI onças & media* tu meteras II cohemtas *que es medida la qual yo non fallo que es.* E con aquesto perdera aquella mala olor. E sy por aventura non podras aver oliuas de oliuera, la vegada tomaras çimas tiernas de vllastre *que es oliuera borde.* E picar las has & mezclar las has con olio & perdera la mala olor. Muchos son que toman las oliuas verdes menos de los cuexcos asy como desuso & las çimas tiernas delas oliueras bordes, & pican las en semble con sal. E metenlo todo picado dentro **vn trapo de ljno & cuelgan lo con vn filo dentro** del vaso del olio. E dexanlo estar colgado asy por III dias. E despues mudan el olio en otro vaxillo, & torna de buen olor & vsan ne. **[12.20.2]** Otros son que han vna tabla vieja & meten la enel fuego. E meten la caliente dentro del vaso del olio, & faze le perder la mala olor. E otros fazen pastar panes de ordio chicos. E calientes, meten los en vn pedaço de ljno primo. E ligado, meten los dentro del vaso del olio. E aquesto fazen de III en III dias por III vezes. E despues meten sal dentro del vaso del olio. E dexanlo rreposar por algunos dias. E trasmudan lo en otros vaxillos, & pierde la mala olor. **[12.20.3]** E sy por aventura el olio por njnguna de aquestas maneras non perdia la olor, antes quedara corrompido asy como sera, la vegada los griegos mandan que sea tomada vna manada de çeliandre verde. E sea colgada dentro del vaso del olio. E dexan lo estar por algunos dias. E sy por aquesto non se corregira el olio njn perdera la mala olor, mandan [**fol. 206v**] que aquesto y sea continuado de mjentre y sera el çeliandre verde, fasta tanto que pierda la mala olor, mudando y cada vegada el çeliandre. Mas sepas que mucho y ayudara si de VI en VI dias trasmudaras el olio de vn vaso al otro. E sera mucho mejor si enel vaso do lo trasmudaras avra estado antes vjnagre, ca mucho tira la mala olor. [**12.20.4**] Otros son que toman senjgrech seco, & majan lo & meten lo dentro del vaso del olio. Otros son que meten muchas vezes carbones quemados dentro de las fezes del olio. E fazen perder la mala olor & mala sabor. Si el olio avra mala olor los griegos toman la vinaça dela vua que los griegos dizen giragarita, & pican la & fazen la vna masa o pilota. E meten la dentro del vaso. E tirale mucho de la mala olor.

[12.21] De corregir olio quando es rrançio.

Dizen los griegos que quando el olio es rrançioso se puede corregir & tornar bueno assi: ellos toman çera blanca. E rregalan la en olio que sea bueno & que sea ljmpio. E asy rregalada & caliente metenla dentro del vaso del olio rrançio & tapan bien el vaso con algez. E mandanlo asy estar atapado fasta tanto que el olio aya perdido su rrançiedat & aya cobrado buena olor & sabor. La natura del olio es atal que se qujere conseruar & alçar en tierra. E qujere se purgar con fuego; aquesto es, que sea ferujdo con fuego o que agua caljente sea mezclada con olio en semble dentro del vaso.

[12.22] De confegir oliuas.

[**fol. 207r**] Aqueste mes es conujnjente a confegir las oliuas & meter las en sols. E configen se en muchas maneras. E apparejan las en diuersas maneras. Las oliuas conffitadas quelos griegos llaman colubares se conffitan por tal manera: ellos toman vn cueuano lleno de oljuas. E meten las dentro de algun vaso de tierra. E dentro del vaso meten poliol & mjel & vinagre & sal temperada mjente de cada vno. E estender las has en cañyas fechas de rramas de finojo o de eneldo o de lentisco. E deyuso delas oliuas meten rramas verdes de oliuera. E como avran asi estado algunos dias ellos las meten en vaso de tierra & echanles de suso vinagre la terçera parte & de salmorra dos partes, fasta tanto que el vaso sea lleno. E despues de algunos dias pueden ne vsar. [**12.22.2**] En otra manera lo fazen los griegos. Ellos toman las mas bellas oliuas que pueden fallar & meten las en salmuera. E dexan las ay estar &

madurar por XL dias & despues echanlas de la salmuera. E han dos partes de arrope bien cocho. E vna parte de vinagre & menta menudo tajada. E meten lo conlas oliuas en semble dentro del vaso, por manera quelas oliuas ay puedan bien nadar. E son de maraujllosa sabor. Otros son que cojen con la mano las oliuas dela oliuera. E sobre cañyzos o sobre tablas de fusta dexan las estar por vna noche dentro dela estuba del bañyo. E enla mañyana han sal molida & salan las dentro de algun baxillo. Empero sepas que non se pueden saluar mas avant de VIII° dias. [**12.22.3**] En otra manera lo fazen algunos que toman las oliuas que non sean golpeadas njn cascadas & meten las en salmorada. E dexan las ay estar por XL dias. E despues sacan [**fol. 207v**] las de la salmorada & lauan las bien con agua. E tajan las fendiendo en IIII° partes con vna esquerda de cañya bien tajante que noy toque fierro. E meten las dentro de vn vaso de tierra envernjçado. E sy querras que sean mas dolçes, meteras y las dos partes de vinagre & la terçera de arrope. E son mucho plazientes. Otros son que toman vn sistern de vjno de pasas o han vna puñyada de çenjza o vjno viejo vna medida que es dicha simjticulum, *la qual non he fallado quanto puede pesar,* & fojas de çipres, & todas las dichas cosas mezcladas en vn vaso meten y oliuas tiernas a sostres fasta que el vaso sea lleno. E despues de pocos dias podras dellas vsar. [**12.22.4**] Por otra manera lo podras fazer. Tu tomaras aquellas oliuas que tu fallaras en tierra maduras que comjençan a fazer rrugas o comjençan ser brescadas. E salpicar las has de sal & dexar las has rrugar al sol fasta tanto que tornen mustias. E despues tu las estenderas sobre fojas de laurel **en cueuanos & faras ne sostre; es a saber vn sostre de oliuas & otro de fojas de laurel**. Despues avras arrope, & meteras dentro del arrope vn poco de axedrea. E faras ferujr el arrope conla axedrea II o III feruores sobre el fuego. E despues que sera rrefriado o quasi tibio meteras aquellas oliuas dentro de algun vaso de tierra. E meteras y vna poca de sal. E avras vna grant manada de oregano. E sobre las oliuas & otras cosas meteras el oregano. E despues a pocos dias podras ne vsar. [**12.22.5**] En otra manera lo puedes fazer. Tu cogeras de la oliuera las oliuas. E luego como las ayas cogidas tu las meteras en vn vaso de tierra. E faras y sostre de rruda & de juyuert & de sal todo en semble. E despues meteras y mjel & vinagre & del mejor olio que fallaras. E mezclar lo has todo en semble. E despues a pocos dias podras ne vsar. Por otra manera lo faras: [**fol. 208r**] tu cogeras de la oliuera las oliuas que son negras & meter las has en salmuera. E despues avras las dos partes de mjel & vna parte de buen vjno & media parte de arrope bien cocho. E aquestas cosas; es a saber, la mjel, el vjno & el arrope tu faras herujr sobre el fuego. E mezclar lo has todo en semble. E avn mezclaras vn poco de vinagre quando sera sallido del fuego. E quando sera rresfriado tu auras brots de oregano & meter los has estendidos sobre las oliuas. E tu echaras aquellas cosas que avras fecho ferujr sobre las oliuas que seran dentro del vaso conla salmuera. E despues a pocos dias podras ne comer. [**12.22.6**] Otra manera ay de confegir las oliuas. Tu cogeras las oliuas de la oliuera en semble conlos brots do se tendran. E estender los has ala sombra por III dias. E cada dia tu las rruxaras con agua. E despues tirar las has de los brots, o las cogeras & meter las has en salmuera. E despues que avran estado por VIII° dias en salmuera sacar las has. E mudar las has en otro vaso. E meteras y la mjtat de buen mosto o vjno nueuo & otra mjtat de vinagre. E finchiras el vaso fasta la boca & tapar lo has bien. Empero que y aya algunos forados por rrazon que el mosto pueda vaporar.

DEZIEMBRE

[**13.7**] Aqueste mes de deziembre, ya se sea que sean las oras de aqueste mes eguales conlas horas del mes de enero, empero son en aquesto discordantes: quelas horas de aqueste mes de deziembre menguan & las oras de enero cresçen.

La primera ora del dia ha la tu sombra delos tus propios pies XXIX pies.

[**fol. 208v**] La segunda ora, XIX pies.

La terçera ora, XV pies.

La IIII ª ora, XII pies.

La V ª ora, X pies.

La sexta ora, IX pies.

La VII ª ora, X pies.

La VIII ª ora, XII pies.

La IX ª ora, XV pies.

La X ª ora, XIX pies.

La XI ª ora, XXIX pies.

[**13.0**] Aquj comjençan los titulos del mes de deziembre. Aquesto es, de las cosas que deuras fazer enel mes de deziembre enel fecho de lauor o de agricultura.

De sembrar trigo, fauas & ljno

De cauar los majuelos & de tajar fusta. E del olio del laurel & de otros olios.

De los huertos. E de plantar lechugas, ajos, çebollas & mostaza.

De las ypomelidas.

De los nabos a confegir.
De salar los puercos & parar a los tordos & a otras aues.

[13.1] De sembrar trigo, fauas & ljno.

[**fol. 209r**] En aqueste mes de deziembre podras sembrar trigo & çeuada, ya se sea quela çeuada es mucho tardana. E fauas puedes sembrar, ya se sea que en setiembre se pueden sembrar. Ca sepas que pues comjençan las eladas & las njeblas non se pueden bien sembrar. E avn podras sembrar simjente de ljno fasta a medio mes de deziembre.

[13.2] De cauar los majuelos & de tajar fusta. E del olio de laurel & de otros olios.

Agora es tiempo de plantar vjñyas. E despues del medio mes deues començar a cauar las vjñyas & los majuelos, segunt que desuso avemos ya dicho. E avn en aqueste mes puedes tajar vigas & fusta para vigas & tablas, & palos & verdugos para fazer cueuanos & canastas. Enlos lugares frios podras fazer olio de laurel & olio de **murta & olio de mata, o de lantisco; aquesto es, cascando,** & cada vna de aquestas bullidas en olio. Asy mesmo podras fazer vjno de murta por la manera que ya avemos mostrado de suso.

[13.3] De los huertos.

En aqueste mes de deziembre podras sembrar lechugas, & podras las trasplantar en febrero. Asy mesmo podras sembrar ajos vulpich *que son ajos saluajes,* & çebollas, mostaza, & canela, *yo non he fallado que planta es.*

[13.4] De las ypomelidas.

Segunt que dize Marçial, filosoffo, **ypomelides** son semblantes alas xeruas. E fazen [**fol. 209v**] el arbol medjano no mucho grande njn pequeñyo. E fazen la flor blanca. E el fructo ha alguna dulçor mezclada con alguna agudeza. E puede sembrar se en aqueste mes de los sus cuexcos o pjñyoles plantados en algunos vasos chicos de tierra. E que sean rregados muchas vezes. Quando es gruesa asy como el pulgar puede se trasplantar enel mes de febrero que aya vn añyo o dos. E quiere quela tierra sea bien cauada & desterronada, mas non qujere grant foyo njn fondo, mas que aya mucho estiercol. [**13.4.2**] Ca sepas quelas rrayzes se secan si viento las toca. Ya se sea que nazca en qual se quiera tierra gruesa o magra, ama mucho lugares calientes enlos quales aya abrigo & çerca de mar & lugares pedregosos. E ha grant mjedo del frio o de montañya. No dura largo tiempo & puede se enxerir. Las pomas o fructo de aqueste arbol se pueden bien conseruar si las metes en cantaro de tierra dentro del poll, arbol enel qual aya algun forado o caua enla qual puedan estar. O sy las meteras entre vjnaça que esten bien cubiertas & saluar se han. *Aqueste arbol de ypomelides yo non he fallado en escripto. Nin entiendo que sea acostumbrado en Cataluñya, si pues Palladio nonlo entendia de dezjr del njspoler.*

[13.5] De los nabos a confegir.

Los nabos cogeras en aqueste mes de deziembre. E fazer ne has pieças menudas. E ferujr las has vn poco & dexar los has secar todo aquel dia en manera que non les quede de la vmor del agua. E despues avras mostaza & majar la has. E destemprar la has con vinagre. E dentro de algunt vaso de tierra tu lo meteras en semble conlos nabos que avras [**fol. 210r**] herujdos. E taparas bien el vaso. E despues de algunos dias tastar los has. E sy seran pro confitados podras ne vsar. Aquesta tal composta podras començar enel mes de deziembre & acabar en enero. *Aquesta composta solian vsar los antigos por la manera suso escripta, mas enel tiempo de oy se faze por otra manera. E es mucho mejor & mas plaziente. E de mayior gasto o mjsion.*

[13.6] De salar los puercos & parar a los tordos & a otras aues.

Enlos lugares que son çerca de mar aqueste mes de deziembre es apto para pescar & tomar todos los pexes de closca enla luna cresçiente o çerca de la plena. Ca ya se sea quela luna sea de grant jnfluençia a todas las bestias anjmales & plantas que biuen en tierra, empero mayor jnfluençia faze enlos peçes que son enel agua, & en espeçial sobre todos los peçes de closqua, & en tierra do aya erizos. E agora es tiempo de caçar las & de salar & es maraujllosa carne salada. En aqueste tiempo o mes, & avn en todo otro tiempo que faga grant frio podras salar los puercos & sus saynes. En los lugares que no son mucho espesos & han grant copia de arboles saluages que fazen oliuas & fructo, asy murteras como otros semblantes arboles, enel tiempo de agora podras parar lazos & rredes alos tordos & a otras aves semblantes. E podras lo continuar fasta el mes de março.[103]

Notas al texto

[1] Ya desde el inicio, aún en el propio nombre del autor *Rutilius* Taurus Aemilianus Palladius, se manifiesta la plaga de la confusión de la *-t-* con la *-c-*. En 1.37.3, Ferrer Sayol se enfrenta con *amaracum* 'mejorana' y, confundiéndose otra vez los dos grafemas, escribe *amaratum*, o *amarantum* 'amaranto'. Otro ejemplo: en 4.0, donde se enfrenta con *armoracea*, escribe *annoratea*, confundiéndose además el grupo *-rm-* por *-nn-*. Gran parte de esta confusión puede atribuirse al copista del ms. 10.211 y no a Ferrer Sayol; lo prueba el hecho de que el ms. valenciano no sufre tanto de este erratum. En algunos casos ambas versiones traen mala lectura de los grafemas, y entonces por lo general no los enmiendo, especialmente si se trata de términos raros, pues posiblemente derivan algunos errores de *-t-* por *-c-* de la fuente latina de Sayol (véase nota 41).

[2] Véase *De senectute*, de Marco Tulio Cicero, especialmente XV.51—XVII.60.

[3] Espacio en blanco. No falta nada, sin embargo: el copista comenzó a escribir "De los bañyos" otra vez, pero descubrió que ya había puesto esta rúbrica antes, fuera del orden.

[4] Parece que aquí interpreta Sayol el latín como si se refiriera al experimento descrito en 1.5.3 más abajo. Lo recoge también el *Tratado de agricultura* de Ibn Wafid: "E dixeron los ssabios que cauasen en la tierra vn foyo quanto vn palmo en fondo e sacasen ende la tierra. E después tornasen la en su lugar donde la sacaron. E si fincase della algo despues que fuese el foyo lleno que non pudiese y entrar, era la tierra buena. E si entrase toda la tierra en el foyo e lo finchese e non sobrase della nada, era la tierra mediana. E ssy la tierra non inchere el foyo, era la tierra delgada e mala" (Millás Vallicrosa 1943: 301).

[5] Cf. *Tratado de agricultura* de Ibn Wafid (301) para otra versión del mismo experimento.

[6] Esta frase más fácilmente se comprende omitiéndo la palabra *mas*, como se demuestra en la versión catalana: "totes les sements rebordoneixen e hixen de bon linatge que sien sembrats en llochs humits que no en llochs sechs" (5r).

[7] Aquí se han combinado en uno la última sentencia de 1.6.7 y la primera de 1.6.8.

[8]"Segunt que los griegos dizen" se creyó equivocadamente parte de la sentencia precedente.

[9]Falta la primera sentencia de 1.6.17 en ambas versiones.

[10]Aunque no lo demuestra el ms., aquí se interrumpe el texto. Falta todo lo correspondiente a 1.6.18, todo 1.7 y el comienzo de 1.8.1. La misma lacuna interrumpe el ms. val. (7r-v), también sin que haya señal de interrupción.

[11]La intervención de Ferrer Sayol aquí se debe a que duda de su traducción "assi como de rrobre & de nispoler." El latín trae *aesculeis*, árbol poco conocido y aun menos citado entre los clásicos, lo cual se traslada con los dos lexemas "rrobre" y "nispoler." El *Oxford Latin Dictionary* lo glosa como una variedad del roble "perhaps either durmast or Hungarian oak." Como los dos nombres dados por Sayol no son más que un tanteo indeciso, mejor hubiera escrito "rrobre *o* nispoler." Así, pues, los "otros [que] dizen . . . " serán otros "arromançadores" de Palladio, o bien comentadores o compiladores de los libros de sinónimos que Sayol consultaba.

[12]Falta por completo 1.16 ("De uitanda ualle") en la versión aragonesa, lo cual se suple con el ms. val. 9v.

[13]Una segunda mano tardía añade aquí en el ms. valenciano (después de 1.20) una breve sección sobre mulas: "De les Mules: La Mula pera ser bona es nesesari que siga grosa, y redona de cos: de [?] cames sutil: de Peus chiquets: de Anques larga y plana: de pit moll y ample: de coll larch y arqueat, de cap exut y chiquet" (11r).

[14]Es curioso notar que casi toda la sección 1.24.2 se encuentra tachada en el ms. val., sin duda por tratar de remedios mágicos y supersticiones. Otra sección tachada en el ms. val., y por la misma razón, es lo correspondiente a la penúltima oración de 1.35.3.

[15]Falta por completo 1.26, "De turdis," lo cual se suple con el ms. valenciano 12r-v.

[16]El sentido de esta intercalación se hace más obvio si se compara con la sintaxis del pasaje correspondiente en el ms. valenciano: " . . . y quels done hom çebes hun poch calentes, los fan molt escalfar en luxuria y triarse ab les femelles" (13r). La versión catalana parece estar equivocada con la forma *triarse*; se podría tal vez enmendar ambas versiones con *mezclarse*, y así quedaría claro que las cebollas "los fazen escalfar mucho a luxuria & mezclarse conlas pagas fembras."

[17]Una segunda mano tardía aquí intercala una sección sobre cerdos en el ms. val.: "Dels porchs. Els porchs mascles son millors queles fembres perque la carn de estes se disminuix mes al coure. Es bo el que es larch de esquena y del osico, y de orelles, y tinga bona barra" (14r).

[18] Falta todo lo restante de 1.30.4. en ms. 10.211, lo cual se suple a continuación con el ms. valenciano 14v-15r.

[19] Falta la última oración de 1.33.2. en ms. 10.211, la cual se suple a continuación con el ms. valenciano 15r.

[20] El sentido aquí es que, en las regiones frías, las semillas comunmente sembradas en el otoño deben sembrarse aún más temprano (para que "senta del temps y dela calor del estiu"). En seguida se habla de las semillas comunmente sembradas en la primavera.

[21] Aunque no es de Ferrer Sayol esta recomendación, es interesante que una costumbre semejante estaba en vigor en la Edad Media, pues Santob de Carrión observa "Sacan por pedir lluuia/ Las rreliquias e cruzes;/ Quando el tienpo no vuia,/ Dan por ella vozes" (761).

[22] Está de acuerdo con Ferrer Sayol sobre la asociación de las cantaridas con las rosas Gabriel Alonso de Herrera en su *Agricultura general* (Alcalá de Henares, 1513): "Suele tener vna enfermedad, que es que crian dentro delas rosas vnos gusanos que parescen como escaruajuelos, o abejoncillos, que llaman cantarides. Estos suelen nascer en tiempo de sequedades. La enmienda que lleua es que cogan la rosa quando encomiençan a abrir antes que sela coman y quemar el rosal en entrando el inuierno, para que perezca la simiente dellos" (fol. 121v-122r). Véase también abajo, 1.35.6.

[23] Por "Apuleius."

[24] La *Collectanea Rerum Memorabilium* de Caius Julius Solinus, al cual Sayol cita más abajo (véase notas 60, 91) dice que se encuentra dicha piedra en la pupila del ojo del animal: "in quorum pupulis lapis invenitur" (27.25).

[25] Para el significado del latín *ulex* del cual deriva *ylex*, véase Robert H. Rodgers, "Three Shrubs in Palladius: *rorandrum*, *ulex*, *tinus*" en *Studii clasice* 15 (1973): 153-155.

[26] Mala lectura de *titymallus*. El ms. val. también leyó mal, dando *tiemal*, pero permite corregir nuestro texto añadiendo "njn."

[27] Esta última frase no aparece en 1.38.2 del latín. Parece resultar de haber aplicado la próxima frase (la inicial de 1.39) al final de 1.38. El ms. val. hace lo mismo.

[28] El texto no trata ni los *mançanos* ni los *çiruelos*.

[29] Esta partícula negativa se usa en sólo un lugar más (100r, 4.1.2); ni en la primera ni en la segunda ocasión encontramos la misma partícula en el ms. val., sin embargo. Aquí tiene el ms. val " . . . y no pas arar ab besties" (24r); en 4.1.2 tiene "alguns no toquen rres al cor" (50v).

[30] Como se indicó arriba (nota 28) el texto no trata los manzanos ni los ciruelos. El error tal vez se puede atribuir a la polisemia del título

latín, "De pomis." También es curioso notar que en el ms. val. hay una nota al margen izquierdo de una mano tardía que reza "Dia 25 de este mes, que es dia dela conversio de St. Pau, es deguen plantar tots abres [*sic*], per mostrar la experiencia que en este dia aprenen."

[31] Aquí interviene una segunda mano para clarificar "an de ser metidas en mjel en la olla," supliendo así un detalle que se le escapó al copista. El ms. val. es aquí más fiel al original: "y les met dins huna olla o altre vexell ab mel" (29r). No se crea, sin embargo, que el de la segunda mano conociera el texto original; antes, deduce el detalle del miel del pasaje que sigue.

[32] Tal vez debe enmendarse aquí a " . . . deue hombre salar *la carne de* las vacas & bueyes & puercos & ganado çeçinado." El ms. val. tiene, simplemente, " . . . deu hom salar los bacons" (29r).

[33] La segunda mano ha tachado la palabra "enero" en 10.211 y escrito en su lugar "febrero," equivocadamente.

[34] Es increíble que el texto aragonés ni aquí ni en ningún lugar del texto traduzca con acierto la palabra latina *pastinaca* 'chirivía, zanahoria'; siempre la traduce con *espinacas* (véase 3.24.9, 9.5.3, 10.13.3, 11.11.4). Lo que aumenta aún más el misterio es que el ms. val. sí la traduce bien aquí y en otros lugares con *saffanories*. Una confusión del latín *pastinaca* con el aragonés *espinacas* no nos sorprendería por su semejanza acústica y de grafemas, pero tal confusión supondría que se basara el aragonés en el texto latín, lo cual en vista de la estrecha correspondencia del aragonés y el catalán resulta inverosímil. Tampoco se puede admitir que el latín se consultara aquí aisladamente, ni que la palabra *saffanories* (caso sea el aragonés traducción del catalán) pudiera dar *espinacas*.

[35] No hay tal capítulo, aunque sí se menciona brevemente en el latin, en 3.25.33, el *sorbus*, palabra que se traduce casi siempre en ms. 10.211 por *çeruera*. En 3.25.33, sin embargo, no es *çeruera* lo que se encuentra sino el erratum *yeruas*, corregido (como se verá) a base del ms. val., el cual trae *çerueres*.

[36] El ms. val. trae en el lugar correspondiente "Dels albercoquers qui son dits mixa que es planta qui aiuda molt a surar ab fembra y es ignota en aquestes partides . . . " Es difícil comprender por qué dice aquí ser desconocido el albercoque, especialmente considerando el comentario que ofrece Sayol sobre este árbol en su lugar (3.25.32) y el tratamiento que recibe en diversos otros lugares del texto (56v, 157r, 198r). Sin embargo, debe fijarse en que en el texto aragonés de 3.0 no aparece la palabra *albarcoque*. Si en este lugar es el ms. 10.211 más fiel a la traducción de Sayol de lo que es el ms. val., entonces queda la posibilidad de que el mismo Sayol no supiera a qué árbol o

planta se refería hasta llegar a su capítulo. Si se fija en la mala lectura *nuxa* de la *myxa* o (como aparece en el ms. val.) *mixa* de la fuente latina, creo que cabe preguntarse también si aquí no creyera Sayol que se tratara de la *nueza*; una forma análoga (*nuza*) se atestigua en el *Macer herbolario* (14v54-56). En consideración de todo, es curioso que no volviera Sayol a corregir esto de la *nuxa*, o por lo menos la ridiculez de que no se conociera el albaricoque en Cataluña, una vez que se enteró de su significado en el capítulo correspondiente. Para otro caso de confusión que pudo haberse evitado con una comparación del capítulo con la rúbrica correspondiente de la tabla, véase nota 42.

[37] La versión catalana ayuda a comprender este lugar: "aquella torçura que sera feta ala sarment dona gran treball y vexasio a aquella partida que es mesa dauall terra ans que tinga rahels, car ella ha a entendre en metre rahels y en fer viure ço que es stat cascat y tort y donarli vida sobre la terra" (33v).

[38] El ms. aragonés está defectuoso en este lugar. Dice "Los arboles que son mas conujnjentes para sostener las parras son aquestos; es a saber, poll, oliuo & fresno. E es asaz conujnjente, en los lugares empero montañyosos en los quales non se pueden criar los polls njn los oliuos, avn se puede plantar alber, salzes & çiruelos & semejantes." Además del error "oliuo" por el original "ulmus," el copista del ms. aragonés no comprendió que era el "fresno" lo que es "asaz conujnjente, en lugares montañyosos . . . " Así pues, se vio obligado a ponerle otro sujeto a la oración: "alber, salzes & çiruelos & semejantes." El ms. val. permite la corrección; dice "Los arbres que son mes conujnents pera sostenir les parres son aquestos poyl y olm y en los llochs muntanyosos enlos quals estos nos poden nodrir es bo lo freix encara si pot plantar alber salzer y pruners y semblants" (34v).

[39] Fíjese que de las tres oraciones que preceden a la última de 3.18.4, sólo una parte de la primera se tradujo. Evidentemente se quiso evitar los vocablos raros del latín por las variedades de aceitunas. Véase la nota 100.

[40] Véase 1.34.5-6. Hay algunas diferencias entre esta intervención y la explicación original de la técnica de "çerrar con bardiça" de 1.34.5-6, de modo que aquélla parece ser una recapitulación, hecha de memoria, de ésta. La razón por la cual lo repite no se me descubre.

[41] "Coles" es erratum. El latín dice "uellendi sunt talli . . . ," pero debido a la confusión entre *t* y *c*, Sayol entendió "caulis." El ms. val. trae la misma mala lectura. Otra prueba del concocimiento a fondo que tenía Ferrer Sayol de la agricultura es que trató de darle lógica a la

mala lectura, reorganizando los elementos "calli . . . cum semine" a "la simiente de las coles." Cf. nota 1.

[42]Espacio en blanco de una palabra. "Trifolium" también es erratum, pues el original dice "cerefolium." Si se recuerda que en la tabla del mes de febrero (3.0) está la definición "çerefolium, que es planta de linage de apio," la confusión aquí con gran probabilidad puede atribuirse a un copista. A vista de "trifolium," sin embargo, no se puede descartar del todo el que fuera éste error de la fuente latina, y que Sayol no se fijara en que debiera enmendarlo con la definición de 3.0. Para otro caso de confusión que pudo haberse evitado con una comparación del capítulo con la rúbrica correspondiente de la tabla, véase nota 36. Esta sección falta por completo en la versión catalana.

[43]*setiembre* es erratum por *deziembre* (véase la próxima interpolación de FS).

[44]Espacio en blanco de una palabra, suplida por el ms. val.

[45]En este lugar difieren significativamente las dos versiones. Sin duda tiene la catalana la lectura verdadera, aunque no es tan completa como la aragonesa: "En aquest mes mateix pots plantar los castanyers y los esparechs y los noguers y les abellons y los pins en lloch humit" (47v). El latín reza " . . . et frigidis uel umectis locis nunc poterunt pineta seminari." Las convenciones ortográficas del ms. no permiten que se lea "pjn*gue*s" aunque puede parecer que es esto lo que se quiso: "las nueces pueden plantarse en lugares fríos y húmedos y *pingües*." Antes, creo que el "pjñs" de 10.211 sea catalanismo por 'pinos.' La sintaxis exigiría que "E pjnes" fuera una frase acabada aunque fragmentaria; aparentemente es una añadidura tardía y apresurada del nombre del árbol que se le escapó al copista en la lista de arriba de los árboles cuyas semillas pueden plantarse ahora.

[46]No es de extrañarse que no haya encontrado Ferrer Sayol esta palabra en los libros que consultaba, pues su lectura "caponcare naycon" acusa el haber leído mal, o el haber empleado una fuente deficiente. El latín del original muestra claramente que se trata del opio ("tunc opon Quirenaicon, quod Graeci sic appellant, in excauata parte suffundunt . . . " 3.29.3), por lo cual también se notará cómo se confundieron las primeras dos palabras. Si no hubiera sabido el significado de "opon Quirenaicon," seguramente lo habría hallado en los mismos libros que consultaba, pues muchos libros de sinónimos lo registran. El *Sinonoma Bartholomei*, por ejemplo, trae "Opium quirinacium, asafetida idem" (Mowat 1882: 32) y la *Alphita* también lo trae así "Opium quirrinacium, lesera, quileya, succus iusquiani, idem" (Mowat 1887: 130). En cuanto al otro "libro del Palladio arromançado" que le sirvió para identificar la sustancia empleada

en esta operación vitícola, no se puede descartar que fuera la versión italiana del s. XIV (véase Zanotti 130), donde se leen claramente las dos palabras griegas por *opon quirenaicon*.

[47] Es curioso que no mencione aquí Ferrer Sayol las virtudes somníferas de las adormideras (llamadas "cascallo o papauer") porque eran bien conocidas estas virtudes (véase por ejemplo el *Libre de les herbes* de Macer Floridus, en Faraúdo 1955-56: 29). Esto se explicaría suponiendo una confusión de la asafétida *Ferula assa-foetida* L. con las adormideras *Papaver somniferum* L., puesto que los dos se conocían con el nombre *oppium*. En el *Circa instans*, por ejemplo, se lee "Oppium . . . aliud est thebaicum q. ita dicitur quod ibi precipue fit vel in ultra marinis partibus nascentis; aliud tranencium quod asa fetida vel lasar, de quo dictus est" (Camus 1886: 98). Otro ejemplo: Papías, s.v. *opium* dice " . . . est aute*m* succus lassar hae[r]bae" mientras s.v. *oppium* "quodda*m* uenenu*m* succus papaueris agrestis..haerba so*m*nifera" (véase nota 73).

[48] "& oregano" escrito en el margen en la primera mano.

[49] "& alcaparras" en el margen en la primera mano.

[50] "& culantro" en el margen en la primera mano.

[51] Parece que aquí se quiere decir "Ço es que *si de primero* los ojos se quebraran, se çerraran que non faran esparragos"; falta por completo en el ms. val.

[52] La frase "mayormente . . . desde el mes de março entro a octubre" pertenece a 4.9.15 del latín, no a este párrafo.

[53] Un diagrama (que no ocupa más que el espacio de una palabra) aparece aquí en el ms.

[54] Para mejor idea del uso de los *bocogues* ('agallas') véase mi nota "*Agalla* in the Works of Gonzalo de Berceo," *Romance Quarterly* 33 (1986): 117-118. Véase también "Letter III: Natural history of the Grana Kermes, or scarlet grain" en *Travels Through Spain* de John Talbot Dillon (London: R. Baldwin, 1782).

[55] Un borrón hace difícil la lectura de las dos palabras que reconstruyo como "cautela" y "magañya"; faltan por completo en el ms. val.

[56] Una omisión larguísima, sin indicación alguna en el texto, explica la ruptura en la lógica entre esta frase y la que sigue. Como se trata de las señales que se deben buscar en el ganado que se compra, tal vez las hojas del original que contuvieron el material perdido fueron arrancadas por un comprador que deseó llevárselas al mercado como consejos. Por otro lado, el ms. valenciano muestra la misma laguna, lo cual da a pensar que la deficiencia remonta a la copia latina que utilizaba Sayol.

[57] Aristótiles, *Historia de los animales* 8.24. En cuanto a eso de que "Aristotil dize que el cauallo non ha fiel," se refiere a *Partes de los animales* IV.2 (676b 27) o también a *Historia de los animales* 15 (506a 22). Aquí comienza una larga intervención sobre el caballo, que cita a varias autoridades.

[58] Véase Plinio, *Naturalis Historia* 8.64.156.

[59] No encuentro la fuente de lo de la provocación a la lujuria en los caballos, pero que se despeñan se basa en *Historia de los animales* 47 (631a 1).

[60] Véase Caius Julius Solinus, *Collectanea Rerum Memorabilium* 45.5-13. Véase notas 24, 91.

[61] Isidoro, *Etymologiarum* 12.1.43.

[62] Plinio, *Naturalis Historia* 8.64.157.

[63] Isidoro, *Etymologiarum* 12.1.43.

[64] Aristótiles, *Historia de los animales* 4 (611a 10-14).

[65] "Rrenyons" tiene que ser mala lectura, pues está claro que no puede haber "pelos delos rrenyones." *De proprietatibus rerum* de Bartholomaeus Anglicus lo clarifica así: "gloriatur in iubis suis, & dolet quando ei praescinduntur, & retonsa iuba extinguitur libido earum, ac si in eis esset vis amoris" (1601; Frankfurt: Minerva 1964, 18.39).

[66] Solinus, *Collectanea Rerum Memorabilium* 45.6.

[67] Isidoro, *Etymologiarum* 12.1.47.

[68] Aristótiles, *Historia de los animales* 8.24 (604b 28).

[69] "Zenon" tal vez sea Xenophon, cuyo tratado *Del arte de los jinetes* no trae, sin embargo, el dato aludido. Tampoco tiene Xenophon ningún libro titulado *De natura delas cosas*; posiblemente se ha sacado lo del aborto de alguna versión del *De proprietatibus rerum* de Bartholomaeus Anglicus, pues en su libro 18 capítulo 39 se lee "Equa impraegnata si olfecerit candelam extinctam abortiet" (1601; Frankfurt: Minerva, 1964). Anglicus, sin embargo, aquí cita a Aristótiles (véase nota 68).

[70] Plinio, *Naturalis Historia* 28.78.257.

[71] Dioscorides, *Materia Medica* 2.72. "El [estiércol] del asno y del cauallo, si crudo, o quemado, se deshaze con vinagre, y se aplica, restriñe las effusiones de sangre" (Andrés de Laguna, II.72, p. 173.)

[72] Un espacio en blanco de una palabra en el final del primer renglón, e igual espacio en el comienzo del segundo no parecen tener explicación; en el ms. val. no hay más que "les costumes deuen ser tals ço es que sia ardit . . . "

[73] Véase *Papiae Vocabularium* (Venetiis, 1491) s.v. *myrteus*: "Myrteus, equus est pressus in purpura." Véase también Isidoro, *Etym.* 12.1.53: "Myrteus autem est pressus in purpura."

[74] Espacio dejado en blanco de más de medio renglón, sin que se omita nada.

[75] En el margen, en la mano original, *alhabaca*.

[76] Léase "espino blanco"; falta en el ms. val.

[77] "Atramuzes" en la mano original, escrito en el margen.

[78] No hay ninguna discusión de los "espacios que deuen auer"; esta parte de la rúbrica se deriva de una mala lectura de la primera frase latina de 6.5, "Hortorum spatia . . . "

[79] Las manzanas no se tratan aquí; la rúbrica se debe a una mala lectura de la de 6.6 "De pomis."

[80] "Duraznos" en la mano original, escrito en el margen.

[81] Debe leerse "E sy alguno querra sembrar *lupjns*, fara bien estercolar el campo . . . " de acuerdo con 6.4.2 "ac si qui lupinum stercorandi agri causa seminauit . . . "

[82] No ésta sino otra fuente de Palladius 6.15 ("De oleo roseo") le sirvió al traductor medieval del *Macer Herbolario* fol. 20r28-40 (véase Porter Conerly et al.).

[83] "Ladrillos," en la mano original, escrito en el margen.

[84] De hecho así dice s.v. *modius* (véase Johannes Balbus, *Catholicon*, Mainz, 1460).

[85] El ms. val. trae aquí "mas non vsen quen façen mal." El sentido del original "quo tamen non utuntur ad uulnus" es que no sirven los cabellos para picar.

[86] Sobre "lalcabith" véase mi "Introducción" (1987: 10). Por si acaso no está clara la penúltima frase de esta interpolación, quiere decir que sirven de pronóstico los tres días indicados (el 13°, 14°, y 15° de la luna de junio) aunque caigan en el próximo mes ("puesto que fuesen en juljo").

[87] En el aparato crítico se indican los numerales que aparecen en el ms. 10.211, pero creo que sería apropiada aquí una explicación de las enmiendas. Aún en la transmisión del texto latín hay mucha confusión de números, lo cual es de esperar si se nota que el más leve descuido altera sustancialmente el "significado" del número. Sin embargo, he tratado de adivinar los números que escribió Sayol, corrigiéndo el ms. 10.211 para que concuerde con el latín, pero sólo cuando el ms. valenciano le es fiel al latín. Cuando éste no lo es (por ejemplo, el texto latín, para la quinta hora, dice que la sombra extenderá cuatro pies, mientras que ambas versiones romances traen tres), supongo que haya una mala lectura por parte de Sayol, o bien que el texto empleado era deficiente. Una excepción a este procedimiento es la enmienda de VI que se da para la séptima hora: el "III" de 10.211 supongo una mala lectura, del

escriba, de las tres rayitas del número VI, a pesar de que el latín trae IIII (y en otros textos, los variantes V y VII.).

[88] La palabra "traer" en la primera mano está escrita en el margen izquierdo; parece dada como sinónimo de "menar."

[89] La primera parte de 9.8.5 se enlazó con el final del párrafo precedente, añadiendo a éste lo indicado.

[90] Es interesante que en otra versión medieval de Palladio, la catalana *Libre de agricultura segons Paladi* (Gabriel Llabrés, 1895-96: 151) haya otra referencia—también interpolada—a Noé: "De plantar vinyes axi con *[sic]* Nohe."

[91] Caius Julius Solinus *Collectanea Rerum Memorabilium* 27.23-26. Véanse notas 24, 60.

[92] En el margen, en la mano original, está escrito "dormjderas."

[93] Parece resultado de un lapso eso de "que es masa largo"; falta por completo en el ms. val. y no veo yo su sentido. Debe recordar el lector que todo el capítulo 11.14 falta en el ms. val.

[94] Una palabra escrita sobre otra.

[95] En el número de estos "otros libros" no figura el *De vino salvo* de Galfridus de Vino Salvo, cuyo texto en traducción aragonesa ocupa los folios 224r-243v del mismo manuscrito y en la misma mano (con la sola excepción del folio 232r-v, que está escrita en una segunda). En el *Tractado de plantar o enxerir arboles o de conseruar el vjno* no se ofrece ni como remedio, ni como adobo del vino, la harina.

[96] Otra palabra borrosa.

[97] Cabe preguntarse aquí si la presencia de tal arabismo no acusa el haber consultado otro "paladio arromançado" (181v14-15), éste llevado a cabo bajo influencia musulmana. La palabra que se traslada como "alhadida" es la misma "glycyridiae" que dio, en 11.14.5, "gleriçidie secas" y el comentario "[a]queste vocablo non he fallado escripto en ningunt libro, mas he pensado que son madres de vjnos secas." ¿Por qué, pues, da la misma palabra traducción tan distinta un folio después? El hecho de que aquí también se requiere una explicación ("la qual non se que cosa es, sy ya non eran madres de vjno secas o çenjza de mares") sugiere que dos traductores/comentaristas hayan dejado su huella en el ms: el que ofreció "alhadida" como sinónimo de "glycyridae", y el que ignoró el significado de ambos.

[98] Es interesante notar que todo el capítulo 11.14 falta del ms. val., tal vez por saber el escriba que tenía que tratar el mismo tema en una opúscula que lleva el título *Tractado de plantar o enxerir arboles o de conseruar el ujno*, que se encuentra al final del mismo manuscrito en ambas versiones.

[99] Compárese esta interpolación con el capítulo sobre los "membrillos que hombre quiere poner en la composta," ms. 10.211, fol. 220r.

[100] Se enlazan aquí la primera y la segunda oración de 12.7.4, omitiéndose parte de aquélla y eliminándose el nuevo párrafo que se inicia con ésta. Se pierde pues, la enumeración de las especies de *Prunus* dada en la versión latina: "genera eorum sunt haec: duracina [persica], praecoqua, Armenia." Claramente, se quiso evitar la traducción de nombres de variedades de frutas no conocidas en Cataluña. Cf. nota 39.

[101] Aunque todas las notas en los márgenes hechas por una segunda mano (la mayoría de las cuales carecen de importancia) pueden verse en mi edición semi-paleográfica y por eso no se incluyen aquí ni en el texto ni en estas notas, es interesante anotar las palabras usadas aquí en la rúbrica de la segunda mano: "plantar árboles maellos & guadaperos." Se ve que ni los "maellos" ni los "guadaperos" se mencionan.

[102] Esta etimología deriva de San Isidro: "Larex, cui hoc nomen a castello Laricino inditum est, ex qua tabulae tegulis adfixae flammam repellunt, neque ex se carbonem ambustae efficiunt." *Etymologiarum* 17.7.44.

[103] Sin indicación alguna de que termine el *Libro de Palladio*, continúa el manuscrito con varios tratadillos sobre agricultura, recetas y vinos. Lo mismo hace el ms. val. Véase mi edición en microficha del ms. 10.211 donde se transcriben todos los de la versión aragonesa.

Glosario

El glosario a continuación trata de explicar sólo los términos más difíciles del texto y supone un conocimiento básico del castellano antiguo. Por eso se notará en la lista una preponderancia de catalanismos, latinismos y otras palabras cultas (prestadas de los textos medievales a disposición de Sayol), regionalismos, términos técnicos de poco empleo, y lecturas dudosas. Las palabras que Sayol indica explícitamente como griegas o latinas no se incluyen; debe consultarse la versión latina para las formas originales.

Después de cada palabra registrada abajo se indican uno o dos lugares donde se encuentran estas palabras; para una concordancia completa, consúltese mi ed. de 1987. Algunas palabras del ms. valenciano también se incluyen aquí cuando pertenecen a pasajes que no se encuentran en 10.211. En estos casos se indica el origen de la palabra con la abreviatura "del ms. val." Debe consultarse la sección "Bibliografía" para la lista completa de los autores citados abajo, pero las tres siguientes, por ser las más frecuentes se dan también aquí:

Alc.—la palabra se registra en el *Diccionari Català-Valencià-Balear* de Antoni María Alcover (Palma de Mallorca: Moll, 1980) y por consiguiente es probablemente un catalanismo.

Borao—la palabra se registra en el *Diccionario de voces aragonesas* de Jerónimo Borao (segunda ed. aumentada, Zaragoza: Hospicio Imperial, 1908) y es probablemente un aragonesismo.

Laguna—*La 'Materia Médica' de Dioscórides traducida y comentada por D. Andrés de Laguna*, volumen III de *La 'Materia Médica' de Dioscórides: Transmisión medieval y renacentista*Ed. César E. Dubler. 6 vol. Barcelona, 1953-59.

A

ABÇENSIO—(38r) ajenjo, *Artemisia absinthium* L.
ABELLERO—(37v) abejaruco. Alc.: *abellerol*.
ABEURAR—(28v) abrevar. Alc.: s.v.
ABSÇINÇI—(97v) ajenjo, *Artemisia absinthium* L. Alc.: *absinci*.
AÇENARDIÇELI—(186r) nardo de Grecia, *Valeriana celtica* L. Mala lectura de *nardi Celtici* 11.14.8. Cf. Laguna I.7, "Del Nardo Gallico, o Celtico."

ACORRER—(40v) socorrer. Alc.: s.v.
ADONAR—(201r) disponer.
AFFERES—(9v) quehaceres, negocios. Alc.: *afer*.
AFFOLLAR—(12v, 158r) enviciarse, tornar malo. Alc.: s.v.
AFLIXA—(51r) marchita, muere.
AFRODILLOS—(36v) gamones, *Asphodelus* sp. Alc.: *afrodills*.
AGINGOLJ—(168v) sésamo, *Sesamum indicum* L.
AGNO CASTO—(164v) sauzgatillo, *Vitex agnus-castus* L.
ALBER—(67r) álamo, *Populus alba* L. Alc.: s.v.
ALBERCOCHS—(116r) una variedad de higo.
ALBUDEQUES—(99v) badea. Alc.: *albudeca*.
ALCOHOL—(7r) alcofol, sulfuro de plomo.
ALCRA—(186v) malva, *Althaea officinalis* L. (véase André, s.v. *althaea* y *hibiscus*). Mala lectura de *altheae*, 11.14.11.
ALFABEGA—(129v) albahaca, *Ocimum basilicum* L.
ALFADEGA—(132r, 156r) albahaca, *Ocimum basilicum* L.
ALFALFEGA—(50v) albahaca, *Ocimum basilicum* L. Cf. Alc. *albabega*.
ALFOLBAS—(171r) alhovas, *Trigonella foenum-graecum* L. Alc.: s.v.
ALFOLFAS—(145r) alhovas, *Trigonella foenum-graecum* L.
ALGAMENA—(18v) tierra roja? La expresión "o tierra bermeja" que le sigue parece ser definición de *algamena*. En tal caso recuerda la tierra "dalqueden que tira contra bermejo" en el capítulo de las diversidades de tierras en el *Tratado de agricultura* de Ibn Bassal (Millás Vallicrosa 1948: 357). El *DHLE* registra *alcadén* 'tierra arcillosa' de un documento contemporaneo (de 1383).
ALGEBZ, ALGEZ—(142v, 20v) yeso.
ALGIBE—(30r) aljibe, cisterna.
ALHABACA—(129v) albahaca, *Ocimum basilicum* L.
ALHADIDA—(186r) El sentido de la fuente (*glycyridiae*) es regaliz, *Glycyrrhiza glabra* L. (véase André, s.v. *glycyrrhiza*), pero en el *Tesoro de los remedios* (Zabía Lasala 1987) aparece *alfadida* (41r18-19), posiblemente con un sentido químico; cf. moderno *alhadida* 'sulfato de cobre' (*DRAE*). Véase nota 97.
ALJEPS—(109r) yeso.
ALLAÇAS—(33r) hojas de ajo.
ALLENEGAR—(166r) resbalar, deslizarse. Alc.: s.v.
ALMAGRA—(76r) almagre.
ALMASTECH—(104r) almáciga (resina de *Pistacia lentiscus* L.).
ALMENDOLAS—(157v) almendras.
ALMOHAÇA—(132v) rastrillo. Cf. *DRAE*: *almohaza*.

ALMUT—(24r) almud, medida para áridos.
ALNUS—(204r) álamo (*Populus* sp.) o aliso (*Alnus glutinosa* L.). Latinismo.
ALOE EPATICO (187r)—variedad de acíbar. Laguna III.23: "Los arabes al mejor aziuar, y mas puro de todos, suelen llamar Sucotrino: al segundo en bondad, Hepatico: y al peruerso y adulterino, Arabico."
ALOMADO—(8v) que tiene un lomo o elevación. Cf. *DHLE*: *alomado*.
ALQUJYRAN—(20r) alquitrán.
ALUÑYAR—(37v) alejar. Alc.: *alunyar*.
ALUNCO—(124r) (?) Latinismo (con erratum) por *abineus* o variante *albineus*.
AMAGADO—(7r) escondido, ocultado (del verbo *amagar*). Borao: s.v.
AMARATUM—(36v) amaranto. Latinismo (con erratum) por *amarantum*'amaranto,' lo cual es mala lectura de *amaracum*, 'mejorana, *Origanum majorana* L.'
AMATADA—(165r) apagada.
AMBLAR—(23v) caminar. Alc.: s.v.
AMPRONGIA—(152v) (?) Por admisión del traductor sabemos que es latinismo, pero no corresponde a ninguna palabra del texto de Palladius (7.7.7).
ANNORATEA—(99v) rábano rusticano, *Armoracia rusticana* P. Gaertner, Meyer & Scherb. Latinismo (con mala lectura) de *armoracea*.
AÑJLLO—(202r) añal, cordero de un año, y, por extensión, cordero recién nacido.
APRES—(2r) después.
ARAÑYERES—(93v) endrino, *Prunus spinosa* L. Cf. Borao s.v. *arañón* "endrino, árbol y endrina, fruto; ciruelo silvestre."
ARAÑYONER, ARAYONER(O)—(133v, 52r) Tal vez sea endrino, *Prunus spinosa* L., aunque no traduce bien la *spina alba* del latín, que sería una especie de *Crataegus*. Cf. Alc. *aranyoner*.
ARBOZ—madroño, *Arbutus unedo* L. Alc.: *arboç*
ARDIDA, ARDIT—(123rv) ardido, valiente, intrépido.
ARDIMENTE—(123r) ardidamente, con ardimiento o valor.
ARENBLANCO—(52r) espino blanco, una especie de *Crataegus*.
ARESCLO—(116r) de mal sabor, áspero. Alc.: *ariscle*.
ARGENÇOS—(186r) medida de peso.
ARMOÇEA—(180v, 194r) rábano rusticano, *Armoracia rusticana* P. Gaertner, Meyer & Scherb. Latinismo con mala lectura de *armoracea*.
ARMONIACH—(24v) amoníaco. Alc.: *armoniac*.

ARNA—(135v) polilla. Alc.: s.v.
ARNADO—(151r) infestado de polillas. Alc.: *arna*.
ARNY—(ms. val. 45v) probablemente es la cambronera, espina santa, *Lycium europeum* L. Cf. Alc. *arn*, '*Paliurus australis* Gartn.'
ARRABAÇAR—(58v) arrancar. Alc.: *arrabassar*.
ARU—(86r, 114v) (?) Parece imposible que se refiera al yaro *Arum maculatum* L., pues esta planta difícilmente podría recibir injerto.
ASPRA—(102r) rodrigón. Alc.: s.v.
ASPRURA—(49r) aspereza.
ASTA—(131v) tallo.
ASTORA—(92r) estera.
ATAÇI—(25v) una medida. Traduce *quiati*. Véase *ozizes*.
ATEÑYER—(200v) alcanzar.
ATRAMUÇES—(44v) altramuces.
ATRAMUZES AMARGOS—(24v) variedad de altramuces, *Lupinus* sp.
ATRIACA, ATRIACH—(60r) tríaca.
ATURAR—(106v) durar, permanecer. Borao, s.v.
AUET, AVET—(37r, 93r) abeto, *Abies* sp. Alc.: *avet*.
AUPTUNAL—(105v) otoñal.
AUSTER—(44v) austro, "viento que sopla de la parte del sur" (*DRAE*).
AVELLOTA—(203v) bellota.
AVINENTEZA—(21v) avenenteza, oportunidad.
AXA—(18v) azuela. Alc.: *aixa*.

B

BACARUM, BACCE—(103v) baya, grano. Latinismo.
BALADRE—(34r) adelfa, *Nerium oleander* L. Borao, s.v.
BALSA—(6v) estanque.
BARG—(124r) castaño (el color). Traduce *badius*.
BARRANJ—(23v) silvestre (dícese de ciertas plantas no cultivadas).
BATAFALUA—(84r) matalahuva, anís, *Pimpinella anisum* L.
BEÇAS—(13v) veza, vicia, algarroba, arveja, *Vicia* sp.
BECHE—(77r) (?) La expresión "a le beche" parece ser catalanismo por 'hacia el oeste,' sinónimo de "enta ponjente" de 77r. En el ms. val. se lee "a labeig" (39v).
BERMELLES—(203r) sartas de pelo grueso?
BISÇI—(186v) malva, *Althaea officinalis* L. Latinismo por *ibisci* (11.14.11),
BLATS—(107v) trigo. Alc.: s.v.
BOCOGUES—(116v) agallas.
BOLET—(174r) un hongo comestible, *Boletus edulis* L. Alc.: s.v.

BOQUERA—(38v) agujero en la colmena que sirve como entrada para las abejas.
BORDAL—(197v) hijo, retoño, renuevo.
BORI—(91v) buril. Alc.: s.v.
BORRA—(12v) la trama, el florecimiento de las yemas. Alc.: s.v.
BORRO, BORRON—(12r, 69v) yema.
BORT—(178r) borde.
BOSCATGE—(13r) boscaje, espesura. Alc.: s.v.
BOSCAYNAS—(79v) (véase *violas boscaynas*).
BOUA—(32r) enea, espadaña. Alc.: *bova*.
BRAÇADES—(72r) ramas? Es posiblemente erratum por *brocada, brocades* (véase).
BRAGO—(196r) lodo.
BRANCA—(193r) rama. Alc.: s.v.
BRASICA—(147r) col. Latinismo.
BRAONES—(125v) parte de la pierna de cuadrúpedes. Cf. Alc. *braó*: "La part de cama dels quadrúpedes que va des del turmell fins a un quart de cuixa."
BRESCA—(151r) panal de miel. Borao, s.v.
BRESCADO—(17r) lleno de agujeros, ojoso, poroso. Alc.: *brescat*.
BRETONICA—(24v) betónica, *Stachys officinalis* L.
BROCADA, BROCADES—(69v) pulgar, perchón. Alc. (s.v.): "Tros de sarment amb dos o tres ulls, que deixen a un cep en podar-lo, perque creixi i doni fruit en l'any venidor."
BROYDA—(116v) abrótano, *Artemisia abrotanum* L. Alc.: s.v.
BRUFOL—(32v) búfalo. Alc.: *brúfol*.
BRUMADERA—(87r) espumadera. Alc.: *bromadora*.
BUFAR—(12r) soplar. Alc.: s.v. Cf. Coll y Altabás (en Borao) s.v. *bufar* "soplar."
BUGADA—(55r) colada. Alc.: *bugada*.
BUJOL—(36v) (?) No aparece en el ms. val., 19r.
BUNIRONS—(163v) avispa? Catalanismo.
BUÑYGA—(55r) boñiga.
BURJAÇOT—(116r) variedad de higo. Se deriva del topónimo catalán *Burjassot* (véase en Alc., s.v.). Cf. Escolano (1610): "Higos ordinarios. . . y los famosos llamados de Burjaçote, por vn lugar deste nombre que está en la huerta de Valencia, de donde tuuieron principio, segun algunos" (4.3.8).
BURUJO—(190r) orujo.

C

CABIRON—(18r) vigueta, cabrio. Alc.: *cabiró*.
CABOTA—(79v) bulbo.
CADIS—(185v) medida. Latinismo.
ÇAFAREJO—(4v) alberca, estanque. Alc.: *safareig*.
CALÇIGAR—(49r) pisar.
CALER—(16r) ser importante. Borao: *cal*, *calen*. Alc.: *caldre*.
CALIGO—(31v) tempestad. Alc.: *caligua* y *calitja*.
CAMAMILLA, CAMAMIRLA—(145r) manzanilla, *Matricaria chamomilla*L. Alc.: *camamilla*.
CANICULARIS—(183r) beleño, *Hyoscyamus* sp.? Tal vez forme parte del término que le precede, lo cual sería *dens caballjno canjcularis*.
CAMPAS—(35r) oruga. Latinismo.
CAÑYA—(55v) tronco.
CAÑYA BORDA—(8r) carrizo, cañete. Alc.: *canya*.
CAÑYA FIERLA—(105v) cañaheja.
CAÑYÇOS—(4v) zarzas. Alc.: *canyís*.
CAÑYOCLA—(23r) (?) Cf. Alc.: *canyoca* "herba parasita molt perjudicial a la vinya."
CAÑYUELA—(138r) planta gramínea, *Festuca phoenicoides* L. Alc. *canyola*.
CAPARRAS—(104v) alcaparas, *Capparis spinosa* L. Alc.: s.v.
CAPÇA—(106v) cápsula que contiene las semillas del fruto.
CAPIROTE—(42v) capucha.
CAPOLADA—(19v) triturada, picada. Alc.: *capolar*. Cf. Borao *capolar* "picar la carne."
CAPSIA—(38r) canela de China, *Cinnamomum Cassia* Blum. Mala lectura del latín *thapsia* 'tapsia, *Thapsia villosa* L.' Para una discusión interesantísima de la frecuente y peligrosa confusión de *capsia* y *tapsia*, ejemplo del cual se manifiesta aquí, véase la "Annotation" de Laguna a su Prefacio (3).
CARDO BENEDICTO—(170r) cardo santo, *Cnicus benedictus* L.
CARDO TERRESTRE BENEDICTA—(170r) cardo santo. La "benedicta" parece ser erratum del copista.
CARDOÇELLO—(170r) cardo santo. Véase *cardo benedicto*.
CARDO SALUAJE—(141r) tal vez el cardo lechero.
CARPJ—(204v) *Carpinus* sp. Probable latinismo por *carpinus*(12.15.3).
CASCALLES—(59v) adormideras. Alc.: s.v.
CASIA LIGNEA—(160v) la madera de la canela.
CASILLAGO—(183r) beleño, *Hyoscyamus* sp. Latinismo.

CAYRES—(65r) cantos. Alc.: *caire*.
ÇEBOLLA LUENGA—(117v) var. de cebolla.
ÇEFALONES—(133r) palmera. Latinismo por *cefalonem* (5.4.5).
ÇELIANDRE—(21v) cilantro, *Coriandrum sativum* L. Alc.: s.v.
ÇENS—(11v) impuesto, censo. Alc.: *cens*.
ÇERCAR—(163v) buscar, verificar, probar.
ÇERCOL—(109r) círculo, aro, collar.
ÇERFULL—(36v) cerefolium? No aparece en el ms. val., a menos que sea *chincholes* de 19r.
ÇERUA—(51v) serba.
ÇERUER, ÇERUERA—(51v) serbal, *Sorbus domesticus* L. Alc.: *servera*.
ÇERUELO—(194r) ciruelo.
ÇERUTO—(151v) cera aleda. Alc.: *cerut*.
ÇESUS—(48r) toba. Mala lectura del latin *tofus*.
CEUADA CAMUN—(168v) var. de cebada. Latinismo (con mala lectura) de *hordeo canterino*.
CEUADA CANTERINO—(176r) var. de cebada. Latinismo por *hordeo canterino*.
CEUADA CAUTERINUM, CAUTERINJ—(170v, 171r) (véase *ceuada canterino*).
ÇIAT, ÇIATUM (185v, 186r) medida de líquidos. Latinismo (con mala lectura) de *quiato*. Véase *ozizes*.
ÇIERUAS—(51r) serbas.
ÇIRUELO BORDAL—(138r) ciruelo silvestre.
ÇIRUELO DE ROA—(93V) variedad de ciruelo. Cf. *cerezas roales*en Juan de Aviñón, *Sevillana medicina* (1545): "Cerezas son frias y humidas en primer grado y ay dellas tres maneras: prietas y bermejas y roales. E las roales son como natura de ciruelas, saluo que se conuierten en malos humores si los fallaren enel estomago" (29r).
ÇIRUELO NEGRAL—(114v) variedad de ciruelo.
ÇISTELLA—(189v) canasta.
CITRIAGO—(135r) *Melissa officinalis* L. (véase André, s.v. *citrago*, *apiastrum*).
CLAROS—(41v) separados, ralos, con intervalos.
CLAUERA—(46r) clavera, hoyo hecho para plantar árboles.
CLAUJJA—(195v) clavija.
CLOCAS—(43v) cluecas, gallinas cluecas (gallinas que quieren empollar).
CLOSCA—(43v, 210r) concha, caparazón. Alc.: s.v. También, en (197v), 'piña.'

CLOTES—(20r) hoyos. Alc.: *clot*. Cf. Coll y Altabás (en Borao) s.v. *clota*: "Hoya destinada a plantar algún árbol o arbusto."
CLOUELLA—(145v) corteza, cáscara. Alc.: *clovella*.
ÇOCA—(150v) zoca, tronco de árbol? Cf. Alc.: *soca*.
ÇO ES—(1v) esto es.
COCORELLES—(116r) variedad de higo. Tal vez deriva del topónimo catalán *Cocorella* (véase Alc. s.v.).
COCHURA—(194r) condición de picante, agudeza.
CODOLES—(17r) guijarros. Alc.: *codol*.
CODOÑYER—(133v) membrillero, *Cydonia vulgaris* Pers. Alc.: s.v.
COFFENES—(174r) criadilla de tierra (un hongo comestible)?
ÇOFRE DE RROCHA—azufre. Alc.: *çofre*.
COGULLAR—(194r) brotar.
COHEMTA—(206r) medida. Latinismo (con mala lectura) de *choenica*.
COLCAÇ, COLCAT, COLCAZ—(89v, 104v, 129v) plátano, *Platanus orientalis*? Parece haber confusión entre el plátano y el alcozcaz, *Colocasia antiquorum* Schott, el cual no podría recibir injerto, pero parece corresponder a la descripción de 3.24.14. Cf. Laguna II.97.
COLETA—(147r) semilla de col.
COLOCASIA—(129v) (véase *colcaç*). Latinismo.
COLOM—(177r) paloma. Alc.: s.v.
COLOMER—(23r) palomar. Alc.: s.v.
COLTAÇ, COLTALÇ—(84r, 59v) (véase *colcaç*).
COLUPNA—(145v) columna.
COMJNO BARRANI—(23v) tal vez el comino rústico, *Laserpitium* sp.
COMO—cuando.
COMPOSTA—(210r) compota.
CONGA—(172v) medida de líquidos. Latinismo por *congius*.
CONRREAR—(3v) labrar, cultivar.
COPOLL—(107v) pezón. Alc.: s.v.
CORCADA—(13r) carcomida. Alc.: *corcar*.
CORCON—(89r) gusano, gorgojo, carcoma. Alc.: *corcó*.
COSCOHIDES—(62r) guardadas, cuidadas. Alc.: *coscahir*.
COSCOLLES—(158r) coscollos, *Molopospermum cicutarium* DC. Alc.: s.v. *coscoll*.
COSTURA—(55r) linea de separación entre los dos hemisferios de la nuez.
COT—(33v) afiladera. Alc.: 2. *cot*.
COTIMO, COTIMUM—(129v, 132r) albahaca, *Ocimum basilicum* L. Latinismo con mala lectura de *ocimum*. Véase *ozimum*.

COTOMAGINAM—(186r) heces del azafrán exprimido. Latinismo (con mala lectura) por *crocomagma*.
COXGAS—(89v) cojas (del verbo *coger*).
CRANCH—(117v) cangrejo. Alc.: *cranc*.
CREMAR—(135v) quemar.
CRESCAR—(150r) reconocer las colmenas?
CRIDO—(26v) grito. Alc.: *cridar*.
CUCA, CUCHS,—(33r, 35r) insecto, bicho (en general)? larva?
CUGULLONS—(194r) brotes, tallos.
CULEX—(105r) (?) Latinismo. Dice *OLD* y André (s.v. *culix*) que es una planta no identificable.
CUNELLA—(99v) planta del género *Satureia* o otra semejante. *OLD* s.v. *cunila*. Latinismo.
CUÑYO—(53v) cuña.

D

DALLES—(41v) guadañas. Alc.: *dalla*.
DEAYA—(67r) se den. De un verbo *deauer* 'darse, ocurrir, nacer espontáneamente' (dícese de plantas).
DELIQUOSO—(124r) sosegado. Cf. Alc. *deliquiosa* "que perd força gradualment, que defalleix; cast. *deliquioso*." También es posible que sea erratum por *deleytoso*; el ms. val tiene *delitos*.
DE MJENTRA—mientras.
DESCALÇAR—(53v) descubrir, quitarle al árbol la tierra sobre las raíces. Alc.: s.v.
DESCORCHAR—(55v) descortezar, quitar la corteza al árbol.
DE SOBJNAS—(35v) de arriba abajo.
DESTRERS—(ms. val. 34r) medida de terreno.
DESUCAR—(176r) desjugar. Alc.: *dessucar*.
DEOUJESE—(67r) (véase *deaya*).
DIFRICUM CARENUM—(189r) Latinismo y mala lectura de "Nunc defritum, caroenum, sapam conficies."
DOLADAS—(92r) tajadas. Alc.: *dolar*.
DONZEL—(38r) ajenjo, *Artemisia absynthium* L. Alc.: s.v. Borao: *doncel*.
DORCURIES, DORTURIES—(116rv) variedad de higo.
DROCH—(37v) (?)
DULLASTRE—(21v) de ullastre. Véase *vllastre*.

E

ELEBOR—(38r) eléboro, *Helleborus* sp.
ELEGUDA—(192r) elegido. Alc.: s.v.
ELEOSILENON—(131v) variedad de apio. Latinismo por *eleoselinon*.
ELIZQUADA—(23r) enjalbegada. Cf. Alc. *enlliscar* "lluir una paret, donar-li una passada de guix."
ELLEBOR NEGRO—(34r) eléboro negro, *Helleborus niger* L.
ELONCA—(187r) véase *mjrra*.
EMPARAR—(12v) emprender. Alc.: s.v.
EMPELT—(73r) injerto. Alc.: s.v.
EMPELTAR—(65v) injertar. Alc.: s.v.
ENASTADOS—(32v) ensartados.
ENBIGADO—(15v) envigado, reforzado con vigas. Alc.: *embigar*.
ENCOMADO, ENCOMBADO—(22v, 41v) estorbado, empachado. Alc.: *emcombrar*.
ENCONTINENTE—(72r) en seguida. Alc.: *encontinent*.
ENELA—(59v) hierba del ala, *Inula helenium* L. Cf. Alc. *enula*.
ENFIESTAN—(122v) se enfiestan, se levantan.
ENGASTONADO—(167r) encajado, embutido.
ENGORAR—(25v) encobar.
ENGREXAR—(29v) hacerse fértil, abonar. Alc.: *engreixar*.
ENGRIUNAR, ENGRUNAR—(190r) desmenuzar. Alc.: *engrunar*.
ENPELTAR—(2r) injertar.
ENPLENADO—(19v) llenado. Alc.: *emplenar*.
ENROÇAR—(134r) rociar. Alc.: *enrosar*.
ENTA—(15r) hacia.
ENTRE DOS TIERRAS—(102v) relativo a aquella parte de la cepa que se encuentra dentro del hoyo cavado a su redor. Las "dos tierras" serían los dos niveles, el de la superficie y el del fondo del hoyo. Cf. Alc. "cavar entre dos terres" (con significado diferente) s.v. *entre*.
ENTREELEGIR—(89v) escoger para quitar. Latinismo motivado por "interlegenda sunt" de la fuente.
ENTRESPOLADO—(21r) revestido (el suelo) de tablas, ladrillos, etc., para que el piso esté firme. Alc.: s.v. *entrispolar*.
ENUJRONAR—(20v) rodear. Alc.: *environar*.
ENULA CAMPANA—(84r) hierba del ala. Véase *enela*.
ENXERIR—(10v) injertar.
ENXERTADURA—(131r) injerto.
ENXETAR—(141v) remojar? Cf. *enxieren* en Ibn Wafid, 36: "E sy enxieren las fojas de las oliuas en orina de vaca e las dexaren esfriar . . . "

ERA—(112r) tabla en una huerta destinada a un solo vegetal. Véase Capuano 1986 para documentación medieval de este término.
ERGULL—(103r) lozanía, ufanía, crecimiento vigoroso. Alc.: *orgull*.
ERGULLESÇER—(157v) ponerse gallardos, lozanos (dícese de plantas).
ERP—(23v) yervo, yero, *Ervum ervilia* L. Alc.: *erb*.
ERUGA—(32r) oruga, gusano. Alc.: s.v.
ESCALFAR—(25r) calentar, calentarse, enardecerse; Alc.: s.v.
ESCALOÑYA—(117v) variedad de cebolla. Palau y Verdera (1788) registra un *escaluña* como '*Allium Ascalonia*' (56).
ESCAMPAR—(41v) desparramar, esparcir. Alc.: s.v.
ESCAPHIZAGRIA—(24v) estafisagria, *Delphinium staphisagria* L. Latinismo (con mala lectura) de "staphis . . . agria."
ESCAQUES—(156v) variedad de nabo "luengo liso y negro."
ESCARAMOJO—(79r) escaramujo, fruto del rosal silvestre, *Rosa canina* L.
ESCLAFAR—(57v) golpear, aplastar. Alc.: s.v.
ESCOBRIR—(42v) descubrir, cavar en torno a un árbol.
ESCOMBRAR—(4v) limpiar. Alc.: s.v.
ESCOMOUJDO—(124r) agitado. Alc.: *escomoure*.
ESCORÇA—(53v) corteza. Alc.: s.v.
ESCORRIDOR—(199v) desaguadero. Alc.: *escorredor*.
ESCRUPOL—(57v) escrúpulo (unidad de peso). Alc.: s.v.
ESCUDET—(72v) escudete, pedazo de corteza en forma de escudo que se injerta en otro árbol o rama. Alc.: s.v.
ESCUMOSO—(124v) espumoso. Alc.: s.v.
ESCUPRO—(89r) escoplo.
ESDEUJENE, ESDEUENDRA—(165v, 167r) del verbo *esdevenir* (en) 'hallar sin solicitud, topar' o (sin prep.) 'surgir, aparecer, hallarse.'
ESMOLADERA—(33v) afiladera. Alc.: *esmoladora*.
ESMOUER, ESMOYR—(166r) moverse, soltarse. Cf. Alc. *esmoure* 'commoure.'
ESPAMPANAR—(161r) despampanar.
ESPARTEÑYA—(196r) alpargata. Alc.: *espardenya*.
ESPICH, ESPICH INDICH—(186r, 187r) espicanardo, *Nardostachys jatamansi* DC.
ESPINACA—(32v) (véase la nota 34).
ESPINO BLANCO—(133v) *Crataegus* sp.
ESPIRAL—(166r) ventanillo.
ESPLEYTO—(192r) cosecha; (en pl.) frutos, labores, productos. Alc.: *esplet*.

ESPLUGA—(167r) cueva. Alc.: s.v.
ESPROUAMIENTO—(4v) prueba, examen, juicio.
ESPURGAR—(197r) podar, limpiar.
ESQUENA—(25v) lomo, espalda. Alc.: s.v.
ESQUERDA—(91v) esquirla, rancajo. Alc.: s.v.
ESQUEX—(107r) esqueje, cogollo, acodo. Alc.: *esqueix*.
ESQUILAR—(145r) trasquilar. Erratum por *tresquilar*?
ESQUJLA—(32r) cebolla marina, *Urginea maritima* L. Cf. Alc. *esquila* "ceba."
ESQUJLMADOS—(48r) empobrecidos, menoscabados por haber producido muchas cosechas (dícese de los campos).
ESQUJNENCIA—(56v) enfermedad de la garganta, esquinancia.
ESTADIZA, ESTANTIZA—(102v, 108v) vieja, que se ha guardado por mucho tiempo.
ESTAÑYO—(8v) charco, estanque. Alc.: *estany*.
ESTATGE—(4v) estancia. Alc.: s.v.
ESTESA—(123v) extendida. Alc.: *estesa*.
ESTIACO, ESTIAR—(184r) medida de peso. Latinismo, con mala lectura de *quiatos*. Véase *ozizes*.
ESTORAS, ESTORES—(18r) esteras. Alc.: s.v.
ESTRENGA—(102r) estreche, apriete (del verbo *estrenyer*). Alc.: *estrenyer*.
ESTREÑYER—(118r) (véase *estrenga*).
ESTROPEÇAR—(15v) tropezar.
ESUADEN—(109r) se agrietan?
EXADREA—(36v) ajedrea, *Satureia hortensis* L.
EXALOCHS—(81v) viento del sureste. Alc.: *eixaloc*.
EXAMENAR—(142r) enjambrar. Alc.: *eixamenar*.
EXAROP—(196v) jarabe. Alc.: *eixarop*.
EXCOBRIR, EXOBRIR—(177r, 42v) descubrir, cavar en torno a un árbol.
EXORCA, EXORCH—(11v) estéril. Alc.: s.v.
EXORDAR—(12v) ensordecer, aturdir. Úsase en sentido figurativo, pues la azada perjudica—"ensordece"—a los botones incipientes; el latin trae el verbo *caeco*. Alc.: *eixordar*.
EXORQUA—(11v) véase *exorca*.
EXORQUEZA—(11r) esterilidad. Alc.: *eixorquia*, *xorquesa*.
EXPLEYTAR—(2r) labrar, explotar, producir. Alc.: s.v.

F

FABBARIA—(131v) fabaria, *Sedum telephium* L. Alc.: *fabaria*.

FALGUERA—(15v) helecho. Alc.: s.v.
FARG—(15v) haya. Tal vez sea latinismo, con mala lectura y confusión de la fuente "aut fago aut farno," y tal vez por influencia del Cat. *farga* "nom que s'aplica a una varietat d'olivera que es fa molt grossa . . . " (Alc. s.v.). El ms. valenciano, sin embargo, aun en otro lugar traduce el latín *fagus* '*Fagus silvatica* L., haya' con *farg* (por ejemplo, fol. 91v, 12.15.2).
FARGALADAS—(69r) heces. Alc.: s.v.
FARGALOSO—(12r) que contiene mucha amurca, mucho alpechín. Alc.: *fargalada* "solatge o baixos de l'oli o del vi."
FARRO—(26r) latinismo por *far* 'variedad de trigo.'
FASELUM—(176r) latinismo. Véase *fresoles*.
FAUONIUM—(49r) viento del poniente (latinismo).
FAXO—(117v) haz.
FAYA—(200r) haya, *Fagus* sp.
FELIX—(42r) helecho. Latinismo.
FEMELLAS—(140r) hembras.
FEMTA—(23r) estiércol. Alc.: s.v.
FENJGRECH—(28r) alholvas, *Trigonella foenum graecum* L. Alc.: *fenigrec*.
FENOJO—(59v) hinojo, *Foeniculum officinale* L.
FEREDAD—(121r) condición de ser fiero. Cf. Alc. *feredat* 'horror, miedo.'
FERLA—(38r) caña. Alc.: s.v.
FERRATGE—(171r) forraje.
FERRIJA—(41r) orín, herrumbre.
FESOLES—(176r) (véase *fresoles*).
FESTUCHS—(54v) fruto del alfónsigo, *Pistacia vera* L. Alc.: *festuc*.
FESTUGUER—(94r) alfónsigo, *Pistacia vera* L. Véase *festuchs*.
FET—(174v) fazed, haced.
FEXUGO—(121v) pesado. Alc.: *feixuc*, *-uga*.
FIBBLAR—(150v) picar. Alc.: *fiblar*.
FIENTA—(27v) (véase *femta*).
FIERLA—(105v) (véase *cañya fierla*).
FILIX—(138r) (véase *felix*).
FILO—(195v) hilo.
FINOJO—(8r) (véase *fenojo*).
FLASCONS—(188r) botellas.
FLOREJADO—(145r) (véase *vino florejado*).
FOLLADOR—(21r) lagar, pisadera. Alc.: 3. *follador*.
FONDAL—(12r) hondo. Alc.: s.v.

FONDES—(113r) Mala lectura del latin "in fundis meis" 4.10.16.
FONDRA—(19v) deshará (del verbo *fondre* 'deshacer'). Alc.: *fondre*.
FONGIA—(106r) el conjunto de las raíces del espárrago. Latinismo.
FORANA—(200v) de fuera. Alc.: s.v.
FORCAT—(146v) horcajado. Alc.: s.v.
FORMENT—(176r) trigo. Alc.: s.v.
FORNAZ—(22r) hornaza.
FORTIGAS—(28r) hortigas, *Urtica* sp.
FRAPISA—(186r) (?) Latinismo por *afra pisa*.
FRESA—(46r) triturada, machucada. Latinismo por *fresa*.
FRESOLES—(172v) judías, habichuelas, *Phaseolus vulgaris* L. Cf. Alc. *fesola*. Gaspar Escolano también trae *fresoles* (4.3.12).
FREXNO—(204r) fresno, *Fraxinus* sp.
FRIGOLA—(36v) tomillo, *Thymus vulgare* L. El ms. val. trae también *frigola*.
FRONTERA—(38v) agujero en la colmena que sirve como entrada para las abejas.
FRUGEN GRUMEN—(185v) Latinismo, con mala lectura de "pini frugiferi gummen."
FUERT(E)—(adv.) muy.
FULLADOS—(138v) llenos de hojas. Alc.: *fullar*.
FULLAS—(50v) hojas. Alc.: *full*.
FUMOSO—(116r) humoso. Alc.: *fumós*.
FUSTERO—(9v) carpintero.

G

GALA—(128r) agalla. Alc.: s.v. Borao: s.v.
GALBANUM—(203r) gálbano. Latinismo.
GALISCO—(180v, 194r) (véase *rrauano galisco*).
GALTAS—(126r) mejillas. Alc.: *galta*.
GAMOL—(36v) (?) El ms. val. (19r) también trae *gamol*.
GARRIGAS—(42v) coscoja, *Quercus coccifera* L. Alc.: *garric*.
GARROFAS, GARROFERAS—(92r, 59v) algarrobos, *Ceratonia siliqua*L. Alc.: *garrofer*.
GENE—(35r) hiena.
GENESTAS—(59r) (véase *ginestas*).
GENJTIUOS—(125v) testículos. Alc.: *genitiu*.
GIDDJ, GINCH—(173v) arañuela menor, *Nigella sativa* L. (André, s.v. *git*, *gitti*). Latinismos.
GILBO—(124r) amarillo. Latinismo. Véase *scuculato*.
GINCH—(173v) (véase *giddj*).

GINESTAS, GENESTAS, GINJESTAS—(23r) hiniesta, retama, *Spartium junceum* L. Alc.: s.v.
GINGOLEROS—(36v) azufaifos, *Zizyphus vulgaris* L. Alc.: *ginjoler*.
GINGOLES—(133r) fruta del *gingolero* (q. v.). Borao: *ginjol*.
GINGOLI(S)—(171r, 176r) sésamo, *Sesamum indicum* L.
GINJTIUOS—(140r) (véase *genjtiuos*).
GLANS—(191v) bellotas. Borao s.v. *glanes*: "bellotas de una clase inferior, que se destinan solamente, a los animales . . . "
GLATICH—(44v) una especie de cebada. Latinismo (con mala lectura) de *hordeum Galaticum*.
GLERIÇIDIE—(185r) (véase *alhadida*). Latinismo (con mala lectura) de *glycyridiae*.
GRAFIO—(89r) punzón. Alc.: *grafi*.
GRAME, GRAMEN—(8r, 28r) grama, *Cynodon dactylon* L. Cf. López Puyoles y Valenzuela la Rosa (en Borao) s.v. *agramen*: Hierba cuyas raíces se prolongan extraordinariamente formando nudos, y de cada uno nace una nueva planta, siendo por esto muy temida de los labradores, pues dada su manera de reproducirse, la extirpación es muy difícil, y llega a formar una red que mata todas las plantas de cultivo.
GRAS—(76r) fértil.
GRASSEZA—(8r) fertilidad.
GRASSO—(81r) fértil.
GREX—(34r) grasa. Alc.: *greix*.
GRILLARA—(106r) entallecerá (del verbo *grillar*). *DRAE* s.v. *grillarse*.
GRIMJONS—(84v) granitos. Dice Sayol que la carne de la manzana o pera tiene *grimions* cuando al comérselas se sienten en la boca unos granitos duros.
GROCH—(183v) azafrán. Mala lectura de "quod *croceo* colore blanditur, digestioni accommodum."
GRUX—(33r) (?)
GUAREYT—(43v) terreno preparado para recibir la semilla, barbecho. Alc.: *guaret*.
GUAREYTADA—(79v) barbechada. Alc.: *guaretar*.
GUJANO—(117r) gusano.

H

HARPEÑYAR—(38v) (?)
HAZA—(34r) hacia.
HEURA, HEURE—(36v, 32v) yedra, *Hedera helix* L.
HUESCA—(149v) (?)

HUMECCADA—(176r) humedecida, humectada.
HUMERENCA—(179r) mojada, húmida.

J

JAÇINTUM—(36v) jacinto, *Hyacinthus orientalis* L. Latinismo.
JAMPINARIJ—(64r) pámpano. Latinismo (con mala lectura) de *pampinarius*.
JNÇIBA, JNDIBIA—(132r, 104v) endibia, *Cichorium* sp.
JNFLAR—(74r) hinchar. Alc.: *inflar*.
JORNAL DE BUEYES—(101v) extensión de tierra variable, pero no mayor que la que puede labrarse con un par de bueyes en un día.
JUNÇA—(205v) juncia. Catalanismo; el ms. val. también trae *junça* (92r).
JUSCATEA—(119v) alfónsigo, *Pistacia vera* L. Mala lectura de *pistacia*.
JUSQUIAMO—(33r, 183r) beleño, *Hyoscyamus* sp. Alc.: *jusquiam*.
JUYUERT—(207v) perejil, *Petroselinum sativum* L. Alc.: *julivert*.

L

LABRAÇION—(2r) agricultura.
LABRANÇA—(10r) aradura.
LAGARTEZNA—(37v) lagarto pequeño.
LAMBROX—(42r) pujavante. Alc.: *llambroix*.
LAMBRUSCAS—(8v, 154v) uva silvestre.
LANTISCLO, LANTISCO—(117r, 43r) lentisco, *Pistacia lentiscus* L. Alc.: *lentisc*.
LAPAZA—(158r) lampazo, *Lappa* sp.
LAREYX—(204r) alerce, *Larix* sp.
LAUOR—(45v) semilla.
LA VEGADA—entonces.
LAXIS—(164v) sauce. Mala lectura de *salix* 'sauce'. Como no tiene Sayol dificultad en traducir *salix* en los otros lugares numerosos en que lo encuentra, la mala lectura *laxis* con la admisión de ignorancia de Sayol indica claramente que su texto latino era defectuoso en este lugar.
LECHERA—(38r) lechetrezna, *Euphorbia* sp. Alc.: *lletera*.
LENTISCLO, LENTISCO—(119v, 37v) (véase *lantisclo*).
LETRERA—(127v) véase *lechera*. Cf. Coll y Altabás (en Borao) s.v. *letrera* "hierba lechera."
LETRERA MAYIOR—(109v) *Euphorbia* sp.?
LIBERNICH—(191v) de Liburnia. Latinismo por *Liburnico*.

LIBRELL—(188v) lebrillo. Alc.: *llibrell*.
LIMACOSA, LIMAGOSA, LIMOSO—(164r, 166v, 170v) que contiene limo, lodoso.
LIPON SILENON—(131v) var. de apio. Latinismo con mala lectura de *upposilenon*.
LIXIA—(197v) lejía.
LLAMP—(69v) relámpago. Alc.: s.v.
LLEUARAS—(17v) sacarás (del verbo *lleuar*). Catalanismo; el ms. val. en el mismo lugar también tiene *lleuaras* (8v).
LLIEUDO—(190v) leudado.
LLOR—(194r) laurel. Alc.: s.v.
LOCULARIS—(91r) resina que se guarda en cajitas. Latinismo por *resina locularis*.
LOGAR—(11r) alquilar. Alc.: *llogar*.
LOR—(179r) (véase *llor*).
LUPPINES AMARGOS—(24v) variedad de altramuces amargos, *Lupinus* sp.
LUPPINS—(25r) altramuces, *Lupinus* sp.

M

MACULOSO—(158r) manchado. Alc.: *maculós*.
MAESTRE—(49r) viento maestral, "[e]l que viene de la parte intermedia entre el poniente y tramontana, según la división de la rosa náutica que se usa en el Mediterráneo" (*DRAE*). Pero Mexía, en el capítulo "De la historia de los vientos" de su *Silva de varia lección* (1540) da la siguiente explicación: "Y por el lugar que el Sol se pone en el verano por Junio, marcaron otro viento que cae entre el Poniente y el Norte, al cual los Latinos pusieron por nombre *Aurus* o *Caurus*, y los griegos *Argestes*, que significa *rayo*, porque su fuerza de este viento que es muy grande. Algunos lo llamaron *Apixl*, por venir de hacia un cabo de Italia nombrado así, y otros *Olimpias*, y agora en italia *maestro*; en España, *Norueste*" (2: 395). El sentido de la fuente (*Eurus*) es 'viento del sureste,' pero, como en el mismo lugar no tradujo bien *Austro* 'viento del suroeste'—Sayol dio *ponjente* —creemos que no entendió bien *Eurus*. Es probable catalanismo; el ms. val. trae "los vents de ponent y de *maestrals*" (25v).
MALJ—(38r) *Euphorbia* sp. (André, s.v. *tithymallus*). Mala lectura del latin *titymallus*; el ms. val. trae otra mala lectura, *tiemial* (19v).
MALOS—(13v) altramuces.
MALUA AGRESTE—(186v) malva, *Malva silvestris* L.
MALUA UISCO—(186v) malvavisco, *Althaea officinalis* L.

MANAR—(5v) mandar. Alc.: s.v.
MARBRE—(16r) mármol. Alc.: s.v.
MARGALLONS—(133v) palmera. Alc.: *margalló*
MARTINENCA—(116r) variedad de higo. Alc., s.v.: "*Figa* i *figuera martinenca*: nom d'una varietat de figa i figera (Mall.). 'Un paner de figues martinenques', doc. a. 1797."
MAS—(23r) predio, cortijo. Alc.: s.v. Borao: *mas* "casa de campo en secano"; *masa* "casa de labranza con sus tierras y aperos."
MASTECH—(187r) (véase *almastech*.)
MATA—(43r) lentisco, *Pistacia lentiscus* L. Alc.: s.v.
MATAFALUA—(107v) matalahuva, anís, *Pimpinella anisum* L.
MATAR—(159r) apagar.
MAURAR—(18v) sobar. Alc.: s.v.
MEDICA—(58v) alfalfa, *Medicago sativa* L. Latinismo.
MELLILOT—(186r) mielga, *Melilotus officinalis* L. (*OLD*, s.v. *melilotos*). Latinismo.
MELLIS SUFILLJ—(152v) torongil, *Melissa officinalis* L. Latinismo.
MELOSA—(7v) pegajosa.
MEMBRELLAR, MEMBRILLAR—(52r, 56v) membrillero *Cydonia oblonga* L.
MENA—(165v) vena. Borao, s.v. *mena* "mina de fierro."
MENAR—(161v) llevar, conducir. Alc.: s.v.
MENOS DE—(7v) sin.
MESTUERÇO—(36v) mastuerzo, *Lepidium sativum* L.
METER OJO—(50r) brotar, echar yemas.
MIGANÇERO—(90r) medianero.
MJGO—(133v) mijo.
MJLFUXA—(36v) milhojas, *Achillea millefolium* L. Alc.: *milfulles*.
MJLLO—(131r) mijo.
MJNGRANO—(108r) milgrano.
MJRRA ELONCA—(187r) Es probable que sea erratum por *mjrra lonca*, un tipo de mirra, pues a un tipo de pimienta se le llama "pebre llonch" en una de las opúsculas al final del ms. 10.211 (fol. 223v29).
MJTEO—(124r) purpúreo. Latinismo, con mala lectura de *murteuso* de alguna de sus variantes (*mirteus*, *myrteus*, *musteus*). Véase la nota 73.
MOLDRAS—(190r) molerás. Alc.: *moldre*.
MOLET—(186v) Tal vez sea mala lectura de algún glosario por *malva*.
MOLL, MOLLA—(166v) blando, blanda.
MOLSA—(76r) musgo. Alc.: s.v.
MORADAL—(21r) muradal.

MORADUX—(36v) mejorana, almoraduj, *Origanum majorana* L. Alc.: *moraduix*
MORCOSO—(12r) que contiene mucha amurca, mucho alpechín. Cf. Alc. *morca*. Cf. Borao *morcas* "heces de aceite."
MORGONADA—(80v) acción y efecto de hacer mugrones. Alc.: *murgonar*.
MORGONS—(72r) mugrones. Borao: *morgón*. Alc.: *murgó*.
MOSCALLONES—(32r) tábanos. Alc.: *moscalló*.
MOSCATOLS—(190v) moscatel, variedad de uva.
MUELLE—(125r) blando.
MUIG—(79v) moyo. Alc.: s.v.
MUJADA—(64v) medida de terreno.
MULSA—(53r) agua mezclada con miel.
MURTERA—(210r) mirto, arrayán, *Myrtus communis* L.
MUSCH—(178r) musgo.
MUXO—(94r) hocico. El ms. valenciano trae *morro*.
MYXA—(93v) albérchigo. Latinismo.

N

NAFRADA—(197r) herida, llagada. Alc.: *nafrar*.
NARDJNO—(104r) nardo, espicanardo.
NEPTA—(42r) hierba gatera, *Nepeta cataria* L. Alc.: s.v.
NESPULERA—(15v) níspero, *Mespilus germanica* L.
NETEAR—(101r) limpiar. Alc.: *netejar*.
NISPOLER, NISPOLERA, NISPOLERO—(15v, 56v, 113v) níspero.
NJEBLA—(31v) tempestad.
NJELLA—(173v) (?) Se da aquí como sinónimo de *comino de Etiopía* '*Ammi majus* L.', pero parece derivar con el moderno *neguilla* del latín *nigella*, que según J. André es lo mismo que *git* '*Nigella sativa* L.' (véase *giddj*). Aparece en una receta de Miguel Agustín (1625) "También huirán [las serpientes] tomando pelitre, niella, galbano, cuerno de ciervo, hysopo . . . " (160).
NJETRO—(188r) una medida de líquidos. Latinismo, con mala lectura de *metreta*. El ms. val trae *metro* (92v).
NJTRE—(192v) nitro. Alc.: *nitre*.
NO CONTRASTANT—aunque, no obstante.
NOMBRE—(24v) número. Alc.: s.v.
NUUOL—(163v) nube. Alc.: *núvol*.
NUXA—(59v) véase nota 36.

O

ODRE—(19r) paleta. Latinismo por *rutrum*, o, más probablemente, su variante *utrum* 'paleta.'
OCAMUM—(156r) albahaca, *Ocimum basilicum* L. Latinismo, con mala lectura de *ocimum*. El ms. 10.211 trae "o camum." Véase *ozimum*.
OJO—(180r) brote nuevo.
OLÇINA—(15v) variedad de roble, *Quercus cerris*. Alc.: *olzinal*.
OLIUA—(32r) lechuza, buho.
OLIUERA BORDA—(198r) acebuche, *Olea europea v. sylvestris*.
ORENGA—(33v) orégano, *Origanum vulgare* L. Alc.: s.v. 1. *orenga*.
OROBI, OROBO—(61r) yero, *Ervum ervilia* L.
ORUCA—(43r) oruga (la planta), *Eruca sativa*L.
ORUGUES—(35r) orugas, gusanos.
OZIMUM—(132r, 180v) albahaca, *Ocimum basilicum* L. Latinismo.
OZIZES—(138r) medida. Erratum? El ms. val. trae *onzes*, pero traduce la palabra latina *quiati*, que en otros lugares del ms. 10.211 se traduce con *estiaco*, *estiar*, *ataçi*, *çiat* y *qujatum*(q. v.).

P

PAGO—pavo real. Alc.: s.v.
PAGELIDES—(41r) lapas (un molusco). Alc.: *pegellida*.
PALAFANGAR—(78v) cavar con una horquilla gruesa y pesada. Alc.: s.v.
PALEDEJAR—(42r) "limpiar la boca o el paladar a los animales para que apetezcan el alimento, cuando por un accidente que padecen en ella lo han aborrecido o no pueden comer." *DRAE*, s.v. *paladear*.
PALUCHO, PALUTXO—(52r, 149r) cuña pequeña y delgada. "Enxerir con palucho" es fundamentalmente lo mismo que "injertar de coronilla" aunque en el último término se destaca la configuración de las púas en forma de corona alrededor del tronco tajado, mientras en aquél se destaca el instrumento, el *palucho*, usado para dar lugar a las mismas púas. Véase el diagrama de "injertar de coronilla" s.v. *injerto* en la *Enciclopedia universal ilustrada*(Madrid: Espasa-Calpe, 1907).
PAMPOLS—(136r) pámpanos. Alc.: *pampol*.
PANIQUEZA—(104v) comadreja. Borao: *paniquesa*. Alc.: *paniquera*.
PANSA—(87v) (uva) pasa. Alc.: s.v.
PANTAX—(84r) (?) El ms. val. trae *pantaix* (42v).
PAPALLON—(21v, 128v) polillas, mariposas. Alc.: *papallona*.
PAPAUERES—(173r) adormideras, *Papaver somniferum* L.
PAPERAS—(32v) garrapatas. Alc.: *paparra*.

PARADA—(del ms. val. 68r) empacho. Alc.: s.v.
PAREDES—(47v) tablas destinadas para plantar sarmientos.
PARGES—(18r) perchas. Alc.: *perxa*.
PAUIMJENTO—(15v) suelo pavimentado.
PECHELIDOS—(173v) (véase *pagelides*).
PEÇINOSO—(7v) que tiene pecina.
PEGUNTA—(40v) pez. Borao, s.v.; Alc., s.v.
PELLA, PELLOTA—(50rv) bolita de estiércol (el estiércol ovejuno tiene forma de bolitas).
PENCTA DACTILO—(171r) sésamo, *Sesamum indicum* L.
PENSAR—(12r) labrar, preparar; (141r) cuidar.
PERSI—(93v) (?) Traduce *tuber*, que según André y *OLD* s.v. *tuber*, *tubur* es una fruta exótica, probablemente la acerola, *Crataegus azarolus* L.
PERTAÑYE—(42v) pertenece. Alc.: s.v.
PESOLES, PESOLS—(43r) guisantes. Alc.: s.v.
PETROSSILINUM—(131v) perejil. Latinismo.
PIEDRA CALAR—(17r) piedra caliza, que contiene cal.
PIJADAS—(190r) pisadas. Alc.: *pitjar*.
PILOTA—(50v) (véase *pella*).
PIQUA—(167r) pila. Alc.: s.v. 3. *pica*.
PISCAÇEA—(181r, 187r) alfónsigo, *Pistacia vera* L. Latinismo. El ms. val. también trae una mala lectura, *piscatea* (84r).
PIXADOS—(22v) meados. Alc.: s.v.
PJNES—(94r) pinos. Alc.: *pi*.
PINO BORDE—(204v) pino silvestre. Cf. Alc. s.v. *pi*.
PLANÇON—(77v) estaca para plantar. Cf. *planzón* 'estaca del olivo' en Buesa Oliver (1955: 60). Borao: *planzón* "estaca de olivo u otro árbol."
PLANETA—(18v) paleta.
PLATANO—(59v) plátano, *Platanus orientalis* L.
PLEGAR—(50v) doblegar. Alc.: s.v. *aplegar*.
PODER—(161v) vigor, fuerza (dícese esp. de la viña). Alc.: s.v.
PODEROSA—(162r) vigorosa (dícese esp. de la viña). Alc.: s.v.
POLIOL—(99v) poleo, *Mentha pulegium* L. Alc.: s.v.
POLL—(67r) chopo, álamo negro, *Populus nigra* L. Alc.: s.v. 3. *poll*.
POLL—(151r) larva de abeja. Alc.: s.v.
POLS—(107r) polvo. Alc.: s.v.
POLZIM—(174v) pezón, ramita en que se cuelga la fruta. Alc.: s.v.
POMA, POMO—(201v) manzana; aplícase también a diversas frutas del tamaño de la manzana.

PONÇEM—(113v) cidra. Alc.: *poncem*.
PONÇEMER, PONÇEMERA—(113r, 200r) cidro. Alc.: *poncemer*.
PONÇERER, PONÇIRER—(99v, 112r) cidro, *Citrus medica* L. Alc.: s.v. *poncemer*.
PONÇIRES, PONÇIS—(113r, 112r) cidras.
PONCYL—(112r) cidra. Alc.: *poncil*.
PONT—(46v) [partícula negativa].
POPULO—(204r) chopo, álamo negro. Latinismo. Véase *poll*.
PORGADURA—(94v) alimpiadura, ahechadura (de cereales). Alc.: s.v. Borao: *porgar* "aechar."
POR QUE—para que, por lo cual.
POR TAL CA—para que.
POR TAL QUE—para que; porque.
PORRADA—(83v) plato en que entran puerros.
PRASOTORIDAS—(35r) topogrillo, *Gryllotalpa vulgaris*, siguiendo a René Martin (1: 164), que identifica las *prasocoridas*del latín como los insectos que se llaman en francés *courtilières*. Latinismo, con mala lectura de *prasocoridas*.
PREGONA—(12r) honda. Alc.: *pregon*.
PRIMA—(107v) delgada. Alc.: s.v.
PRISCAL—(147v) melocotón, alberchigo, durazno, *Prunus persica* L.
PRISCO—(36v) fruto del *priscal*. Borao: *presco* "melocotón."
PRISQUERO—(56v) *priscal* (véase). Cf. López Puyoles y Valenzuela la Rosa (en Borao) s.v. *presquero* "melocotonero —Caspe, Hijar, Alcañiz."
PRO—(210r) bastante.
PROHEMIO—(2v) prefacio.
PUAGRE—(56v) podagra. Alc.: *poagre*.
PUSCA CREDIRA—(114v) Latinismo, con mala lectura de *posca condita*.

Q

QUALLERA—(141r) que sirve para cuajar leche. Véase *yerua quallera*.
QUARTER—(133v) medida de líquidos, especialmente vinos. Alc.: s.v.
QUEBRAÇA—(15v) grieta, hendedura.
QUINASCOS—(187r) flor de romero. Latinismo, con mala lectura de *squinuanthos*.
QUINTANS—(173r) huertos. Cf. Alc. *quinta* y *quintana*.
QUJATUM—(185v) medida de peso. Latinismo. Véase *ozizes*.

R

ROA—(93v) (véase *ciruelo de roa*).
RRABAÇA—(132v) çepa, tronco. Alc.: *rabassa*.
RRAJOLA—(16r) ladrillo. Alc.: *rajola*.
RRALLAS—(105v) lineas, rayas. Alc.: *ratlla*.
RRALO, RRALA—(50r, 79r) ralo, rala.
RRASTRA—(72r) sarmiento o vástago largo.
RRAUANETE—(139r) rábano.
RRAUANO GALISCO—(180v) rábano rusticano, *Armoracia rusticana*P. Gaertner, Meyer & Scherb.
RRAYGADAS—(58r) ramas que han echado raíces.
RREBORDONESÇER—(182v) degenerar, volver una planta cultivada al estado silvestre. Alc.: *rebordonir*. Cf. López Puyoles y Valenzuela la Rosa (en Borao) s.v. *rebordenco* "Estéril. Planta improductiva."
RRENCH—(166v) canal de tejas. Alc.: s.v. *reng*.
RRENCLE—(142v) fila; *a rrencle* 'en fila.' Alc.: *rengle*.
RRENOUELAR—(96v) renovar, repetir.
RREPRIETA—(180r) aprieta (del verbo *repretar*). Alc.: *repretar*.
RRES—(21v) nada. Alc.: s.v.
RRESES—(106v) (?) El ms. val. trae *reçes*.
RRESTIELLO—(106v) rastrillo.
RRETIÑYA—(37v) resone, retrone (del verbo *retenir*). Alc.: s.v. 2. *retenir*.
RRIERA—(120v) riachuelo. Alc.: *riera*.
RRISCLA—(184v) aro, o caja de molino. Alc.: *riscla*.
RROBRE—(15v) roble, *Quercus robur* L.
RRODAR—(188v) flotar. Alc.: *rodar*.
RROMANJ—(187r) romero. Alc.: *romaní*.
RROMAUJNAT—(128r) vino o azeite de romero. Tal vez mala lectura del catalán *romaniat*, que aparece en el ms. val. 62r.
RROMEGUERA—(8r) zarza. Alc.: s.v.
RRONGALOSO—(150r) ronco. Alc.: *rogallós*.
RROÑYA—(151r) sarna, roña. Alc.: *ronya*.
RROS—(133v) rocío.
RROSADA—(102r) rocío. Alc.: *rosada*.
RROSCADAS—(29r) colada. Borao: s.v. Alc.: *ruscada*.
RROSEJAR—(146r) ruborizar.
RROUELLO, RROUJELLO—(46r, 167v) orín, herrumbre. Alc.: *rovell*.
RROYO—(127r) rubio, rojo.

S

SABLEZA—(15r) sablonosa. Alc.: *saulós*.
SABLONECH, SABLONEZCA—(163v) sablonoso. Alc.: *saulonenc*.
SACAR—(24v) encobar, empollar.
SAJORIDA—(81r) ajedrea, *Satureia hortensis* L. Alc.: *sajolida*.
SALGEMA—(82r) sal gema, "la [sal] común que se halla en las minas o procede de ellas" (*DRAE*).
SALNJTRE—(205r) álcali natural.
SALZ, SALZE—(89v, 181r) sauce.
SANÇERO—(147v) entero, perfecto, sano.
SAPI—(204v) (?) Cf. Alc. 1. *sap* 'brezo, *Calluna vulgaris*.'
SAPPA—(189r) latinismo. Véase *difricum carenum*.
SAUJNA—(105r) sabina, *Juniperus sabina* o semejante especie.
SAUJNO—(124r) (?) Mala lectura de la fuente, 4.13.3?
SCUCULATO—(124r) amarillo con manchitas. Latinismo con mala lectura de *gilbus scutulatus*.
SEDAS—(28v) cerda, pelo grueso. Alc.: s.v.
SEDJM—(170r) Traduce *sedum*, nombre usado para varias plantas suculentas según André y *OLD* s.v. *sedum*.
SEGADIZ—(83r) que puede cortarse; traducción de *(porrum) sectilis*. Cf. Alvarez de Sotomayor y Rubio (1824): "*Puerro sectivo*, se llama así por tener la hoja cortada a la larga y tambien porque se le cortan por las puntas cuando crecen, para que las cabezas crezcan y se alarguen. Así lo dice Huerta en una nota a la traduccion de Plinio, lib. 19, cap. 6, pag. 221, col. I.a de la 2.a parte" (2: 35).
SEGUEL—(176r) centeno, *Secale cereale* L. Alc.: *ségol* o *segle*.
SENALES, SENALLA—(119r, 67v) espuerta, cenacho. Alc.: s.v. *senalla*.
SENAR—(24v) impar. Alc.: s.v.
SENERIUM, SENEXIUM—(170r) André registra *senecio* como sinónimo de *sedum*, precisamente la palabra que Sayol quiere glosar. Latinismo; véase *sedjm*.
SENJGRECH—(43r) alholvas, *Trigonella Foenum-graecum* L. Alc.: *senigrec*.
SERIGOT—(141r) suero. Alc.: s.v.
SERPILIUM, SERPILLUM—(37r, 132r) parece que Ferrer Sayol creyó que *serpillum* fuera lo mismo que *poliol* 'poleo, *Mentha pulegium*L.', porque en 107v dice "serpillum que quiere dezir poliol" y en 132r "poliol que es dicho serpilium." En 99v parece hacer equivalentes *serpoll* y *polioll*, como lo hace también en 129v "serpoll o poliol." En 37r, sin embargo, la palabra latina *serpyllum* se traduce "flor de ysop que se dize

serpillum." Considerándolo todo, *serpillum* no parece significar, para este texto, el serpol (*Thymus serpyllum* L.) El latín *Thymum* se traduce con *frigola*.

SERPOLL—(99v, 129v) poleo, *Mentha pulegium* L. Véase *serpilium*.

SEU—(103v) o, o bien. Latinismo.

SICÇITAT—(115v) sequedad. Sorprendente latinismo; el original latín trae *siccitatem*, pero cf. *sequedat*, 30r, 44v, 62r.

SILFIUM—(108v) asafétida.

SILIGINEM—(11r) variedad de trigo. Latinismo.

SILUA—(137v) bosque.

SIMEBRIUM—(132r) una planta olorosa semejante al tomillo. Latinismo por *sisymbrium*. Cf. Laguna II.117, "Del Sisymbrio," que Dubler identifica como hierba buena rizada, *Mentha aquatica* L.

SIMJTICULUM—(207v) medida de líquidos. Latinismo con mala lectura de *simiciculum*.

SINUS—(del ms. val. 19r) *Viburnum tinus* L. Latinismo con mala lectura de *tinus* (de 1.37.2). Véase Rodgers 1973.

SIRICHINJSA—(185v) medida. Latinismo con mala lectura de " . . . mensuram, quam *Syri choenicam* uocant . . . " Cf. *cohemta*.

SISAMO, SISAMUM—(168v, 176r) sésamo, *Sesamum indicum* L.

SISCA—(23r) cisca, carrizo (planta gramínea).

SISTER, SISTERN—(95r) medida de áridos y líquidos. Alc.: *sester*.

SITIADO—(8v8) situado.

SITIO—(20v) asiento, soporte, sostén. Alc.: *siti*.

SOBJNAS—(35v) "de sobjnas" de espaldas. Alc.: s.v.

SOLCHS—(177r) surcos. Alc.: *solc*.

SOLS—(207r) "Condiment de les olives en aigua, sal i farigola o altra herba aromatica" Alc.: s.v. 3. *sols*.

SORBA—(119v) serba.

SORO—(124r) "rubio, rojizo" (*DRAE*).

SORTIDOR—(167r) surtidor. Alc.: s.v. 4. *sortidor*.

SOSMESO—(11v) sometido (del verbo *sosmetre*). Alc.: s.v. *sosmetre*, *sometre*. También cf. Borao, s.v. *sosmesos* "vasallos; léese en muchos documentos y es de los vocablos aragoneses reunidos por Blancas."

SOSTRE—(18r, 207v) piso; capa, lecho. Alc.: s.v.

SUCO—(13v) jugo. Alc.: *suc*.

SUENO—(128r) sonido. Alc.: *so*.

SUFILLJ—(152v) Véase *mellis sufillj*.

SUPITAMENTE—(14r) de repente, rápidamente.

SURO—(110v) alcornoque. Alc.: s.v. Borao: *zuro*

SURRACHS—(42r) serrucho. Alc.: s.v. *surrac*, *xerrac*.

SYMPHONJATA—(183r) beleño. Latinismo, con mala lectura de *symphoniacus*.

T

TACA—(147v) mancha. Alc.: s.v.
TALLO ABIERTO—(45r) "a tallo abierto" en sulcos hechos con arado.
TAMARIZ—(200r) tamarisco, *Tamarix gallica*.
TANTOST—temprano; pronto; subitamente. Alc.: s.v.
TAPAS—(129v) botón de la flor de *taperas* (q.v). Alc.: *tàpera*.
TAPERAS, TAPERES—(99v) alcaparras, *Capparis spinosa* L. Alc.: s.v. *taperera*.
TASCO—(52r) cuña delgada. Alc.: *tascó*.
TECTAR—(203v) mamar. Cf. Borao s.v. *tetar* "mamar: en Castilla significa al contrario, dar el pecho, lo mismo que atetar . . . "
TENDE—(203v) contracción de "te ende"? La frase " . . . es menester que . . . *te ende* salgas" tal vez quiera decir "es necesario que te quites de allí" i.e., del negocio o trato de cabras viejas.
TENJENTE—(7v) pegajoso.
TENLA—(18v) llana de albañil. Mala lectura del latín *trulla*.
TEREBENTINA—(37r) trementina.
TEULAS—(142v) tejas. Alc.: s.v.
TEXO—(37r) tejo (árbol), *Taxus* sp.
TIMBRA—(37r) una planta olorosa, tal vez *Coridothymus capitatus*(*OLD* s.v. *thymbra*). Latinismo.
TINJELLO—(18r) (?) Cf. Alc. *tenell* "porció curta de branca que queda a una soca després d'esporgar-la, grop de la fusta . . . "
TIÑYA—(128v) polilla. Alc.: s.v. *tinya*.
TITIMAL—(109v) lechetrezna, *Euphorbia* sp. Alc.: s.v.
TOCHO—(31v) estaca.
TONDIR—(130r, 134r) trasquilar.
TONJCA—(22r) coniza, *Inula* sp. Latinismo, con mala lectura de *conyza*. El ms. val. también trae mala lectura, *tonica* (11r).
TORATAMER—(117r) un pez. Latinismo, con mala lectura de *coracinum*.
TORIA—(63v, 69v) sarmiento. Alc.: s.v.
TORRE—(29r) quinta, villa. Alc.: s.v.
TOST—(véase *tantost*).
TOUA—(49v) blanda, muelle. Alc.: s.v. 1. *tou*.
TOUALLOLA—(151r) toalla. Alc.: s.v.
TOUO—(123v) hueco. Alc.: 1. *tou*.
TRAGINAT—(17v) techo. Alc.: *treginat*.

TRAMUZES—(114r) altramuces. Alc.: s.v. *tramús*.
TRANSMESOR—(114r) tresmesino.
TREMOLAR—(15v) temblar, tremer. Alc.: s.v.
TREMUNTANA—(10r) tramontana, norte. Alc.: s.v.
TRENCADA—(199r) quebrada, rota. Alc.: *trencar*.
TRENCADURA—(5v) rotura, quebradura. Véase *trencada*.
TRESMESOR—(14r) tresmesino.
TRESPISADA—(36r) pisada, pisoteada. Alc.: *trespitjar*.
TRESPOL—(15v) suelo, pavimento. Alc.: s.v.
TRIAGADA—(95v) infundida con virtudes de triaca.
TRIAR—(10r) escoger. Alc.: s.v.
TRIFOL, TRIFOLIUM—(36v, 28r) trébol. Alc.: *trifoli*.
TRILLES—(71r) parras.
TROZ—(18V) pedazo, trozo. Alc.: *tros*.
TRULL, TRULLO—(22r, 179r) lagar. Alc.: s.v.
TUBERA—(173v) (véase *persi*). La última "tuberas" de 173v, por otro lado, significa 'criadillas de tierra,' y se registra con esta definición en Borao s.v. *túberas*, *túferas*.
TUNJZ—(22r) Véase *yerua de tunjz*.
TURAPISA—(186r) (véase *frapisa*). Latinismo, con mala lectura, de *afra pisa*.

U

UEL—(132r) o. Latinismo.
UISCO—(186v) (véase *malua uisco*).
UJTEX—(164v) agnocasto, *Vitex agno casto* L. Latinismo.

V

VAYO—(124v) de color bayo.
VEÇAS, VEÇES—(168v, 43r) vezas, algarrobillas, *Vicia sativa* L. Alc.: *veça*.
VEDEL—(130r) ternero, bezerro. Alc.: *vedell*.
VEL—(77r) (véase *uel*).
VEDELL MARJ—(35r) foca. Alc.: s.v. *vedell*.
VERDOLADAS—(24v) verdolaga, *Portulaca oleracea* L.
VERDUGO—(119v) "renuevo o vástago del árbol" (*DRAE*).
VERGEL—(5r) huerto.
VERJUS—(12r) jugo ácido que se exprime de las uvas cogidas verdes. Cf. la palabra inglesa *vergis*, *verjuice*, en W. Payne y Sidney J. Herrtage 250-51.

VESPRADA—(156r) el anochecer. Alc.: s.v.

VIDALBA—(31v) nuez blanca, brionia, *Brionia dioica* Jacq. Latinismo. El mismo término se encuentra en Miguel Agustín (1625): "Hacese la vidalva sin sembrarla, no pide trabajo, puedese trasplantar a las estacadas . . . " (129). En este autor puede significar otra planta, sin embargo, tal vez la hierba muermera, clemátide, *Clematis vitalba*, como se muestra en Alc. s.v.

VINAÇA—orujo. Alc.: *vinassa*.

VINADERA—(70r) zarcillo?

VINCLAR—(69r) doblegar, encorvar. Alc.: s.v.

VINO FLOREJADO—(145r) vino en el cual se añaden flores de la vid silvestre.

VIOLAS BOSCAYNAS—(79v) violetas del bosque. Cf. Miguel Agustín 1625: 96: "Las violetas boscanas se plantan en la Primavera; y si fueren bien cultivadas, y regadas a menudo darán flores hasta el Otoño, e Invierno." Escolano trae *violas boscanas* (4.3.7).

VIRMULA—(205v) hierba del ala, *Inula helenium* L. Latinismo con mala lectura de *inula*. El ms. val. trae *virimula* (92r).

VLEDA—(99v) acelga.

VLLASTRE—(198r) acebuche. Alc.: *ullastre*.

VLPICH—(43r) (?) Latinismo por *ulpicum*. Martin 194: "il s'agit d'une sorte d'ail à grosse tête (peut-être la rocambole, comme le suggère J. André, *Lexique*, p. 334, faisant observer que cette variété est désignée en italien par le terme *ulpicio*)."

VMPLIR—(20v) llenar. Alc.: *umplir*, *omplir*.

VRUJO—(24r) orujo.

VSMAR—(122r) olfatear, husmear. El ms. val. trae "aiustant lurs boques *vomant* la huna a laltra . . . " (60r).

VUADES—(143r) (?)

VULPICH, VULPICUM—(209r, 194r) véase *vlpich*.

X

XARAHIZ—(5r) lagar de vino.

XERUA—(209r) serba, fruto de *Sorbus domestica* L.

XERUAL—(59v) serbal.

XIERUA—(183r) serba.

Y

YA SEA QUE—aunque.

YA SE SEA QUE—aunque.

YDROMEL—(155v) hidromiel, agua mezclada con miel.
YEMAL—(86v) invernal.
YENA—(169v) hiena.
YERUA COLRERA—(141r) cuajaleche, *Gallium* sp., una hierba que sirve para cuajar la leche. Alc. *card coler*.
YERUA DE SANTA MARIA—(183r) beleño, *Hyoscyamus* sp.
YERUA DE TUNJZ—(22r) hierba de Túnez, servato, *Peucedanum officinale* L. (Cf. *DRAE* s.v. *hierba de Túnez*).
YERUA QUALLERA—(141r) una hierba que sirve para cuajar la leche. Alc.: *card coler*.
YLEX—(del ms. valenciano, 19r) Latinismo por *ulex*, o, con más probabilidad, *ilex* (una de las variantes en este lugar del texto latino, 1.37.2). Rodgers (1973: 154-55), considera *ilex* el *Ilex aquifolium* L. y le da a *ulex* la traducción inglesa de *gorse*, lo cual sería *Ulex europaeus* L.
YPOMELIDAS, YPOMELIDES—(208v, 209v) níspolas. Véase J. André s.v. *hypomelis*.
YSOP—(37r) hisopo.
YUERNJZCAS DE ÇARAGOÇA—(116r) una variedad de higuera "inverniza"; es decir, que madura en el invierno.

Z

ZAFIRUS, ZEFFIRUS—(49r, 77r) viento suave salido del poniente. Latinismo.
ZIZIFUM—(132v) azufaifo, *Zizyphus vulgaris* L. Latinismo.

Bibliografía

Agustín, Miguel de. *Libro de los secretos de agricultura.* Zaragoza: Pascual Bueno, 1625.

Alc. = Alcover, Antoni María. *Diccionari Català-Valencià-Balear.* 10 tomos. Palma de Mallorca: Moll, 1980-83.

Alonso de Herrera, Gabriel. *Obra de agricultura.* Alcalá de Henares: Arnao Guillén de Brócar, 1513.

Alvarez de Sotomayor y Rubio, Juan María [traductor]. *Los doce libros de agricultura que escribió en latín Lucio Junio Moderato Columela.* 2 tomos. Madrid: Miguel de Burgos, 1824.

André, Jacques. *Lexique des termes de botanique en latin.* Paris: Librairie C. Klincksieck, 1956.

Anglicus, Bartholomaeus. *De rerum proprietatibus.* 1601; Frankfurt: Minerva, 1964.

Aristótiles = Barnes, Jonathan, ed. *The Complete Works of Aristotle.* 2 tomos. Princeton: Princeton Univ., 1984.

Aviñón, Juan de. *Sevillana medicina.* Sevilla: Andrés de Burgos, 1545.

Balbus, Johannes. *Catholicon.* Mainz, 1460; Gregg International Publishers Ltd., 1971.

Borao, Jerónimo. *Diccionario de voces aragonesas.* Segunda edición aumentada con las colecciones de voces usadas en la comarca de la Litera, autor don Benito Coll y Altabás, y las de uso en Aragón por don Luis V. López Puyoles y don José Valenzuela la Rosa. Zaragoza: Diputación Provincial de Zaragoza, 1908.

Buesa Oliver, Tomás. "Terminología del olivo y del aceite en el altoaragonés de Ayerbe" en *Miscelanea filológica dedicada a Mons. Griera* Vol. I. Barcelona, 1955: 57-109.

Camus, Giulio, ed. *L'opera salernitana* "Circa Instans" *ed il testo primitivo del* "Grant herbier en francoys" *secondo due codici del secolo XV conservati nella regia biblioteca estense.* Modena, 1886.

Capuano, Thomas. "*Agalla* in the Works of Gonzalo de Berceo." *Romance Quarterly* 33 (1986): 117-18.

———. "*Era* in Berceo's *Vida de Santo Domingo de Silos*, 467d." *Romance Notes* 27 (1986): 191-196.

———, ed. *The Text and Concordance of Biblioteca Nacional MS 10.211:* Libro de Palladio. Madison: Hispanic Seminary of Medieval Studies, 1987.

Catholicon = Véase Balbus, Johannes.

Cicero, Marcus Tullius. *On Old Age, and On Friendship*. Traducción inglesa de Frank O. Copley. Ann Arbor: University of Michigan Press, 1967.

Coll y Altabás = Véase Borao, Jerónimo.

DHLE = *Diccionario histórico de la lengua española*. Madrid: Real Academia Española, 1960-.

Dillon, John Talbot. *Travels Through Spain*. Segunda edición. London: R. Baldwin, 1782.

Dioscórides = Véase Dubler, César.

DRAE = *Diccionario de la lengua española*. 2 tomos. Madrid: Real Academia Española, 1984.

Dubler, César E. "Posibles fuentes árabes de la *Agricultura general* de Gabriel Alonso de Herrera." *Al-Andalus* 6 (1941): 135-156.

———, ed. *La* Materia Medica *de Dioscórides: Transmisión medieval y renacentista*. 6 tomos. Barcelona, 1953-59. Vol. 3.

Enciclopedia Universal Ilustrada. Madrid: Espasa-Calpe, 1907.

Escolano, Gaspar. *Década primera de la historia de la insigne y coronada ciudad y reyno de Valencia*. 6 tomos. 1610; Valencia: Univ. de Valencia, 1972.

Faraudo de Saint-Germain, Lluís. "Una versió catalana del *Libre de les herbes* de Macer" *Estudis Romanics* Vol. 5. Barcelona: Institut d'Estudis Catalans, 1955-56.

Ibn Bassal = Véase Millás Vallicrosa 1948.

Ibn Wafid = Véase Millás Vallicrosa 1943.

Isidoro, San. *Etymologiarum sive Originum*. Ed. W. M. Lindsay. 3 tomos. Oxford: Oxford Univ., 1911.

Laguna = Véase Dubler, César 1953-59.

Llabrés, Gabriel. "Libre de agricultura segons Paladi." *Bolleti de la Societat Arqueològica Luliana* 6 (1895-96): 151-153.

López Puyoles = Véase Borao, Jerónimo.

Macer Herbolario = Conerly, Porter et al., eds. *Text and Concordance of Seville Colombina Manuscript 7-6-27* Macer Herbolario. Madison: Hispanic Seminary of Medieval Studies, 1986.

Mackenzie, Jean Gilkison. *A Lexicon of the 14th-Century Aragonese Manuscripts of Juan Fernández de Heredia*. Madison, Wis.: Hispanic Seminary of Medieval Studies, 1984.

Martin, René, ed. *Traité d'agriculture*. De Palladius. Paris: Société d'Édition "Les Belles Lettres," 1976-.

Mexía, Pero. *Silva de varia lección*. Ed. Justo García Soriano. 2 tomos. Madrid: Sociedad de Bibliófilos Españoles, 1933-34.

Millás Vallicrosa, José María, ed. "La traducción castellana del *Tratado de agricultura* de Ibn Wafid." *Al-Andalus*, 8 (1943): 281-332.

———, ed. "La traducción castellana del *Tratado de agricultura* de Ibn Bassal." *Al-Andalus*, 13 (1948): 347-430.

Mowat, J. L. G., ed. *Sinonoma Bartholomei: A Glossary from a Fourteenth-century Manuscript in the Library of Pembroke College, Oxford*. Oxford: Clarendon, 1882.

———, ed. *Alphita: A Medico-Botanical Glossary from the Bodleian Manuscript, Selden B. 35*. Oxford: Clarendon, 1887.

Nitti, John, ed. *Juan Fernández de Heredia's Aragonese Version of the* "Libro de Marco Polo." Madison, Wis.: Hispanic Seminary of Medieval Studies, 1980.

Palladius = Véase Rodgers, R. H.

Payne, W. [y] Sidney J. Herrtage, eds. *Fiue Hundred Pointes of Good Husbandrie*. De Thomas Tusser. London: English Dialect Society, 1878.

OLD = Glare, P. G. W., ed. *Oxford Latin Dictionary*. Oxford: Clarendon, 1983.

Palau y Verdera, Antonio. *Parte práctica de botánica del caballero Carlos Linneo*. 8 tomos. Madrid, 1784-88. Vol. 8.

Papías. *Vocabularium*. Venice, 1491.

Plinio = Plinius Secundus. *Natural History*. 10 tomos. Ed. H. Rackham. Cambridge, Mass.: Harvard Univ., 1956.

Rodgers, R. H., ed. *Palladii Rvtilii Tavri Aemiliani Viri Inlvstris Opvs Agricvltvrae, De Veterinaria Medicina, De insitione*. Leipzig: Teubner, 1975.

———. "Three Shrubs in Palladius: *rorandrum*, *ulex*, *tinus*." *Studii Clasice* 15 (1973): 153-155.

Rubió y Lluch, Antonio. *Documents per l'historia de la cultura catalana mig eval*. 2 tomos. Barcelona: Institut d'Etudis Catalans, 1908-1921.

Santob de Carrión. *Proverbios morales*. Ed. Theodore A. Perry. Madison: Hispanic Seminary of Medieval Studies, 1986.

Schiff, Mario. "Palladius." En *La Bibliothèque du Marquis de Santillane*. 1905; Amsterdam: Gerard Th. Van Heusden, 1970: 152-159.

Solinus = *C. Ivlii Solini Collectanea Rervm Memorabilivm*. Ed. Th. Mommsen. Berolini apud Weidmannos, 1895.

Tramoyeres Blasco, Luis. "El tratado de agricultura de Paladio. Una traducción catalana del siglo XIV." *Revista de Archivos, Bibliotecas y Museos* Tercera serie. 24 (1911): 459-465.

———. "El tratado de agricultura de Paladio. Una traducción catalana del siglo XIV (Continuación)." *Revista de Archivos, Bibliotecas y Museos* Tercera serie. 25 (1911): 119-123.

Valenzuela la Rosa = Véase Borao, Jerónimo.

Zabía Lasala, María Purificación, ed. *The Text and Concordance of MS 1-17, Biblioteca Colombina. Tesoro de los remedios.*Madison, Wis.: Hispanic Seminary of Medieval Studies, 1987.

Zanotti, Paolo, ed. *Volgarizzamento di Palladio*. Verona, 1810.

Ysopete-Zaragoza, 1489

hic liber confectus est madisoni .mcmxc.